中国轻工业"十四五"规划立项教材

新形态教材　　**校企合作教材**

高等职业教育教材

农产品食品安全评价技术

NONGCHANPIN SHIPIN ANQUAN
PINGJIA JISHU

林 洁　毕春慧　卫晓英　**主编**

扫二维码
看科普视频和操作视频

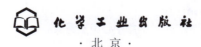

化学工业出版社

·北京·

内容简介

本教材以农产品食品质量安全评价岗位能力需求为依据,以工作过程系统化的理念为指导,以典型项目任务为依托,整合了农产品食品检测中的必检、常检项目,按照项目化教学体系编写。内容涵盖走进农产品食品安全检测、农产品食品检验基本程序、真菌毒素检测、农药残留量检测、重金属检测、矿物质元素检测、食品添加剂检测、油脂脂肪酸组成和溶剂残留检测。每个学习项目以一个具体的检测任务为主线,以案例引出任务实施,后面附有任务演练、任务评价等,并将相关拓展资源以二维码形式呈现,方便学生自主学习,提高实践技能。

本教材适用于高等职业院校农产品、食品、粮食等相关专业教材,也可供中等职业院校相关专业学生使用,还可供质量监督、管理和检测技术人员参考,同时可作相关企业培训或职业技能鉴定用书。

图书在版编目(CIP)数据

农产品食品安全评价技术/林洁,毕春慧,卫晓英主编. —北京:化学工业出版社,2023.12
ISBN 978-7-122-44095-2

Ⅰ.①农⋯ Ⅱ.①林⋯②毕⋯③卫⋯ Ⅲ.①农产品-食品安全-高等学校-教材 Ⅳ.①TS201.6

中国国家版本馆CIP数据核字(2023)第162931号

责任编辑:傅四周
文字编辑:朱雪蕊
责任校对:杜杏然
装帧设计:王晓宇

出版发行:化学工业出版社
  (北京市东城区青年湖南街13号 邮政编码100011)
印 装:大厂聚鑫印刷有限责任公司
787mm×1092mm 1/16 印张15 字数355千字
2024年3月北京第1版第1次印刷

购书咨询:010-64518888
售后服务:010-64518899
网 址:http://www.cip.com.cn
凡购买本书,如有缺损质量问题,本社销售中心负责调换。

定 价:49.00元   版权所有 违者必究

编写人员名单

主　编　　林　洁　山东商务职业学院
　　　　　　毕春慧　山东商务职业学院
　　　　　　卫晓英　山东商务职业学院

副主编　　黎海红　山东商务职业学院
　　　　　　张冬梅　山东商务职业学院
　　　　　　李　娜　安徽粮食工程职业学院
　　　　　　任凌云　山东省粮油检测中心
　　　　　　杨　雪　烟台富美特信息科技股份有限公司（食品伙伴网）

编写及制作人员（按拼音排序）
　　　　　　操庆国　江苏农林职业技术学院
　　　　　　董　斌　山东省粮油检测中心
　　　　　　宫群英　烟台市食品药品检验检测中心
　　　　　　江媛媛　山东省粮油检测中心
　　　　　　李桂霞　山东商务职业学院
　　　　　　李晓月　山东省粮油检测中心
　　　　　　李振华　山东省粮油检测中心
　　　　　　缪　链　烟台富美特信息科技股份有限公司（食品伙伴网）
　　　　　　王　晶　烟台职业学院
　　　　　　王　萍　莱西市职业中等专业学校
　　　　　　王洪尧　山东省粮油检测中心
　　　　　　吴晴晴　威海海洋职业学院
　　　　　　杨　萌　山东药品食品职业学院
　　　　　　杨琳琳　山东省粮油检测中心

前　言

　　民以食为天，食以安为先。从田间地头到餐桌，农产品食品质量安全直接关系人民群众的身体健康和生命安全，始终是全社会最为关注的问题。

　　农产品食品受产品生长环境、经营环境、生产条件、药剂使用残留、农业病虫害等因素的影响，可能会出现一定的质量安全风险与隐患，给人们的生命健康安全造成威胁。另外，在农产品食品安全治理中，有毒有害物质的限量标准的提高，食品安全检测技术的进步，尤其是快速检测技术高效、迅速的发展，对农产品质量安全检验员的检验检测水平提出了更高的要求。

　　党的二十大报告提出了"强化食品药品安全监管"，作出了"实现高质量发展""推进健康中国建设""树立大食物观"的决策部署。中共中央、国务院印发的《质量强国建设纲要》中提到，提高农产品食品药品质量安全水平，推进食品安全放心工程。这些重大决策和重要安排，为农产品食品安全监管工作指明了前进方向，提供了根本遵循，增强了奋斗动力。为了提高农产品质量安全检测从业人员的职业综合能力，守护群众"舌尖上的安全"，我们在不断总结课程建设与改革经验的基础上，校企共同编写《农产品食品安全评价技术》教材。

　　本教材特色：

　　① 本教材力求以职业能力培养为主线，在内容选取上注重学生可持续发展能力和创新能力的培养。以工作过程为导向，以典型工作任务和检测项目为载体，以任务工单为指引，以实践操作为依托，借助实施步骤的训练达成最终学习目标，充分体现职业教育"教、学、思、做、悟"一体化教学理念。

　　② 教材建设过程中广泛吸纳了行业、企业专家的智慧，将行业新标准、岗位新要求、产业新技术纳入教材，营造真实工作氛围，所学即所用，学习内容和工作内容无缝衔接，实现教学内容职业化，缩短岗位适应距离，增加教材的实用性和可读性。

　　③ 本教材体现了课证融合的特点，对接"农产品食品检验员""粮农食品安全评价"

等职业技能资格证书的要求,在内容上紧贴国际和国内最新技术和标准,设计科学合理、完整系统的学习效果评价体系,评价主体由学生、教师、企业导师多方参与,通过评价反映教学中存在的问题,教师及时调整教学内容,掌控学生学习效果,有效提高人才培养质量。

④ 本教材将职业素养、职业道德、职业观念、职业规范及专业素养融入教材,从鲜活案例入手,理论联系实际,着重让学生正确掌握农产品食品安全评价的基本方法和技能,培养学生科学严谨的工匠精神和良好的工作作风,增长专业技能的同时,提升综合素养,德技并修,实现全过程育人。

⑤ 教材中提供的检测方法、检验报告单、考核评价表等资料可以完整记录学习者的学习过程及掌握程度。配套的视频资源和拓展资源,将静态纸质教材转变为动态信息资源,实现由"平面"到"立体"的空间延展。

本书为粮食储运与质量安全专业教学资源库"粮食安全评价技术"课程配套教材,相应资源已上传至"智慧职教－资源库"平台,方便读者自学及教师搭建 SPOC 开展线上线下混合式教学使用。

本教材在编写过程中,承蒙多位专家提供宝贵资料和建议,同时也查阅参考了国内外有关著作和文献资料,在此向这些专家和文献作者表示诚挚的谢意。

由于编者水平有限,书中难免有疏漏之处,恳请同行和读者批评指正。

编者

目 录

模块一 走进农产品食品安全检测 /001

- 案例引入 /001
- 模块导学 /001
- 学习目标 /002
- 任务资讯 /002
  - 知识点 1-1 农产品食品安全认知 /002
  - 知识点 1-2 农产品食品检测任务和作用 /007
  - 知识点 1-3 农产品食品相关法律法规 /007
- 任务演练 /015
  - 任务 1-1 农产品食品检验岗位认知 /015
  - 任务 1-2 识别农产品"三品一标" /018
- 拓展资源 /022
- 巩固练习 /023

模块二 农产品食品检验基本程序 /025

- 案例引入 /025
- 模块导学 /026
- 学习目标 /026
- 任务资讯 /027
  - 知识点 2-1 农产品食品检验基本流程 /027
  - 知识点 2-2 抽样 /027
  - 知识点 2-3 样品制备 /031
  - 知识点 2-4 样品预处理 /032
  - 知识点 2-5 检测分析方法的选择 /037
  - 知识点 2-6 数据处理 /040
- 任务演练 /043
  - 任务 2-1 抽样 /043
  - 任务 2-2 样品制备 /056
  - 任务 2-3 样品预处理 /062
  - 任务 2-4 样品检测依据确定 /065
- 拓展资源 /069
- 巩固练习 /070

模块三　真菌毒素检测　　/071

案例引入　/071

模块导学　/072

学习目标　/072

任务资讯　/072

知识点 3-1　农产品食品中的真菌毒素污染　/072

知识点 3-2　农产品食品中真菌毒素的残留限量标准　/073

任务演练　/076

任务 3-1　农产品食品中黄曲霉毒素的测定　/076

任务 3-2　农产品食品中玉米赤霉烯酮的测定　/084

任务 3-3　农产品食品中赭曲霉毒素的测定　/088

任务 3-4　农产品食品中脱氧雪腐镰刀菌烯醇的测定　/094

拓展资源　/100

巩固练习　/101

模块四　农药残留量检测　　/103

案例引入　/103

模块导学　/104

学习目标　/104

任务资讯　/105

知识点 4-1　农产品食品中的农药污染　/105

知识点 4-2　农产品食品中农药残留的限量标准　/109

任务演练　/112

任务 4-1　农产品食品中有机氯农药残留量的测定　/112

任务 4-2　农产品食品中有机磷农药残留量的测定　/119

任务 4-3　农产品食品中氨基甲酸酯农药残留量的测定　/125

任务 4-4　农产品食品中拟除虫菊酯农药残留量的测定　/130

拓展资源　/138

巩固练习　/138

模块五　重金属检测　　/141

案例引入　/141

模块导学　/142

学习目标	/142	任务 5-1	农产品食品中砷的测定 /147
任务资讯	/143	任务 5-2	农产品食品中铅的测定 /153
知识点 5-1	农产品食品中的重金属污染 /143	任务 5-3	农产品食品中镉的测定 /158
知识点 5-2	农产品食品中重金属的限量标准 /145	任务 5-4	农产品食品中汞的测定 /163
		拓展资源	/169
任务演练	/147	巩固练习	/169

模块六　矿物质元素检测　/171

案例引入	/171	检测方法	/175
模块导学	/171	任务演练	/176
学习目标	/172	任务 6-1	农产品食品中钙的测定 /176
任务资讯	/172	任务 6-2	农产品食品中铁的测定 /180
知识点 6-1	农产品食品中矿物质元素的来源及功能 /172	任务 6-3	农产品食品中锌的测定 /184
		拓展资源	/188
知识点 6-2	矿物质元素常用的	巩固练习	/189

模块七　食品添加剂检测　/190

案例引入	/190	与使用原则	/193
模块导学	/190	任务演练	/196
学习目标	/191	任务 7-1	农产品食品中防腐剂的测定 /196
任务资讯	/191	任务 7-2	农产品食品中抗氧化剂的测定 /203
知识点 7-1	食品添加剂的定义与用途 /191	拓展资源	/212
知识点 7-2	食品添加剂的安全性	巩固练习	/212

模块八　油脂脂肪酸组成和溶剂残留检测　/213

案例引入　/213

模块导学　/213

学习目标　/214

任务资讯　/214

知识点 8-1　油脂的脂肪酸组成　/214
知识点 8-2　油脂中的溶剂残留　/215

任务演练　/216

任务 8-1　油脂脂肪酸组成的测定　/216
任务 8-2　浸出油脂中残留溶剂的测定　/220

拓展资源　/224

巩固练习　/225

参考文献　/226

模块一

走进农产品食品安全检测

案例引入

大红灯笼高高挂,喜迎新春年味浓。春节万家团圆之际,却有一群人,他们每天穿梭在各大农贸市场、超市、镇村内,对食品农药残留、添加剂等项目进行检测,通过技术手段保障食品安全,他们便是农产品食品检验员。那么什么是农产品食品检验?检验人员的工作职责和岗位要求有哪些呢?

模块导学

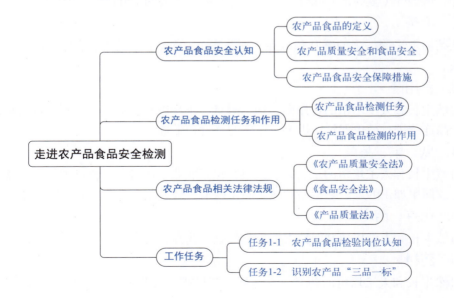

学习目标

① 了解农产品食品安全的意义,理解农产品食品检测的必要性。
② 熟悉农产品食品相关质量法规,培养法规意识。
③ 树立质量意识,培养食品安全意识。

任务资讯

知识点 1-1 农产品食品安全认知

一、农产品食品的定义

(一)农产品的定义

《中华人民共和国农产品质量安全法》(简称《农产品质量安全法》)规定的农产品是指来源于种植业、林业、畜牧业和渔业等的初级产品,即在农业活动中获得的植物、动物、微生物及其产品。农产品的种类包括:

1. 烟叶

以各种烟草的叶片经过加工制成的产品,因加工方法不同,又分为晒烟叶、晾烟叶和烤烟叶。晒烟叶是指利用太阳能露天晒制的烟叶;晾烟叶是指在晾房内自然干燥而成的烟叶;烤烟叶(复烤烟叶除外)是指在烤房内烘烤成的烟叶。

2. 毛茶

从茶树上采摘下来的鲜叶和嫩芽(即茶青),经吹干、揉拌、发酵、烘干等工序初制的茶。

3. 食用菌

自然生长和人工培植的食用菌,包括鲜货、干货以及农业生产者利用自己种植、采摘的产品连续进行简单保鲜、烘干、包装的鲜货和干货。

4. 瓜、果、蔬菜

自然生长和人工培植的瓜、果、蔬菜,包括农业生产者利用自己种植、采摘的产品进行连续简单加工的瓜、果干品和腌制品(以瓜、果、蔬菜为原料的蜜饯除外)。

5. 花卉、苗木

自然生长和人工培植并保持天然生长状态的花卉、苗木。

6. 药材

自然生长和人工培植的药材。不包括中药材或中成药生产企业经切、炒、烘、焙、熏、蒸、包装等工序处理的加工品。

7. 粮油作物

小麦、稻谷（含粳谷、籼谷、元谷）、大豆、杂粮（含玉米、绿豆、赤豆、蚕豆、豌豆、荞麦、大麦、元麦、燕麦、高粱、小米、米仁）、鲜山芋、山芋干、花生果、花生仁、芝麻、菜籽、棉籽、葵花籽、蓖麻籽、棕榈籽、其他籽。

8. 牲畜、禽、兽、昆虫、爬虫、两栖动物类

① 牛皮、猪皮、羊皮等动物的生皮。
② 牲畜、禽、兽毛，是指未经加工整理的动物毛和羽毛。
③ 活禽、活畜、活虫、两栖动物，如生猪、菜牛、菜羊、牛蛙，等等。
④ 光禽和鲜蛋。光禽，是指农业生产者利用自身养殖的活禽宰杀、褪毛后未经分割的禽类。
⑤ 动物自身或附属产生的产品，如：蚕茧、燕窝、鹿茸、牛黄、蜂乳、麝香、蛇毒、鲜奶，等等。
⑥ 除上述动物以外的其他陆生动物。

9. 水产品

① 淡水产品　淡水产动物和植物的统称。
② 海水产品　海水产动物和植物的统称。
③ 滩涂养殖产品　是利用滩涂养殖的各类动物和植物。水产品类，包括农业生产者捕捞收获后连续进行简单冷冻、腌制和自然干制的产品。

10. 林业产品

① 原木　是指将伐倒的乔木去其枝丫、梢头或削皮后，按照规定的标准锯成的不同长度的木段。
② 原竹　是指将竹砍倒后，削去枝、梢、叶后的竹段。
③ 原木、原竹下脚料　指原木、原竹砍伐后的树皮、树根、枝丫、灌木条、梢、叶等。
④ 生漆、天然树脂　生漆是漆树的分泌物，包括从野生漆树上收集的大木漆和从种植的漆树上收集的小木漆；天然树脂，是指木本科植物的分泌物，包括松脂、虫胶、阿拉伯胶、古巴胶、丹麦胶、天然橡胶，等等。
⑤ 除上述以外的其他林业副产品。

11. 其他植物

① 棉花　未经加工整理的皮棉、棉短绒、籽棉。
② 麻　未经加工整理的生麻、宁麻。
③ 柳条、席草、蔺草。
④ 其他植物。

上述 1 至 11 条所列农产品应包括种子、种苗、树苗、竹秧、种畜、种禽、种蛋、水产品的苗或种（秧）、食用菌的菌种、花籽等。

（二）食品的定义

《中华人民共和国食品安全法》（简称《食品安全法》）规定的食品是指各种供人食用或者饮用的成品和原料以及按照传统既是食品又是中药材的物品，但是不包括以治

疗为目的的物品。一般可以将食品划分为内源性物质成分和外源性物质成分两大部分。其中，内源性物质成分是食品本身所具有的成分，而外源性物质成分则是食品从加工到摄食全过程中人为添加的或混入的其他成分。按营养成分特点也可以分为谷薯类、蔬菜水果类、动物性食物、大豆及其制品、纯能量食物等。按照 GB 2760—2014 食品可以分为十六大类：

1. 乳及乳制品

如巴氏杀菌乳、灭菌乳、调制乳、发酵乳、风味发酵乳、乳粉（包括加糖乳粉）和奶油粉及其调制产品、稀奶油（淡奶油）及其类似品、干酪和再制干酪及其类似品、以乳为主要配料的即食风味食品或其预制产品（不包括冰淇淋和风味发酵乳）、其他乳制品（如乳清粉、酪蛋白粉等）等。

2. 脂肪，油和乳化脂肪制品

如基本不含水的脂肪和油，水油状脂肪乳化制品，水油状脂肪乳化制品以外的脂肪化制品，包括混合的和（或）调味的脂肪乳化制品，脂肪类甜品，其他油脂或油脂制品等。

3. 冷冻饮品

如冰淇淋、雪糕类、风味冰、冰棍类、食用冰、其他冷冻饮品等。

4. 水果、蔬菜（包括块根类）、豆类、食用菌、藻类、坚果以及籽类等

如水果、蔬菜、食用菌、藻类、豆类制品、坚果和籽类。

5. 可可制品、巧克力和巧克力制品（包括代可可脂巧克力及制品）以及糖果

如可可制品、巧克力和巧克力制品（包括代可可脂巧克力及制品）、糖果、糖果和巧克力制品包衣、装饰糖果（如工艺造型，或用于蛋糕装饰）、顶饰（非水果材料）和甜汁等。

6. 粮食和粮食制品，包括大米、面粉、杂粮、块根植物、豆类和玉米提取的淀粉等（不包括焙烤制品）

如原粮、大米及其制品、小麦粉及其制品、杂粮粉及其制品、淀粉及淀粉类制品、即食谷物［包括碾轧燕麦（片）]、方便米面制品、冷冻米面制品、谷类和淀粉类甜品（如米布丁、木薯布丁）、粮食制品馅料等。

7. 焙烤食品

如面包、糕点、饼干、焙烤食品馅料及表面用挂浆、其他焙烤食品等。

8. 肉及肉制品

如生、鲜肉，预制肉制品，熟肉制品，肉制品的可食用动物肠衣类等。

9. 水产及其制品（包括鱼类、甲壳类、贝类、软体类、棘皮类等水产及其加工制品等）

如鲜水产、冷冻水产品及其制品、预制水产品（半成品）、熟制水产品（可直接食用）、水产品罐头、其他水产品及其制品等。

10. 蛋及蛋制品

如鲜蛋、再制蛋（不改变物理性状）、蛋制品（改变其物理性状）、其他蛋制品等。

11. 甜味料，包括蜂蜜

如食糖、淀粉糖（果糖、葡萄糖、饴糖、部分转化糖等）、蜂蜜及花粉、餐桌甜味

料、调味糖浆、其他甜味料等。

12. 调味品

如盐及代盐制品、鲜味剂和助鲜剂、醋、酱油、酱及酱制品、料酒及制品、香辛料类、复合调味料、其他调味料等。

13. 特殊膳食用食品

如婴幼儿配方食品、婴幼儿辅助食品、其他特殊膳食用食品等。

14. 饮料类

如包装饮用水，果蔬汁类及其饮料，蛋白饮料，碳酸饮料，茶、咖啡、植物（类）饮料，固体饮料，特殊用途饮料，风味饮料，其他类饮料等。

15. 酒类

如蒸馏酒、配制酒、发酵酒等。

16. 其他类

如果冻，茶叶、咖啡和茶制品，胶原蛋白肠衣，酵母及酵母类制品，膨化食品及其他等。

（三）农产品食品的作用

农产品食品作为人类生存的基础物质，对人体的作用主要有营养功能、感官功能和调节功能等。农产品食品能够提供人体所需的营养素和能量，满足人体的营养需要，是其主要功能。农产品食品具有丰富的色、香、味、形和质地，能满足人们不同的感官要求。良好的感官性状能够刺激味觉和嗅觉，兴奋味蕾，刺激消化酶和消化液的分泌，增进食欲，稳定情绪。许多农产品食品还具有良好的调节功能，如调节人体生理节律，提高机体的免疫力，降血压、降血脂、降血糖等，如芹菜的降血压、海带的降血压和降胆固醇、核桃的健脑、绿豆的清热解毒作用等。

二、农产品质量安全和食品安全

农产品质量安全，来源于农业的初级产品，即在农业活动中获得的植物、动物、微生物及其产品的可靠性、使用性和内在价值，包括在生产、贮存、流通和使用过程中形成、残存的营养、危害及外在特征因子，既有等级、规格、品质等特性要求，也有对人、环境的危害等级水平的要求。《农产品质量安全法》所称农产品质量安全，是指农产品质量达到农产品质量安全标准，符合保障人的健康、安全的要求。

食品安全指食品无毒、无害，符合应当有的营养要求，对人体健康不造成任何急性、亚急性或者慢性危害。食品（食物）的种植、养殖、加工、包装、储藏、运输、销售、消费等活动符合国家强制标准和要求，不存在可能损害或威胁人体健康的有毒有害物质以导致消费者病亡或者危及消费者及其后代的隐患。食品安全既包括生产安全，也包括经营安全；既包括结果安全，也包括过程安全；既包括现实安全，也包括未来安全。

食品安全的含义有三个层次：第一是食品数量安全，即一个国家或地区能够生产民族基本生存所需的膳食，要求人们既能买得到又能买得起生存生活所需要的基本食品；第二是食品质量安全，指提供的食品在营养、卫生方面满足和保障人群的健康需要，食品质量安全涉及食物是否被污染、食物是否有毒、添加剂是否违规超标、标签是否规范等问题，需要在食品受到污染界限之前采取措施，防止食品被污染和遭遇主要危害因素侵袭；第三是食品可持续安全，从发展角度要求食品的获取需要注重生态环境的良好保护和资源利用的可持续。

三、农产品食品安全保障措施

民以食为天，食安惠万民，食品安全问题一直是人们关注的热点问题。我国一直重视食品安全工作，特别是党的十八大以来，食品安全相关的法治建设、政策措施、改革力度等不断取得新进展。党的二十大报告做出"强化食品药品安全监管"的重要部署，食品安全工作必将开创新局面。

（一）严把农产品食品准入关

2015年我国颁布实施了"史上最严"的新版《食品安全法》，后又经多次修正，修正后的《食品安全法》更加科学，更加体现民意。在新版《食品安全法》出台和修正的同时，我国食品安全标准体系也有了更大完善。食品安全国家标准体系与国际食品法典的体系基本接轨，目前已发布的食品安全标准涵盖了从农田到餐桌全链条、从过程到产品各环节的主要健康因素，能够保障包括儿童老年等在内的全人群的饮食安全，也能够满足监管部门的监管执法需要。

（二）确保食品生产源头安全

食品是否安全、健康，生产食品的企业具有直接的决定权，完善食品安全管理制度，加强责任落实，是防范食品安全风险最有效的方式。我国已于2022年实施《企业落实食品安全主体责任监督管理规定》，要求食品生产经营企业应依法配备与企业规模、风险等级、安全状况等相适应的食品安全总监、食品安全员等食品安全管理人员，明确岗位职责。企业对食品安全的投入及自我管理的意识得到了大大加强。同时我国加大了食品安全追责问责力度，地方各级党委和政府将食品安全当作重大政治任务来抓。

（三）完善高水平监管体系

从维护公众健康和社会稳定的长远目标考虑，食品安全监管须严格执行法律。一方面健全覆盖从生产加工到流通消费全过程最严格的监管制度，严把产地环境安全关、农业投入品生产使用关、粮食收储质量安全关、食品加工质量安全关、流通销售质量安全关、餐饮服务质量安全关。另一方面，加强日常监管、一线监管，将可能触碰红线的食品安全隐患和问题等及时扼杀在萌芽中。同时进一步加大食品安全普法宣传力度，加强法律法规和政策宣传解读，在全社会营造尚德守法的良好环境。

（四）发展农产品食品检测技术

保障食品安全不仅要有严密的法律法规做保障，也需要有先进的科学技术做支撑。我国一直重视农产品食品检测技术的攻关与创新，取得了显著成效。中国农业科学院农业质量标准与检测技术研究所农业化学污染物残留检测及行为研究创新团队建立了基于免疫色谱试纸条和人工智能图像识别算法的农药多残留快速检测技术，可在5分钟内完成多种农药残留的检测。中国工程院院士沈建忠教授带领团队针对动物源食品中兽药及有害化合物的残留严重问题，发明了系列核心试剂配方和工艺技术，构建了一个涵盖主要兽药、霉菌毒素、非法添加物，库容量超过500种的抗体资源库，能够很好地满足日常检测的需要。我国农兽药残留检测技术走在全球前列，为食品安全提供了重要保障。

知识点 1-2　农产品食品检测任务和作用

一、农产品食品检测任务

农产品食品检测是根据产品标准或检测规程，对农产品和食品的一个或多个质量特性进行观察、试验或测量，并把所有得到的检测结果和规定的质量要求进行比较，以判断出被检产品或成批产品合格与否的技术性检查活动。主要包括两个方面的检测：一是产品的质量特性，如外观、口感、营养、储藏性等；二是产品的使用安全性即安全质量，如农药残留、兽药残留、添加剂等。

二、农产品食品检测的作用

（一）在生产企业中，指导控制生产工艺过程，并保证其产品质量

农产品食品生产企业通过对原料、辅料、半成品的检测，确定工艺参数、工艺要求，以控制生产过程，同时通过对成品的检测，保证产品出厂质量符合相关标准要求。

（二）为经销商、消费者或政府部门提供相关技术依据

1. 为经销商、消费者提供产品验收依据

消费者或用户在接收商品时，按合同规定或相应产品标准的质量条款进行验收检验，保证接收产品的质量。

2. 为政府质量监督部门提供监管依据

第三方检验机构根据政府质量监督行政部门的要求，对生产企业的产品或市场的商品进行检验，为政府对产品质量实施宏观监督提供依据。

3. 为农产品质量纠纷提供仲裁依据

当发生产品质量纠纷时，第三方检验机构根据解决纠纷的有关机构委托，对有争议产品做出仲裁检验，为有关机构解决产品质量纠纷提供技术依据。

4. 为海关进出口放行提供依据

在进出口贸易中商品检验机构需根据国际标准或供货合同对商品进行检测，以确定是否放行。

5. 为突发的食品中毒事件提供技术依据

突发食物中毒事件时，检验机构对残留食物作出仲裁检验，为事件的调查及解决提供技术依据。

知识点 1-3　农产品食品相关法律法规

农产品食品法律法规是规范食品生产安全、生产质量等事项的法律法规的总称，是国家对农产品食品进行有效监督的基础。我国目前已基本形成了由国家基本法律、行政法规和部门规章构成的法律法规体系。

自 20 世纪 80 年代以来，我国以宪法为依据，制定了一系列与农产品食品质量和安全有关的法规以及国际条约，目前已形成了以《中华人民共和国食品安全法》（简称《食

品安全法》)、《中华人民共和国产品质量法》(简称《产品质量法》)、《中华人民共和国农产品质量安全法》(简称《农产品质量安全法》)、《中华人民共和国标准化法》等法律为基础，以《中华人民共和国食品安全法实施条例》《食品添加剂卫生管理办法》《保健食品管理办法》及涉及农产品食品质量与安全要求的大量技术标准等法规为主体，以各省（自治区、直辖市）及地方政府关于农产品食品质量与安全的规章为补充的农产品食品质量与安全法律法规体系。

一、《农产品质量安全法》

（一）立法宗旨

为了保障农产品质量安全，维护公众健康，促进农业和农村经济发展。

（二）立法沿革

经2006年4月29日第十届全国人民代表大会常务委员会第二十一次会议通过，于2006年11月1日实施。根据2018年10月26日第十三届全国人民代表大会常务委员会第六次会议《关于修改〈中华人民共和国野生动物保护法〉等十五部法律的决定》修正，2022年9月2日第十三届全国人民代表大会常务委员会第三十六次会议修订，自2023年1月1日起施行。现对部分条款进行介绍。

（三）农产品质量安全标准

国家建立健全农产品质量安全标准体系。农产品质量安全标准是强制性的技术规范，农产品质量安全标准的制定和发布，依照有关法律、行政法规的规定执行。制定农产品质量安全标准，应当充分考虑农产品质量安全风险评估结果，并听取农产品生产经营者、消费者、有关部门、行业协会等的意见，保障农产品消费安全。农产品质量安全标准应当根据科学技术发展水平以及农产品质量安全的需要，及时修订。农产品质量安全标准由农业农村主管部门商有关部门推进实施。

（四）农产品包装和标识

农产品生产企业、农民专业合作社以及从事农产品收购的单位或个人销售的农产品，按照规定应当包装或者附加承诺达标合格证等标识的，须经包装或者附加标识后方可销售。包装物或者标识上应当按照规定标明产品的品名、产地、生产者、生产日期、保质期、产品质量等级等内容；使用添加剂的，还应当按照规定标明添加剂的名称。

农产品在包装、保鲜、储存、运输中所使用的保鲜剂、防腐剂、添加剂、包装材料等，应当符合国家有关强制性标准以及其他农产品质量安全规定。属于农业转基因生物的农产品，应当按照农业转基因生物安全管理的有关规定进行标识。销售的农产品应当符合农产品质量安全标准。农产品质量符合国家规定的有关优质农产品标准的，农产品生产经营者可以申请使用农产品质量标志。

（五）监督检查

国家建立农产品质量安全监测制度。县级以上人民政府农业农村主管部门和市场监督管理等部门应当建立健全农产品质量安全全程监督管理协作机制，确保农产品从生产到消费各环节的质量安全。县级以上人民政府农业农村主管部门应当建立健全随机抽查机制，按照监督抽查计划，组织开展农产品质量安全监督抽查。

从事农产品质量安全检测的机构，应当具备相应的检测条件和能力，由省级以上人民政府农业农村主管部门或者其授权的部门考核合格。农产品质量安全监督抽查检测应当委托符合《农产品质量管理法》规定条件的农产品质量安全检测机构进行。不得向被抽查人收取费用，抽取的样品应当按照市场价格支付费用，并不得超过国务院农业农村主管部门规定的数量。上级农业农村主管部门监督抽查的同批次农产品，下级农业农村主管部门不得另行重复抽查。

农产品生产经营者对监督抽查检测结果有异议的，可自收到检测结果之日起五个工作日内，向实施农产品质量安全监督抽查的农业农村主管部门或者其上一级农业农村主管部门申请复检。采用快速检测方法进行农产品质量安全监督抽查检测，被抽查人对检测结果有异议的，可自收到检测结果起四小时内申请复检。复检不得采取快速检测方法。

（六）法律责任

县级以上地方人民政府农业农村、市场监督管理等部门在履行农产品质量安全监督管理职责过程中，违法实施检查、强制等执法措施，给农产品生产经营者造成损失的，应当依法予以赔偿，对直接负责的主管人员和其他直接责任人员依法给予处分。

农产品质量安全检测机构、检测人员出具虚假检测报告的，由县级以上人民政府农业农村主管部门没收所收取的检测费用，检测费用不足一万元的，并处五万元以上十万元以下罚款，检测费用一万元以上的，并处检测费用五倍以上十倍以下罚款；对直接负责的主管人员和其他直接责任人员处一万元以上五万元以下罚款；使消费者的合法权益受到损害的，农产品质量安全检测机构应当与农产品生产经营者承担连带责任。因农产品质量安全违法行为受到刑事处罚或者因出具虚假检测报告导致发生重大农产品质量安全事故的检测人员，终身不得从事农产品质量安全检测工作。农产品质量安全检测机构不得聘用上述人员。农产品质量安全检测机构有前两款违法行为的，由授予其资质的主管部门或者机构吊销该农产品质量安全检测机构的资质证书。

二、《食品安全法》

（一）立法宗旨

保证食品安全，保障公众身体健康和生命安全。

（二）立法沿革

2009年2月28日第十一届全国人民代表大会常务委员会第七次会议通过；2015年4月24日第十二届全国人民代表大会常务委员会第十四次会议修订；根据2018年12月29日第十三届全国人民代表大会常务委员会第七次会议《关于修改〈中华人民共和国产品质量法〉等五部法律的决定》第一次修正；根据2021年4月29日第十三届全国人民代表大会常务委员会第二十八次会议《关于修改〈中华人民共和国道路交通安全法〉等八部法律的决定》第二次修正。现将部分条款介绍如下。

（三）食品安全风险监测和评估

承担食品安全风险监测工作的技术机构应当根据食品安全风险监测计划和监测方案开展监测工作，保证监测数据真实、准确，并按照食品安全风险监测计划和监测方案的要求报送监测数据和分析结果。食品安全风险监测结果表明可能存在食品安全隐患的，县级以上人民政府卫生行政部门应当及时将相关信息通报同级食品安全监督管理等部门，并报告本级人民政府和上级人民政府卫生行政部门。食品安全监督管理等部门应当组织开展进一步调查。

国家建立食品安全风险评估制度，运用科学方法，根据食品安全风险监测信息、科学数据以及有关信息，对食品、食品添加剂、食品相关产品中生物性、化学性和物理性危害因素进行风险评估。国务院卫生行政部门负责组织食品安全风险评估工作，成立由医学、农业、食品、营养、生物、环境等方面的专家组成的食品安全风险评估专家委员会进行食品安全风险评估。食品安全风险评估结果由国务院卫生行政部门公布。对农药、肥料、兽药、饲料和饲料添加剂等的安全性评估，应当有食品安全风险评估专家委员会的专家参加。食品安全风险评估不得向生产经营者收取费用，采集样品应当按照市场价格支付费用。

（四）食品安全标准

食品安全标准是强制执行的标准。除食品安全标准外，不得制定其他食品强制性标准。食品安全国家标准由国务院卫生行政部门会同国务院食品安全监督管理部门制定、公布，国务院标准化行政部门提供国家标准编号。食品中农药残留、兽药残留的限量规定及其检验方法与规程由国务院卫生行政部门、国务院农业行政部门会同国务院食品安全监督管理部门制定。屠宰畜、禽的检验规程由国务院农业行政部门会同国务院卫生行政部门制定。对地方特色食品，没有食品安全国家标准的，省、自治区、直辖市人民政府卫生行政部门可以制定并公布食品安全地方标准，报国务院卫生行政部门备案。食品安全国家标准制定后，该地方标准即行废止。国家鼓励食品生产企业制定严于食品安全国家标准或者地方标准的企业标准，在本企业适用，并报省、自治区、直辖市人民政府卫生行政部门备案。

（五）食品生产经营

国家对食品生产经营实行许可制度。从事食品生产、食品销售、餐饮服务，应当依法取得许可。但是，销售食用农产品和仅销售预包装食品的，不需要取得许可。仅销售预包装食品的，应当报所在地县级以上地方人民政府食品安全监督管理部门备案。食品生产加工小作坊和食品摊贩等从事食品生产经营活动，应当符合本法规定的与其生产经营规模、条件相适应的食品安全要求，保证所生产经营的食品卫生、无毒、无害，食品安全监督管理部门应当对其加强监督管理。利用新的食品原料生产食品，或者生产食品添加剂新品种、食品相关产品新品种，应当向国务院卫生行政部门提交相关产品的安全性评估材料。生产经营的食品中不得添加药品，但是可以添加按照传统既是食品又是中药材的物质。按照传统既是食品又是中药材的物质目录由国务院卫生行政部门会同国务院食品安全监督管理部门制定、公布。

食品生产经营企业应当建立健全食品安全管理制度，对职工进行食品安全知识培训，加强食品检验工作，依法从事生产经营活动。食品生产经营者应当建立并执行从业人员健康管理制度。患有国务院卫生行政部门规定的有碍食品安全疾病的人员，不得从事接触直接入口食品的工作。食品生产经营者应当建立食品安全自查制度，定期对食品安全状况进行检查评价。国家鼓励食品生产经营企业符合良好生产规范要求，实施危害分析与关键控制点体系，提高食品安全管理水平。国家建立食品召回制度。食品生产者发现其生产的食品不符合食品安全标准或者有证据证明可能危害人体健康的，应当立即停止生产，召回已经上市销售的食品，通知相关生产经营者和消费者，并记录召回和通知情况。

国家对保健食品、特殊医学用途配方食品和婴幼儿配方食品等特殊食品实行严格监督管理。保健食品声称保健功能，应当具有科学依据，不得对人体产生急性、亚急性或者慢性危害。保健食品的标签、说明书不得涉及疾病预防、治疗功能，内容应当真实，与注册或者备案的内容相一致，载明适宜人群、不适宜人群、功效成分或者标志性成分及其含量等，并声明"本品不能代替药物"。保健食品的功能和成分应当与标签、说明书相一致。特殊医学用途配方食品应当经国务院食品安全监督管理部门注册。婴幼儿配方食品生产企业应当实施从原料进厂到成品出厂的全过程质量控制，对出厂的婴幼儿配方食品实施逐批检验，保证食品安全。

（六）食品检验

食品检验机构按照国家有关认证认可的规定取得资质认定后，方可从事食品检验活动。食品检验机构的资质认定条件和检验规范，由国务院食品安全监督管理部门规定。食品检验实行食品检验机构与检验人负责制。食品检验报告应当加盖食品检验机构公章，并有检验人的签名或者盖章。食品检验机构和检验人对出具的食品检验报告负责。县级以上人民政府食品安全监督管理部门应当对食品进行定期或者不定期的抽样检验，并依据有关规定公布检验结果，不得免检。

（七）食品进出口

国家出入境检验检疫部门对进出口食品安全实施监督管理。进口的食品、食品添加剂、食品相关产品应当符合我国食品安全国家标准。向我国境内出口食品的境外出口商或者代理商、进口食品的进口商应当向国家出入境检验检疫部门备案。发现进口食品不符合我国食品安全国家标准或者有证据证明可能危害人体健康的，进口商应当立即停止进口，并依照本法相关的规定召回。

（八）食品安全事故处置

国务院组织制定国家食品安全事故应急预案。县级以上地方人民政府应当根据有关法律、法规的规定和上级人民政府的食品安全事故应急预案以及本行政区域的实际情况，制定本行政区域的食品安全事故应急预案，并报上一级人民政府备案。食品安全事故应急预案应当对食品安全事故分级、事故处置组织指挥体系与职责、预防预警机制、处置程序、应急保障措施等作出规定。

发生食品安全事故的单位应当立即采取措施，防止事故扩大。事故单位和接收患者进行治疗的单位应当及时向事故发生地县级人民政府食品安全监督管理、卫生行政部门报告。任何单位和个人不得对食品安全事故隐瞒、谎报、缓报，不得隐匿、伪造、毁灭有关证据。调查食品安全事故，应当坚持实事求是、尊重科学的原则，及时、准确查清事故性质和原因，认定事故责任，提出整改措施。任何单位和个人不得阻挠、干涉食品安全事故的调查处理。

（九）监督管理

县级以上人民政府食品安全监督管理部门根据食品安全风险监测、风险评估结果和食品安全状况等，确定监督管理的重点、方式和频次，实施风险分级管理。县级以上地方人民政府组织本级食品安全监督管理、农业行政等部门制定本行政区域的食品安全年度监督管理计划，向社会公布并组织实施。

县级以上人民政府食品安全监督管理部门应当建立食品生产经营者食品安全信用档案，记录许可颁发、日常监督检查结果、违法行为查处等情况，依法向社会公布并实时更新。食品生产经营过程中存在食品安全隐患，未及时采取措施消除的，县级以上人民政府食品安全监督管理部门可以对食品生产经营者的法定代表人或者主要负责人进行责任约谈。食品生产经营者应当立即采取措施，进行整改，消除隐患。责任约谈情况和整改情况应当纳入食品生产经营者食品安全信用档案。

国家建立统一的食品安全信息平台，实行食品安全信息统一公布制度。国家食品安全总体情况、食品安全风险警示信息、重大食品安全事故及其调查处理信息和国务院确定需要统一公布的其他信息由国务院食品安全监督管理部门统一公布。食品安全风险警示信息和重大食品安全事故及其调查处理信息的影响限于特定区域的，也可以由有关省、自治区、直辖市人民政府食品安全监督管理部门公布。未经授权不得发布上述信息。任何单位和个人不得编造、散布虚假食品安全信息。

（十）法律责任

食品生产经营者在一年内累计三次因违反本法规定受到责令停产停业、吊销许可证以外处罚的，由食品安全监督管理部门责令停产停业，直至吊销许可证。被吊销许可证的食品生产经营者及其法定代表人、直接负责的主管人员和其他直接责任人员自处罚决定作出之日起五年内不得申请食品生产经营许可，或者从事食品生产经营管理工作、担任食品生产经营企业食品安全管理人员。因食品安全犯罪被判处有期徒刑以上刑罚的，终身不得从事食品生产经营管理工作，也不得担任食品生产经营企业食品安全管理人员。

承担食品安全风险监测、风险评估工作的技术机构、技术人员提供虚假监测、评估信息的，依法对技术机构直接负责的主管人员和技术人员给予撤职、开除处分；有执业资格的，由授予其资格的主管部门吊销执业证书。食品检验机构、食品检验人员出具虚假检验报告的，由授予其资质的主管部门或者机构撤销该食品检验机构的检验资质，没收所收取的检验费用，并处以罚款；依法对食品检验机构直接负责的主管人员和食品检验人员给予撤职或者开除处分；导致发生重大食品安全事故的，对直接负责的主管人员和食品检验人员给予开除处分。违反本法规定，受到开除处分的食品检验机构人员，自处分决定作出之日起十年内不得从事食品检验工作；因食品安全违法行为受到刑事处罚或者因出具虚假检验报告导致发生重大食品安全事故受到开除处分的食品检验机构人员，终身不得从事食品检验工作。

编造、散布虚假食品安全信息，构成违反治安管理行为的，由公安机关依法给予治安管理处罚。违反本法规定，构成犯罪的，依法追究刑事责任。

三、《产品质量法》

（一）立法宗旨

为了加强对产品质量的监督管理，提高产品质量水平，明确产品质量责任，保护消费者的合法权益，维护社会经济秩序。

（二）立法沿革

经 1993 年 2 月 22 日第七届全国人民代表大会常务委员会第三十次会议通过，自

1993年9月1日起施行。2000年7月8日第九届全国人民代表大会常务委员会第十六次会议通过了《关于修改〈中华人民共和国产品质量法〉的决定》，对其进行了第一次修正。根据2009年8月27日第十一届全国人民代表大会常务委员会第十次会议《关于修改部分法律的决定》第二次修正。2018年12月29日第十三届全国人民代表大会常务委员会第七次会议进行第三次修正。

（三）适用范围

在中华人民共和国境内从事产品生产、销售活动，必须遵守《产品质量法》。《产品质量法》所称产品是指经过加工、制作，用于销售的产品。应注意以下两点：

① 未经过加工、制作的矿产品、初级农产品（如小麦、稻谷、蔬菜、水果等）、初级畜产品、水产品（鸡蛋、鲜鱼虾等），都不适用本法的规定。因为未经过加工、制作的矿产品、初级农产品的质量具有特殊性，很难由生产者加以控制，不宜与工业产品在同一法律中加以规范，外国产品质量法也不包括矿产品和初级农产品。因此，《产品质量法》不适用于原粮、油料的质量监管活动。

②《产品质量法》一般只适用于"产品生产、销售"两个环节发生的质量问题，不适用产品运输、仓储环节中发生的质量问题。

（四）产品质量监督管理

国务院市场监督管理部门主管全国产品质量监督工作。国务院有关部门在各自的职责范围内负责产品质量监督工作。县级以上地方市场监督管理部门主管本行政区域内的产品质量监督工作。县级以上地方人民政府有关部门在各自的职责范围内负责产品质量监督工作。

《产品质量法》明确了质量体系认证制度和产品质量认证制度；明确了产品质量监督检查制度；明确有资质的产品质量检验机构负责产品质量检验工作，有资质的产品质量检验机构"必须具备相应的检测条件和能力，经省级以上人民政府市场监督管理部门或者其授权的部门考核合格后，方可承担产品质量检验工作"。

《产品质量法》对政府机关、产品质量检验机构提出了禁止向社会推荐产品，禁止对产品进行监制、监销的要求等。

国家对产品质量实行以抽查为主要方式的监督检查制度，对可能危及人体健康和人身、财产安全的产品，影响国计民生的重要工业产品以及消费者、有关组织反映有质量问题的产品进行抽查。监督抽查工作由国务院市场监督管理部门规划和组织。县级以上地方市场监督管理部门在本行政区域内也可以组织监督抽查。法律对产品质量的监督检查另有规定的，依照有关法律的规定执行。国家监督抽查的产品，地方不得另行重复抽查；上级监督抽查的产品，下级不得另行重复抽查。

对依法进行的产品质量监督检查，生产者、销售者不得拒绝。

产品质量监督检查所需抽查的样品应当在市场上或者企业成品仓库内的待销产品中随机抽取。根据监督抽查的需要，可以对产品进行检验。检验抽取样品的数量不得超过检验的合理需要，并不得向被检查人收取检验费用。监督抽查所需检验费用按照国务院规定列支。

生产者、销售者对抽查检验的结果有异议的，可以自收到检验结果之日起十五日内向实施监督抽查的市场监督管理部门或者其上级市场监督管理部门申请复检，由受理复检的市场监督管理部门作出复检结论。

（五）产品质量检验机构

产品质量检验机构必须具备相应的检测条件和能力，经省级以上人民政府市场监督管理部门或者其授权的部门考核合格后，方可承担产品质量检验工作。从事产品质量检验、认证的社会中介机构必须依法设立，不得与行政机关和其他国家机关存在隶属关系或者其他利益关系。产品质量检验机构、认证机构必须依法按照有关标准，客观、公正地出具检验结果或者认证证明。

产品质量认证机构应当依照国家规定对准许使用认证标志的产品进行认证后的跟踪检查；对不符合认证标准而使用认证标志的，要求其改正；情节严重的，取消其使用认证标志的资格。

（六）生产者、销售者的产品质量责任和义务

生产者应当对其生产的产品质量负责。产品或者其包装上的标识必须真实，并符合国家有关规定。

销售者应当建立并执行进货检查验收制度，验明产品合格证明和其他标识；应当采取措施，保持销售产品的质量。

生产者生产产品，销售者销售产品，不得掺杂、掺假，不得以假充真、以次充好，不得以不合格产品冒充合格产品。

生产者和销售者不得伪造产地，不得伪造或者冒用他人的厂名、厂址；不得伪造或者冒用认证标志等质量标志。

（七）质量体系认证和产品质量认证制度

国家根据国际通用的质量管理标准，推行企业质量体系认证制度。企业根据自愿原则可以向国务院市场监督管理部门认可的或者国务院市场监督管理部门授权的部门认可的认证机构申请企业质量体系认证。经认证合格的，由认证机构颁发企业质量体系认证证书。

国家参照国际先进的产品标准和技术要求，推行产品质量认证制度。企业根据自愿原则可以向国务院市场监督管理部门或者国务院市场监督管理部门授权的部门认可的认证机构申请产品质量认证。经认证合格的，由认证机构颁发产品质量认证证书，准许企业在产品或者其包装上使用产品质量认证标志。

（八）损害赔偿

售出的产品质量不符合要求，销售者应当负责修理、更换、退货；给购买产品的消费者造成损失的，销售者应当赔偿损失。因产品存在缺陷造成人身、缺陷产品以外的其他财产损害的，生产者应当承担赔偿责任。

（九）罚则

《产品质量法》对生产、销售不符合标准的产品，在产品中掺杂、掺假，以假充真，以次充好，或者以不合格产品冒充合格产品；生产国家明令淘汰的产品，销售国家明令淘汰并停止销售的产品；销售失效、变质的产品的；伪造产品产地的，伪造或者冒用他人厂名、厂址的，伪造或者冒用认证标志等质量标志的及产品标识不符合规定的等情况的罚则都作了规定。

产品质量检验机构、认证机构伪造检验结果或者出具虚假证明的，责令改正，并处以罚款，有违法所得的，没收违法所得；情节严重的，取消其检验资格、认证资格；构

成犯罪的，依法追究刑事责任。出具的检验结果或者证明不实，造成损失的，应当承担相应的赔偿责任；造成重大损失的，撤销其检验资格、认证资格。

产品质量认证机构违反规定，对不符合认证标准而使用认证标志的产品，未依法要求其改正或者取消其使用认证标志资格的，对因产品不符合认证标准给消费者造成的损失，与产品的生产者、销售者承担连带责任；情节严重的，撤销其认证资格。

 任务演练

任务 1-1　农产品食品检验岗位认知

【任务描述】

水果、蔬菜、肉、蛋、奶等这些都是我们每天消费的日常食品，要想保证它们的安全性，离不开农产品食品检验员的检测工作，那么农产品食品检验员是个什么样的岗位呢？它的工作内容和职责是什么呢？

【任务目标】

[知识目标]

① 了解农产品食品检验任务。
② 熟悉农产品食品检验分类。

[技能目标]

① 能够描述农产品食品检验员岗位职责。
② 能够识别农产品食品岗位工作。

[职业素养目标]

① 具备吃苦耐劳、不怕困难的劳动精神。
② 树立法律意识、道德意识。

【知识准备】

一、职业概况

农产品食品检验员是人力资源和社会保障部规定的工种之一，职业编码为4-08-05-01，包括农产品质量安全检测员、粮油质量检验员、食品检验员三个方向，主要从事农产品、粮油、食品及相关产品、食品添加剂等质量安全检验检测工作。在国家职业技能标准中，该职业共设五个等级，分别为五级/初级工、四级/中级工、三级/高级工、二级/技师、一级/高级技师。

二、基本要求

（一）职业道德

1. 职业道德基本知识

2. 职业守则

① 诚信守法，清正廉洁。
② 客观公正，科学准确。

③ 爱岗敬业，团结协作。
④ 执行标准，规范操作。
⑤ 恪尽职守，保守秘密。

（二）基础知识

1. **专业基础知识**

① 计量、标准化基础知识。
② 农产品、粮油、食品质量安全基础知识。
③ 农产品、粮油、食品检测基础知识。

2. **安全基础知识**

① 实验室安全操作知识。
② 实验室安全防护及救助知识。
③ 环境保护相关知识。

3. **相关法律、法规知识**

①《中华人民共和国劳动法》的相关知识。
②《中华人民共和国食品安全法》的相关知识。
③《中华人民共和国农产品质量安全法》的相关知识。
④《中华人民共和国产品质量法》的相关知识。
⑤《中华人民共和国标准化法》的相关知识。
⑥《中华人民共和国计量法》的相关知识。
⑦ 国家有关部门发布的其他相关规定。

三、工作内容

根据《国家职业技能标准　农产品食品检验员》规定，农产品食品检验员的工作内容包括样品准备及处理、样品检测、结果记录及数据处理、实验室安全管理及仪器设备维护，不同职业等级的具体要求不同。

农产品食品检验岗位认知
工作任务单

分小组完成以下任务：
① 查阅农产品食品检验的职业要求。
② 查阅不同企业的农产品食品检验岗位的招聘要求。
③ 归纳不同类别岗位的工作内容和职责。
④ 填写查询报告。

【任务实施】

一、工作准备

准备好笔、电脑或手机、记录本、相关书籍等。

二、任务实施

查询资料→小组讨论→小组汇报→教师点评→总结提升

1. **查询资料**

查询农产品食品检验职业要求及不同单位招聘时的岗位要求。

2. 小组讨论

① 农产品食品检验员的从业要求。

② 归纳不同类别企业的农产品食品检验员的工作内容和岗位职责。

3. 小组汇报

小组就讨论结果进行汇报,形式自定。

4. 教师点评

教师根据每个小组的汇报情况进行点评。

5. 总结提升

汇总每个小组的结论,总结出农产品食品检验岗位的认知情况,培养专业素养。

三、报告填写

将查询结果填入表 1-1 中。

表 1-1 农产品食品检验岗位认知查询报告

岗位名称	岗位类别	岗位职责	岗位要求

填表人:　　　　　　　　　　　　　　　填表日期:

四、任务评价

按照表 1-2 评价学生工作任务完成情况。

表 1-2 任务考核评价指标

序号	工作任务	评价指标	配分	得分
1	查询资料	(1) 能够准确查询资料 (2) 对资料内容分析整理	20	
2	小组讨论	根据要求将查询内容进行分类,归纳总结	20	
3	小组汇报	(1) 小组合作完成 (2) 汇报时表述清晰,语言流畅	30	
4	点评修改	根据教师点评意见进行合理修改	10	
5	总结提升	总结本组的结论,能够灵活运用	10	
6	综合素养	(1) 会查阅资料并能分析出有效信息,具有信息处理能力 (2) 小组分工合作,责任心强,能够完成自己的任务	10	
		合计	100	

任务 1-2 识别农产品"三品一标"

【任务描述】

2023年1月发布的《新时代的中国绿色发展》白皮书中提到要统筹推进农产品"三品一标",深入实施地理标志农产品保护工程,全国绿色食品、有机农产品数量6万个,农产品质量安全水平稳步提高,优质农产品供给明显增加,有效促进了产业提档升级、农民增收致富(来源:央视网)。那么什么是农产品的"三品一标"呢?

【任务目标】

[知识目标]

① 了解农产品"三品一标"的含义。
② 掌握农产品"三品"的特点。

[技能目标]

能够分析识别农产品"三品一标"。

[职业素养目标]

培养绿色健康理念。

【知识准备】

一、概述

无公害农产品、绿色食品、有机食品和农产品地理标志统称"三品一标"。"三品一标"是政府主导的安全优质农产品公共品牌,是当前和今后一个时期农产品生产消费的主导产品,是农业发展进入新阶段的战略选择,是传统农业向现代农业转变的重要标志。2022年9月,农业农村部印发《关于实施农产品"三品一标"四大行动的通知》,部署实施优质农产品生产基地建设行动、农产品品质提升行动、优质农产品消费促进行动和达标合格农产品亮证行动。发展"三品一标"是供给适配需求的必然要求,是提高农产品质量品质的有效途径,是提高农业竞争力的重要载体,是提升农业安全治理能力的创新举措。

二、无公害农产品

无公害农产品是指产地环境、生产过程和产品质量符合国家有关标准和规范的要求,经认证合格获得认证证书并允许使用无公害农产品标志的优质农产品及其加工制品。

无公害农产品生产系采用无公害栽培(饲养)技术及其加工方法,按照无公害农产品生产技术规范,在清洁无污染的良好生态环境中生产、加工的,安全性符合国家无公害农产品标准的优质农产品及其加工制品。无公害农产品生产是保障大众农产品消费者身体健康、提高农产品安全质量的生产。广义上的无公害农产品,涵盖了有机食品(又叫生态食品)、绿色食品等无污染的安全营养类食品。

在现实的自然环境和技术条件下,要生产出完全不受到有害物质污染的商品蔬菜是很难的。无公害蔬菜,实际上是指商品蔬菜中不含有有关规定中不允许的有毒物质,并将某些有害物质控制在标准允许的范围内,保证人们的食用安全。通俗地说,无公害蔬菜应达到"优质、卫生"。"优质"指的是品质好、外观美,维生素C和可溶性糖含量高,符合商品营养要求。"卫生"指的是3个不超标,即农药残留不超标,不含禁用的剧毒农药，其他农药残留不超过标准允许量；硝酸盐含量不超标，一般控制在 432mg/kg 以下；工业三废和病原菌微生物等对商品蔬菜造成的有害物质含量不超标。

无公害农产品标准以全程质量控制为核心，主要包括产地环境质量标准、生产技术标准和产品标准三个方面。建立和完善无公害食品标准体系，是全面推进"无公害农产品行动计划"的重要内容，也是开展无公害食品开发、管理工作的前提条件。农业部 2001 年制定、发布了 73 项无公害食品标准，2002 年制定了 126 项、修订了 11 项无公害食品标准，2004 年又制定了 112 项无公害标准。无公害农产品标准内容包括产地环境标准、产品质量标准、生产技术规范和检验检测方法等，标准涉及 120 多个（类）农产品品种，大多数为蔬菜、水果、茶叶、肉、蛋、奶、鱼等关系城乡居民日常生活的"菜篮子"产品。

三、绿色食品

绿色食品是我国对无污染、安全、优质食品的总称，是指产自优良生态环境、按照绿色食品标准生产、实行土地到餐桌全程质量控制，按照《绿色食品标志管理办法》规定的程序获得绿色食品标志使用权的安全、优质食用农产品及相关产品。绿色食品标准分为两个技术等级，即 AA 级绿色食品标准和 A 级绿色食品标准。

AA 级绿色食品标准是根据国际有机农业运动联合会（IFOAM）有机产品的基本原则，参照有关国家有机食品认证的标准，再结合中国的实际情况而制定的。要求产地环境质量符合《绿色食品产地环境质量标准》，环境质量评价项目的单项污染指数不得超过 1，生产过程中不使用化学合成的农药、肥料、食品添加剂、饲料添加剂、兽药及有害于环境和人体健康的物质，且产品需要 3 年的过渡期。通过使用有机肥、作物轮作、生物或物理方法等，培肥土壤，控制病虫草害，保护或提高产品品质，从而保证产品质量符合绿色食品产品标准要求。

A 级绿色食品标准是参照发达国家食品卫生标准和国际食品法典委员会（CAC）的标准制定的，要求产地环境质量符合《绿色食品产地环境质量标准》，环境质量评价项目的综合污染指数不超过 1，生产过程中严格按绿色食品生产资料使用准则和生产操作规程要求，允许限量、限品种、限时间地使用安全的人工合成农药、兽药、渔药、肥料、饲料及食品添加剂，并积极采用生物方法，保证产品质量符合绿色食品产品标准要求。

绿色食品标准以"从农田到餐桌"全程质量控制理念为核心，由产地环境标准，生产技术标准，产品标准和包装、储藏运输标准构成。

① 产地环境标准即《绿色食品 产地环境质量》（NY/T 391—2021），该标准规定了产地的空气质量标准、农田灌溉水水质标准、渔业水水质标准、畜禽养殖用水水质要求和土壤环境质量标准的各项指标以及浓度限值、监测和评价方法，提出了绿色食品产地土壤肥力分级和土壤质量综合评价方法。

② 绿色食品生产技术标准是绿色食品标准体系的核心，它包括绿色食品生产资料使用准则和绿色食品生产技术操作规程两部分。绿色食品生产资料使用准则是对绿色食品过程中物质投入的一个原则性规定，它包括生产绿色食品的农药、肥料、食品添加剂、饲料添加剂、兽药和水产养殖药的使用准则，对允许、限制和禁止使用的生产资料及其使用方法、使用剂量、使用次数和休药期等作出了明确的规定。绿色食品生产技术操作规程是以上述准则为依据，按作物种类、畜牧种类和不同农业区域的生产特性分别制定的，用于指导绿色食品生产活动，规范绿色食品生产的技术规定，包括农产品种

植、畜禽饲养、水产养殖和食品加工等技术操作规程。

③产品标准规定了食品的外观品质、营养品质和卫生品质等内容，但其卫生品质要求高于国家现行标准，主要表现在对农药残留和重金属的检测项目种类多、指标严。绿色食品安全卫生标准主要包括六六六、DDT、敌敌畏、乐果、对硫磷、马拉硫磷、杀螟硫磷、倍硫磷等有机农药和砷、汞、铅、镉、铬、铜、锡、锰等有害金属、添加剂以及细菌三项指标，有些还增设了黄曲霉毒素、硝酸盐、亚硝酸盐、溶剂残留、兽药残留等检测项目。绿色食品加工的主要原料必须是来自绿色食品产地的、按绿色食品生产技术操作规程生产出来的产品。绿色食品产品标准反映了绿色食品生产、管理和质量控制的先进水平，突出了绿色食品产品无污染、安全的卫生品质。

④包装标准规定了进行绿色食品产品包装时应遵循的原则，包装材料选用的范围、种类，包装上的标示内容等。要求产品包装从原料、产品制造、使用、回收和废弃的整个过程都应有利于食品安全和环境保护，包括包装材料的安全、牢固性，节省资源、能源，减少或避免废弃物产生，易回收循环利用，可降解等具体要求和内容。标签标准，除要求符合国家《食品安全国家标准　预包装食品标签通则》（GB 7718—2011）外，还要求符合《中国绿色食品商标标志设计使用规范手册》（简称《手册》）规定，该《手册》对绿色食品的标准图形、标准字形、图形和字体的规范组合、标准色、广告用语以及在产品包装标签上的规范应用均作了具体规定。储藏运输标准对绿色食品储运的条件、方法、时间作出规定，以保证绿色食品在储运过程中不遭受污染、不改变品质，并有利于环保、节能。

四、有机食品

有机食品是指根据有机农业原则，生产过程中绝对禁止使用人工合成的农药、化肥、色素等化学物质，采用对环境无害的方式生产、销售过程受专业认证机构全程监控、认证并颁发证书的食品。有机食品主要包括一般的有机农产品（例如有机杂粮、有机水果、有机蔬菜等）、有机茶产品、有机食用菌产品、有机畜禽产品、有机水产品、有机蜂产品、有机奶粉、采集的野生产品以及以上述产品为原料的加工产品。国内市场销售的有机食品主要是有机蔬菜、有机大米、有机茶叶、有机蜂蜜、有机羊奶粉、有机杂粮、有机水果等。

有机食品生产的基本要求包括：生产基地在三年内未使用过农药、化肥等违禁物质；种子或种苗来自自然界，未经基因工程技术改造过；生产单位需建立长期的土地培肥、植保、作物轮作和畜禽养殖计划；生产基地无水土流失及其他环境问题；作物在收获、清洁、干燥、贮存和运输过程中未受化学物质的污染；从常规种植向有机种植转换需两年以上转换期，新垦荒地例外；生产全过程必须有完整的记录档案。

有机食品加工的基本要求包括：原料必须是自己获得的有机颁证的产品或野生无污染的天然产品；已获得有机认证的原料在终产品中所占的比例不得少于95%；只使用天然的调料、色素和香料等辅助原料，不用人工合成的添加剂；有机食品在生产、加工、贮存和运输过程中应避免化学物质的污染；加工过程必须有完整的档案记录，包括相应的票据。

五、农产品地理标志

农产品地理标志，是指标示农产品来源于特定地域，产品品质和相关特征主要取决于自然生态环境和历史人文因素，并以地域名称冠名的特有农产品标志。此处所称的农产品是指来源于农业的初级产品，即在农业活动中获得的植物、动物、微生物及其产品。

根据《农产品地理标志管理办法》规定，农业部（现农业农村部）负责全国农产品地理标志的登记工作，农业部农产品质量安全中心负责农产品地理标志登记的审查和专家评审工作。省级人民政府农业行政主管部门负责本行政区域内农产品地理标志登记申请的受理和初审工作。农业部设立的农产品地理标志登记专家评审委员会，负责专家评审。图1-1为农产品"三品一标"标志。

无公害农产品　　绿色食品A级　　绿色食品AA级　　有机食品　　农产品地理标志

图1-1　农产品"三品一标"标志

识别农产品"三品一标" 工作任务单
分小组完成以下任务： ① 查阅农产品"三品一标"包含的内容。 ② 查询"三品一标"的含义。 ③ 识别"三品一标"的标志并解释其寓意。 ④ 比较"三品"之间的异同点，并列举生活中的实例。

【任务实施】

一、工作准备

准备好笔、电脑或手机、记录本、相关书籍等。

二、任务实施

查询资料→小组讨论→小组汇报→教师点评→总结提升

1. 查询资料

① 农产品"三品一标"包含的内容。
② "三品一标"的含义。
③ "三品一标"的标志及寓意。

2. 小组讨论

① 农产品实行"三品一标"的意义。
② "三品"之间的异同点。
③ 每一类型的产品列举实例。

3. 小组汇报

小组就讨论结果进行汇报，形式自定。

4. 教师点评

教师根据每个小组的汇报情况进行点评。

5. 总结提升

汇总每个小组的结论，总结出三点之间的联系与区别，从列举实例中总结出识别要点，培养专业素养。

三、报告填写

将识别结果填入表 1-3 中。

表 1-3　农产品"三品一标"识别报告

名称	标志	寓意	实例
无公害农产品			
绿色食品			
有机食品			
农产品地理标志			
"三品"关系			

填表人：　　　　　　　　　　　　　　　填表日期：

四、任务评价

按照表 1-4 评价学生工作任务完成情况。

表 1-4　任务考核评价指标

序号	工作任务	评价指标	配分	得分
1	查询资料	（1）能够准确查询资料 （2）对资料内容分析整理	20	
2	小组讨论	根据要求将查询内容进行分类，归纳总结	20	
3	小组汇报	（1）小组合作完成 （2）汇报时表述清晰，语言流畅 （3）"三品一标"查询准确，标志寓意解释清楚明白 （4）"三品"关系表述准确	30	
4	点评修改	根据教师点评意见进行合理修改	10	
5	总结提升	总结本组的结论，能够灵活运用	10	
6	综合素养	（1）会查阅资料并能分析出有效信息，具有信息处理能力 （2）小组分工合作，责任心强，能够完成自己的任务	10	
		合计	100	

科普视频：带你了解"史上最严"《食品安全法》（食品伙伴网）

拓展资源

树立和践行"大食物观"

党的二十大报告中提出"树立大食物观，发展设施农业，构建多元化食物供给体系。"习近平总书记在看望参加全国政协十三届五次会议的农业界、社会福利和社会保障界委员并参加联组会时指出，要树立大食物观，从更好满足人民美好生活需要出发，掌握人民群众食物结构变化趋势，在确保粮食供给的同时，保障肉类、蔬菜、水果、水产品等各类食物有效供给，缺了哪样也不行。

践行大食物观，需要实现从耕地资源向整个国土资源拓展，从传统农作物和畜禽资源向更丰富的生物资源拓展；坚持以粮食生产为基础，统筹粮经饲生产，推动种养加一体；充分发挥市场在资源配置中的决定性作用，更好发挥政府作用，进一步从战略上提升统筹国内国际两个市场、两种资源的能力。

践行大食物观，需要保障粮食安全、生态安全和食品安全。粮食安全是基础，必须始终绷紧粮食安全这根弦，把中国人的饭碗牢牢端在自己的手中。生态安全是底线，需要牢固树立和践行绿水青山就是金山银山的理念，实现食物资源开发和生产过程绿色高质量可持续发展。食品安全是红线，坚持用最严谨的标准、最严格的监管、最严厉的处罚、最严肃的问责，强化食品安全管理，确保人民群众吃得安全、吃得健康。

 —————— 巩固练习

一、单选题

1. 与普通食品相比，不属于绿色食品的特点有（　　）。
   A. 强调产品出自最佳生态环境
   B. 对产品实行全程质量控制
   C. 对产品依法实行标志管理
   D. 产品包装必须符合《食品安全国家标准　预包装食品标签通则》要求
2. 我国绿色食品事业启动于（　　）。
   A. 1990 年　　B. 2000 年　　C. 2005 年　　D. 2010 年
3. 我国农产品认证始于 20 世纪 90 年代初农业部实施的（　　）认证。
   A. 有机食品　　B. 无公害食品　　C. 绿色食品　　D. 普通食品
4. 绿色食品遵循可持续发展原则，产自优良环境，实行全程质量控制，下列特点中不具有的是（　　）。
   A. 无污染　　B. 安全　　C. 优质　　D. 保健
5. 绿色食品、有机食品、无公害农产品标准对产品的要求由高到低依次排列为（　　）。
   A. 绿色食品、有机食品、无公害农产品
   B. 有机食品、绿色食品、无公害农产品
   C. 绿色食品、无公害农产品、有机食品
   D. 无公害农产品、有机食品、绿色食品
6. 《农产品质量安全法》中所称的农产品，是指来源于农业的（　　）。
   A. 农产品及制品　　　　　　B. 初级产品
   C. 植物产品　　　　　　　　D. 动物产品
7. 违反《农产品质量安全法》的规定，冒用农产品质量标志的，不适用的处罚有（　　）。

A. 责令改正
B. 没收违法所得
C. 并处二千元以上二万元以下罚款
D. 并处五千元以上五万元以下罚款

8. 采用国务院农业行政主管部门会同有关部门认定的快速检测方法进行农产品质量安全监督抽查检测，被抽查人对检测结果有异议的，可以自收到检测结果时起（　　）内申请复检。
  A. 2小时　　　　B. 4小时　　　　C. 8小时　　　　D. 24小时
9. 通常所说的"三品一标"中的三品，不包括（　　）。
  A. 无公害农产品　　　　　　　　B. 绿色食品
  C. 有机食品　　　　　　　　　　D. 生态食品

二、判断题

1. 农产品销售企业对其销售的农产品，应建立健全进货检查验收制度，经查验不符合农产品质量安全标准的，可以作为次品销售。（　　）
2. 农产品生产企业和农民专业合作经济组织，应当自行或委托检测机构对农产品质量安全状况进行检测。（　　）
3. 对可能影响农产品质量安全的农药、兽药、饲料和饲料添加剂、肥料、兽医器械，依照有关法律、行政法规的规定实行许可制度。（　　）
4. 负责国家注册审核员考试注册的部门是国家认证认可监督管理委员会。（　　）
5. 农产品批发市场不得设立检测机构，只能委托农产品质量安全检测机构对进场销售的农产品质量安全状况进行抽查检测。（　　）
6. 复检可以采用快速检测方法。（　　）
7. 绿色食品的"绿色"表明生产过程保护生态环境和产品产自优良环境。（　　）
8. 有机产品认证证书有效期为三年。（　　）

模块二

农产品食品检验基本程序

 案例引入

食品安全是民生工程、民心工程。2021年上半年,全国市场监管部门完成食品安全监督抽检1808640批次,依据有关食品安全国家标准等检验,检出不合格样品42412批次,总体不合格率为2.34%。与2020年同期相比,水产制品、蜂产品、水果制品等20类食品抽检不合格率有所降低,餐饮食品、食用农产品、酒类等13类食品抽检不合格率有所上升。作为农产品食品检验人员,如何对抽检样品进行检验呢?

模块导学

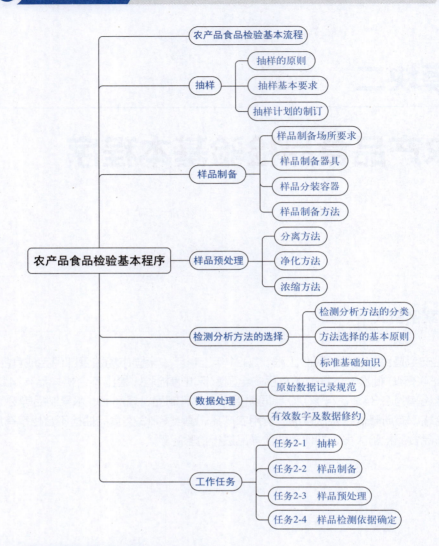

学习目标

① 了解农产品食品检验基本程序。

② 能够制定样品检验程序,正确进行样品抽样、制备及预处理。

③ 能够查询样品检测标准并准确判断检验依据。

④ 树立标准意识,培养实事求是、严谨认真的专业素养。

知识点 2-1　农产品食品检验基本流程

明确的检验任务应包括检验目的和具体检验项目指标，检验工作从制订检验方案、选择指标测定方法做起，如果检验任务只有目的要求，没有具体的检验项目指标，则检验工作需要从确定待检项目指标、制订采样方案、选择指标测定方法等工作做起，农产品食品检验的基本流程为（图2-1）：

图2-1　检验基本流程

知识点 2-2　抽样

抽样是从大量的分析对象中抽取具有代表性的一部分样品作为分析材料。抽样方案制订及样品抽检是检验工作的第一步，目标是采集适量的具有代表性的样品，即所抽检的少量样品与大量被检对象的理化性质基本一致。

一、抽样的原则

1. 代表性原则

抽检的样品应充分代表检测样品的总体情况。不同种类的样品，或即使同一种类的样品，因品种、产地、成熟期、加工及储存方法、保藏条件的不同，其成分和含量也会有显著差异。

2. 典型性原则

抽检能充分达到检测目的的典型样本，包括污染或怀疑污染的食品、掺假或怀疑掺假的食品、有毒或怀疑有毒的食品等。

3. 适时性原则

因为不少被检物质总是随时间发生变化，为了保证得到正确结论应尽快检测，及时为重大活动的食品安全卫生提供保障，为食物中毒患者提供救治依据。如发生食物中毒应立即赶到现场及时采样，否则不易采得中毒食品，在临床上往往要等检出毒物后才能采用有针对性的解救药物进行抢救。因此，抽检和送检的时间性很重要。

4. 程序性原则

抽样、检验、留样、报告均应按规定的程序进行，各阶段要有完整的手续，责任必须分清。

二、抽样基本要求

（一）样品来源

如果委托任务是送样检验，直接对送检样品实施检验，检验结果只对来样负责。

如果在各类样品采集标准方法中没有适用的相关样品采集方法，检验人员应根据被检对象的质量以及随空间、时间的变化规律分区设点、分层设点采集样品，保证所采集样品的物理性状和化学成分组成具有代表性。此外，样品采集方法与数量还取决于被检对象总体数量、颗粒大小、包装形式与大小以及特性成分性质、含量范围和测定方法。

如果检验目的是市场管理，为了防止伪劣产品在市场中流通，样品采集的方法必须是选择性的，应针对特定区域、批次以及颜色、形态等外观性状异常的部分采集样品，以提高发现伪劣产品的概率。

如果检验目的是质量普查及了解产品的一般质量情况，应该采用随机采样方法。

（二）抽样人员要求

样品采集工作一般由抽样人员完成。样品采集单位应建立食品抽样管理制度，明确岗位职责、抽样流程和工作纪律，加强对抽样人员的培训和指导，保证样品采集质量。

抽样人员应当熟悉食品安全法律、法规、规章和食品安全标准等的相关规定，经过培训考核后参加抽样工作，能熟练掌握食品分类，了解被抽样对象的属性、涉及标准与法规、检验项目、抽样要求等。另外，还要掌握具体的实操技能和经验，如抽样方法、抽样部位、抽样数量、样品分装、样品防护、无菌采样、样品信息采集与记录、样品封存、存运要求、证据留存等。

食品抽样人员的综合素养会直接影响食品抽样的质量，也是影响食品检验和评估工作的关键。食品抽样人员应科学公正、精通业务、严明纪律、勤奋工作；同时强化法律法规观念，切实提高职业道德修养。要求抽检人员不得在两个以上检验检测机构兼职；不得冒用政府机关工作人员的身份开展业务工作；不得在本机构资质认定范围内，从事产品的生产、经销或兼职参与生产经营活动；不得从受检客户处牟取私利或收受任何礼品馈赠。

抽样人员应遵守保密原则，不得私自泄露抽样计划和内容，并对样品和技术资料、检测结果等负责。在执行抽样任务时还应做到着装整洁卫生、语言规范、礼貌待人，保持良好的精神状态，佩戴工牌，不得接受被抽样单位可能影响检验公正性的任何活动。

采样人员不得佩戴戒指、手表、手链等饰物，不留长指甲或染指甲，体表裸露处不得有可能造成污染的伤口或异物。必要时要戴一次性手套，穿洁净的工作服，戴工作帽。

（三）抽样工作流程

1. 抽样前准备要求

抽样工作应制订抽样方案及抽样计划，内容包括：抽样时间、抽样人员、抽样地点；采取何种抽样方式；抽样产品品种、数量。抽样方式主要有随机抽样、系统抽样、整群抽样、分层抽样。

（1）随机抽样

单纯随机抽样是在总体中以完全随机的方法抽取一部分观察单位组成样本，即每个观察单位有同等的概率被选入样本。常用的方法是先将总体中全部样品编号，然后用抽签、随机数字表或计算机产生随机数字等方法从中抽取一部分样品组成样本。其优点是简单直观，均数（或率）及其标准误的计算简便；缺点是当总体较大时，难以对总体中的个体——进行编号，且抽到的样本分散，不易组织调查。

（2）系统抽样

系统抽样又称等距抽样或机械抽样，即先将总体中的全部个体按与研究现象无关的特征排序编号；然后根据样本含量大小，规定抽样间隔 k；随机选定第 $i(i<k)$ 号个体开始，每隔一个 k，抽取一个个体，组成样本。系统抽样的优点是易于理解，简便易行，容易得到一个在总体中分布均匀的样本，其抽样误差小于单纯随机抽样；缺点是抽到的样本较分散，不易组织调查，当总体中样品按顺序有周期趋势或单调增加（减小）趋势时，容易产生偏差。

（3）整群抽样

整群抽样是先将总体划分为 K 个"群"，每个群包含若干个样品，再随机抽取 k 个群（$k<K$），由抽中的各群的全部样品组成样本。整群抽样的优点是便于组织调查，节省经费，容易控制调查质量；缺点是当样本含量一定时，抽样误差大于单纯随机抽样。

（4）分层抽样

分层抽样是先将总体中全部个体按对主要研究指标影响较大的某种特征分成若干"层"，再从每一层内随机抽取一定数量的样品组成样本。分层随机抽样的优点是样本具有较好的代表性，抽样误差较小，分层后可根据具体情况对不同的层采用不同的抽样方法。

四种抽样方法的抽样误差大小一般是：整群抽样≥随机抽样≥系统抽样≥分层抽样。在实际调查研究中，常常将两种或几种抽样方法结合使用，进行多阶段抽样。

抽样工具准备应包括委托书、告知书、存储设备、车辆等，任务进行分配的同时要备足抽样工具，交通工具还需考虑安全性等方面，准备工作尽量做到详细且有针对性。

2. 抽样过程要求

抽样人员严格遵守抽样规范，按照要求统一抽样程序，抽样现场应由 2 名抽样人员同受检单位人员共同进行。抽样人员应熟悉各抽样场所（生产领域、流通领域、餐饮领域）的抽样规范。抽取样品具有代表性和均匀性，对于散装样品，则采取四分法均匀取样以减少个体差异对检测结果带来的干扰。样品封存、运输应规范且满足储运条件。抽样文书是后期信息汇总的关键依据，应详细完整地记录抽样信息。抽样文书具有法律效力，抽样人员应采取交叉核对的方式减少填写错误。

3. 样品的保存与运输

样品应在规定的温度下保存、运输，如无规定，则冷藏保存。抽检完成后应尽快送检，保证所抽食品样品的真实性和完整性。

4. 样品交接

样品交接是抽样环节的最后一步，接样人员需重点确认：第一，样品信息、抽样单信息、系统信息一致；第二，样品类型、数量，储存条件满足抽样要求，样品无破损，留样样品的封签满足封样要求。确保以上信息无误，可接受样品，否则予以退样。

抽样单位根据任务制订抽样方案，还应向省级市场监督管理局备案抽样人员，组织抽样前培训工作。抽样单位到受检企业后应向企业出示证件、文书，并说明监督抽检的性质，查验企业证照，确认合法性，到抽检企业抽样现场，按照要求的抽样方法进行抽样、封样、填写文书，并由企业确认。遇到拒检、证照不合法的情况，及时向相关省级市场监督管理局汇报。抽样工作基本流程详见图2-2。

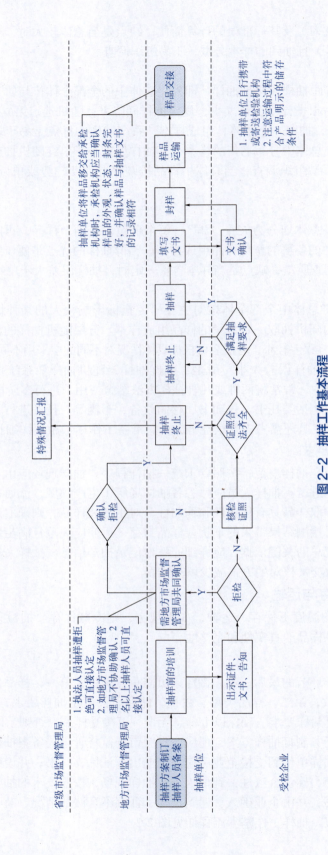

图 2-2 抽样工作基本流程

三、抽样计划的制订

1. 抽样工作方案内容

① 抽样检验的食品品种；
② 抽样环节、抽样方法、抽样数量等抽样工作要求；
③ 检验项目、检测费用预算等其他工作要求；
④ 抽检结果及汇总分析的报送方式和时限；
⑤ 根据项目需求和合同要求的特殊工作要求。

2. 抽样计划制订要素

抽样单位根据抽样方案制订抽样计划和抽样程序，抽样计划和抽样程序的制订要有科学、合理的依据，抽样活动要严格按照计划和程序进行，要注意现场因素的控制。省级市场监督管理局抽样计划的编制内容应包括：人员安排、抽样点、抽样批次、抽样时间和抽样记录表等。

知识点 2-3　样品制备

从受检的样品中按规定抽取一定数量具有代表性的部分称为样品。样品是决定一批粮油食品质量的主要依据。将检样混合在一起得到原始样品；从原始样品中按照规定方法进行混合平均，均匀地分出一部分，得到平均样品；将平均样品分为 3 份，分别得到检验样品、复验样品和保留样品。

按抽样规程抽取的样品一般数量较多、颗粒较大、组成不均匀，不利于分析检测。为了确保分析结果的准确性，必须对样品进行粉碎、混匀、缩分等操作，称为样品的制备。样品制备的目的是保证样品的均匀性，在检测时取其任何一部分都能够代表全部样品成分。

一、样品制备场所要求

样品制备场所应清洁卫生、通风良好、无扬尘、无化学挥发物质，对可能存在相互影响的制样区域应有效隔离。制备中产生粉尘的制样区域应配有通风设施，对制样场所环境温度有要求的，应配备空调等温控设备。

二、样品制备器具

样品制备使用的设备与器具应清洁、易于清洗，不应对样品造成污染，如无色聚乙烯砧板或木砧板、不锈钢食品加工机或聚乙烯塑料食品加工机、高速组织分散机、不锈钢刀、不锈钢剪等。

重金属等元素检测样品制备时宜采用陶瓷、玛瑙等材质的制样设备和尼龙筛。邻苯二甲酸酯类（塑化剂）检测样品制备时，应使用非塑料材质用具。

三、样品分装容器

盛装样品的容器应密封、内壁光滑、清洁、干燥，不含待鉴定物质及干扰物质。容器及其盖、塞应不影响样品的气味、风味、pH 及食物成分。

盛装液体或半液体样品常用防水防油材料制成的带塞玻璃瓶、广口瓶、塑料瓶等。
盛装固体或半固体样品可用广口玻璃瓶、不锈钢或铝制盒或盅、搪瓷盅、塑料袋等。
采集粮食等大宗食品时应准备四方搪瓷盘供现场分样用；在现场检查面粉时，可用金属筛筛选，检查有无昆虫或其他机械杂质等。

四、样品制备方法

1. 液体、浆体或悬浮液体样品
一般将样品摇匀，充分搅拌。常用的简便搅拌工具是玻璃棒，还有带变速的电动搅拌器，可以任意调节搅拌速度。

2. 互不相溶的液体样品（如油与水的混合物）
应首先使不相溶的成分分离，然后分别进行采样，再制备成平均样品。

3. 固体样品
应用切细、粉碎、捣碎、研磨等方法将样品制成均匀可检状态。
① 水分含量少、硬度较大的固体样品（如粮食等），可用粉碎机或研钵磨碎并混合均匀。
② 水分含量较高、韧性较强的样品（如肉类、鱼类、禽类等），先去除头、骨、鳞等非食用部分，取可食部分放入绞肉机中绞匀，或用研钵研磨并拌匀。
③ 水分含量高、质地软的样品（如水果、蔬菜等），先用水洗去泥沙、揩干表面附着的水分，从不同的可食部切取少量物料，混合后放入组织捣碎机中捣匀（有时加等量蒸馏水）。注意动作迅速，防止水分蒸发。
④ 蛋类，应去壳后用打蛋器打匀。

4. 罐头
水果罐头在捣碎前必须清除果核；肉禽罐头应预先清除骨头；鱼类罐头需将调味品（葱、辣椒及其他）分出后再捣碎，可用组织捣碎机捣碎。

知识点 2-4 样品预处理

食品成分复杂，各成分之间相互影响，对实验检测结果的准确性会产生一定的干扰，因此样品在检测之前需要进行预处理。样品预处理是指消除干扰因素，完整保留被测成分，并使被测成分浓缩，以获得可靠的分析结果。常用的前处理过程包括分离、净化、浓缩等。

一、分离方法

（一）溶剂抽提法
抽提法是从样品中提取农药、真菌毒素以及苯并[a]芘等有机污染物的一种有效方法。其分离原理是利用样品中各组分在特定溶剂中溶解度的差异，使其完全或部分分离。抽提应做到越完全越好，并且应尽量使样品中的一些干扰物质不要进入抽提剂中，以免干扰测定。抽取方法很多，常用的方法如下：

1. 振荡浸提法

这是一种常用的方法，其操作是将粉碎后的试样置于磨口锥形瓶中，用选好的溶剂浸泡，同时振荡，增加两相之间的接触面积，以提高提取效率，然后过滤，分离提取液和残渣，再用溶剂洗涤过滤残渣一次或数次，合并提取液即完成抽提操作。若提取时辅助超声波可大大强化提取效率。

2. 组织捣碎法

操作时一般先将样品进行适当切碎，再放入组织捣碎机或球磨机中。加入适当、适量的溶剂，快速捣碎1~2min，过滤后用溶剂洗涤残渣数次，即完成抽提操作。为了增加提取效率也可加超声波发生装置，使提取更为彻底。

3. 索氏提取法

此法是采用索氏提取器（或称脂肪抽提器）将被测物从试样中提取出来。溶剂在抽提器中经加热蒸发、冷凝、抽提、回流等，如此循环提取数小时，直至样品中的待测成分完全被抽提到烧瓶中。此法提取效率高，但操作费时，且不能使用高沸点溶剂提取，对受热易分解的物质也不太适宜。

（二）有机物破坏法

有机物破坏法主要用于食品中无机盐或金属离子的测定。食品中的无机盐或金属离子，常与蛋白质等有机物结合，成为难溶、难离解的有机金属化合物。欲测定其中金属离子或无机盐的含量，则需在测定前破坏有机结合体，释放出被测组分。通常可采用高温或高温加强氧化条件，使有机物质分解，呈气态逸散，而被测组分残留下来。根据具体操作条件不同，又可分为干法灰化、湿法消化和微波消解三大类。

1. 干法灰化

将样品置于坩埚中加热，先小火炭化，然后经500~600℃灼烧灰化后，水分及挥发性物质以气态逸出，有机物中的碳、氢、氧、氮等元素与有机物本身所含的氧及空气中的氧气生成CO_2、H_2O和氮的氧化物而散失，直至残灰为白色或浅灰色为止，所得残渣即为无机成分，可供测定用。常见的灼烧装置是灰化炉，又称高温马弗炉。

此法的优点在于有机物分解彻底，操作简单，无需工作者经常看管。另外，此法基本不加或加入很少的试剂，所以空白值低。但此法所需时间较长，因温度过高易造成某些易挥发元素的损失，坩埚对被测组分有吸留作用，致使测定结果和回收率降低。

2. 湿法消化

向样品中加入强氧化剂，并加热煮沸，使样品中的有机物质完全分解、氧化呈气态逸出，待测成分转化为无机物状态存在于消化液中，供测试用。常用的强氧化剂有浓硝酸、浓硫酸、高氯酸、高锰酸钾、过氧化氢等。实际工作中，一般使用混合的氧化剂，如浓硫酸-浓硝酸、高氯酸-硝酸-硫酸、高氯酸-浓硫酸等。

湿法消化的特点是有机物分解速度快，所需时间短；由于加热温度较干法低，故可减少金属挥发逸散的损失，容器吸留也少。但在消化过程中，常产生大量有害气体，因此操作过程需在通风橱内进行；消化初期，易产生大量泡沫外溢，故需操作人员随时照管。此外，试剂用量较大，空白值偏高。

3. 微波消解

微波消解基本原理与湿法消化相同，区别在于微波消解是将样品置于密封的聚四氟乙烯消解管中，用微波进行加热，完成有机质分解工作。

与湿法消化相比，微波消解具有使用试剂少、耗时短的特点，但是需要使用价格较高并且消解样品容量偏小的微波消解仪。由于微波消解时样品处于封闭状态，一旦剧烈反应，容易产生爆炸，所以不太适宜处理高挥发性的物质，必要时需要进行加热预消解。

（三）蒸馏法

蒸馏法是利用待测成分与其他物质的沸点不同而进行分离提纯的一种方法。常用的蒸馏法有常压蒸馏、减压蒸馏、水蒸气蒸馏等。

1. 常压蒸馏

当共存成分不挥发或很难挥发，而待测成分沸点不是很高，并且受热不发生分解时，可用常压蒸馏方法将待测成分蒸馏出来，而与大量基质相分离。常压蒸馏的装置、操作均比较简单，加热方法要根据待测成分沸点来确定，可用水浴（待测成分沸点90℃以下）、油浴（待测成分沸点90～120℃）、沙浴（待测成分沸点200℃以上）或盐浴、金属浴及直接加热等方法。

2. 减压蒸馏

很多有机化合物，特别是高沸点的有机化合物，在常压下蒸馏会发生部分或全部分解。在这种情况下采用减压蒸馏颇为有效。在减压的条件下，较低温度时物质的蒸气压容易达到与外界压力相等而沸腾，因此在蒸馏时将蒸馏装置内气体压力减小，使沸点降低。

减压的装置通常由蒸馏烧瓶、波氏吸收管、洗气瓶和减压泵组成。减压泵常根据要求的不同真空度加以选择，粮油食品中有储粮化学药剂的蒸馏常用水力抽气泵抽气。减压蒸馏的装置要能耐受压力，否则进行减压时会发生危险。同时，在装配装置时应注意保证各接头不漏气，最好使用磨口仪器。

3. 水蒸气蒸馏

水蒸气蒸馏是分离和纯化有机物的常用方法，条件是被分离物质在100℃下必须具有一定的蒸气压，这样在低于100℃的温度下，被测物质就随着水蒸气一起蒸馏出来。主要用于分离与水互不相溶的挥发性有机物。当该物质在加热时产生的蒸气压与通入的水汽形成的水汽压力之和大于大气压时，该混合液便沸腾，这样便可在低于沸点的情况下蒸馏出有关物质，从而使在其沸点温度可能分解的物质在低温条件下蒸馏出来。蒸馏时，水蒸气从水蒸气发生器中引入蒸汽瓶，往往过量引入，一直连续蒸馏至被测组分完全馏出。

二、净化方法

（一）过滤法

过滤法一般指分离悬浮在液体中的固体颗粒的操作，但也有用于洗涤物质的操作，在食品分析中应用最多的是常压过滤和减压过滤。

1. 常压过滤

漏斗多用锥形玻璃质的。过滤时应注意，如果需要的是沉淀（弃滤液）时，滤纸不要高于漏斗，以免结晶物质经纸的毛细作用结到纸上端不易取下；倒入溶液时要沿玻璃棒流在滤纸的壁上，不要冲起沉淀，且不要超过滤纸的高度，沉淀物的高度不应充满到滤器 1/3 以上。

2. 减压过滤

这种方法要使用一整套装置，包括：布氏漏斗或微孔玻璃漏斗（耐酸过滤漏斗）、抽气瓶、安全缓冲瓶、真空抽气泵、橡胶垫。减压过滤在操作时，布氏漏斗上铺用的过滤介质一般多采用滤纸或石棉纤维。滤纸放好后，用少量蒸馏水润湿，开泵抽气，使滤纸贴紧漏斗底，无漏气现象后，方可进行过滤。

（二）液－液萃取法

液-液萃取法是一种简单而且应用最广泛的净化分离技术。由于各种物质在不同溶液中的溶解度不同，当混合物在互不相溶的两相溶剂中混合时，根据相似相溶原理，混合物中的物质总是在极性相似的溶剂中溶解度大，在极性差别大的溶剂中溶解度小，即不同的物质在两相溶剂中的分配系数不同。例如提取农药时，农药在极性有机溶剂和正己烷中的分配系数就大，而脂肪等杂质在这一体系中的分配系数就小。当向正己烷提取液中加入萃取剂（三氯甲烷、甲醇、乙腈、二甲基亚砜等极性有机溶剂）时，经混合，再静置分层，农药等极性大的被测物转溶于萃取剂，而脂类杂质留在正己烷层。将两层溶液分开后，即达到净化的目的。为在净化过程中能将被测物质绝大部分萃取出来，应进行几次萃取，以提高萃取率。

选用极性溶剂将被测物从提取液中萃取后，可以达到净化的目的，但一般情况下，还需浓缩才能达到检测灵敏度。因极性溶剂的沸点较高，不易浓缩，还需将被测物质从极性溶剂中转移到低沸点的溶剂中，这种用与萃取剂不溶解的溶剂从萃取液中提取被测物的方法称为反萃取。具体操作为：向萃取液中（极性溶剂）加入一定量的水相溶液，与极性溶剂互溶，再加入低沸点溶剂如石油醚、正己烷等，这样就可以将萃取中的不溶于水的待测物被石油醚、正己烷反萃取出来，同时极性溶剂萃取时萃取的极性杂质保留在极性溶剂中，进一步达到净化的目的。

为了提高反萃取效果，在水中加入某些盐类，如氯化钠、硫酸钠等，可以加大水相的极性，降低被测物质在水相中的分配率，还能促进两相分层清晰，易于分离。

（三）色谱分离法

色谱分离法又称色层分离法，是一种在载体上进行物质分离的一系列方法的总称。根据分离原理的不同，可分为吸附色谱分离、分配色谱分离和离子交换色谱分离等。此类分离方法分离效果好，近年来在食品分析中应用越来越广泛。

1. 吸附色谱分离

利用聚酰胺、硅胶、硅藻土、氧化铝等吸附剂，经活化处理后，其所具有的适当的吸附能力对被测成分或干扰组分可进行选择性吸附，从而进行的分离称吸附色谱分离。例如，聚酰胺对色素有强大的吸附力，而其他组分则难于被其吸附。在测定食品中的色素含量时，常用聚酰胺吸附色素，经过滤洗涤，再用适当溶剂解吸，可以得到较纯净的色素溶液，供测试用。

2. 分配色谱分离

此法是以分配作用为主的色谱分离法，是根据不同物质在两相间的分配比不同所进行的分离。两相中的一相是流动的（称流动相），另一相是固定的（称固定相）。被分离的组分在流动相沿着固定相移动的过程中，由于不同物质在两相中具有不同的分配比，当溶剂渗透在固定相中并向上渗展时，这些物质在两相中的分配作用反复进行，从而达到分离的目的。例如，多糖类样品的纸色谱，样品经酸水解处理，中和后制成试液，点样于滤纸上，用苯酚-1%氨水饱和溶液展开，苯胺邻苯二酸显色剂显色，于105℃加热数分钟，则可见到被分离开的戊醛糖（红棕色）、己醛糖（棕褐色）、己酮糖（淡棕色）、双糖类（黄棕色）的色斑。

3. 离子交换色谱分离

离子交换分离法是利用离子交换剂与溶液中的离子之间所发生的交换反应来进行分离的方法，分为阳离子交换和阴离子交换两种。交换作用可用下列反应式表示。

阳离子交换：$RH + M^+X^- \longrightarrow RM + HX$

阴离子交换：$ROH + M^+X^- \longrightarrow RX + MOH$

式中，R 代表离子交换剂的母体；M、X 代表溶液中被交换的物质。

当将被测离子溶液与离子交换剂一起混合振荡，或将样液缓缓通过用离子交换剂做成的离子交换柱时，被测离子或干扰离子即与离子交换剂上的 H^+ 或 OH^- 发生交换。被测离子或干扰离子留在离子交换剂上，被交换出的 H^+ 或 OH^- 以及不发生交换反应的其他物质留在溶液内，从而达到分离的目的。在食品分析中，可应用离子交换分离法制备无氟水、无铅水。离子交换分离法还常用于分离较为复杂的样品。

（四）化学净化法

化学净化法是通过化学反应处理样品，以改变其中某些组分的亲水、亲脂及挥发性质，并利用改变的性质进行分离，以排除和抑制干扰物质干扰的方法。

1. 磺化法

本法是用浓硫酸处理样品提取液，有效地除去脂肪、色素等干扰杂质。其原理是浓硫酸能使脂肪磺化，并与脂肪和色素中的不饱和键起加成作用，形成可溶于硫酸和水的强极性化合物，不再被弱极性的有机溶剂所溶解，从而达到分离净化的目的。

此法简单、快速、净化效果好，但用于农药分析时，仅限于在强酸介质中稳定的农药（如有机氯农药中的六六六、DDT）提取液的净化，其回收率在80%以上。

2. 皂化法

本法是用热碱溶液处理样品提取液，以除去脂肪等干扰杂质。其原理是利用氢氧化钾-乙醇溶液将脂肪等杂质皂化除去，以达到净化的目的。此法仅适用于对碱稳定的农药提取液的净化。

3. 沉淀分离法

沉淀分离法是利用沉淀反应进行分离的方法。在试样中加入适当的沉淀剂，使被测组分沉淀下来，或将干扰组分沉淀下来，经过过滤或离心将沉淀与母液分开，从而达到分离的目的。例如：测定冷饮中糖精钠含量时，可在试剂中加入碱性硫酸铜，将蛋白质等干扰杂质沉淀下来，而糖精钠仍留在试液中，经过滤除去沉淀后，取滤液进行分析。

4. 掩蔽法

此法是利用掩蔽剂与样液中干扰成分作用使干扰成分转变为不干扰测定状态，即被掩蔽起来。运用这种方法可以不经过分离干扰成分的操作而消除其干扰作用，简化分析步骤，因而在食品分析中应用十分广泛，常用于金属元素的测定。

三、浓缩方法

样品中的被测物经分离、净化后，样液的量往往比较多，被测定成分含量甚微，尤其是痕量测定，在测定前常常需要将样液浓缩，提高样液浓度，以提高分析的灵敏度。但是存在于样品中的有些污染物性质不稳定，易氧化分解，因此，浓缩过程应注意防止氧化分解，尤其是在浓缩至近干的情况下，更容易发生氧化分解，这时往往需要在氮气流保护下进行浓缩。

（一）气流吹蒸法

气流吹蒸法是将空气或氮气吹入盛有净化液的容器中，不断降低液体表面蒸气压，使溶剂不断蒸发而达到浓缩的目的。此法操作简单，但效率低，主要用于体积较小、溶剂沸点较低的溶液浓缩，但蒸气压较高的组分易损失。对于残留分析，由于多数待测组分不是太稳定，所以一般是用氮气作为吹扫气体。如需在热水浴中加热促使溶剂挥发，应控制水浴温度，防止被测物氧化分解或挥发，对于蒸气压高的农药，必须在50℃以下操作，最后残留的溶液只能在室温下缓和的氮气流中除去，以免造成农药的损失。

（二）减压浓缩法

有些待测组分对热不稳定，在较高温度下容易分解，采用减压浓缩，降低了溶剂的沸点，既可迅速浓缩至所需体积，又可避免被测物分解。常用的减压浓缩装置为全玻减压浓缩器，又称K-D浓缩器，这种仪器是一种常用的减压蒸馏装置，这种仪器浓缩净化液时具有浓缩温度低、速度快、损失少以及容易控制所需要体积的特点，适合对热不稳定被测物提取液的浓缩，特别适用于农药残留分析中样品溶液的浓缩。此外，还可用作溶剂的净化蒸馏之用。

（三）旋转蒸发器浓缩法

旋转蒸发器通过电子控制，使烧瓶在适宜的速度下旋转以增大蒸发面积。浓缩时可通过真空泵使蒸发烧瓶处于负压状态。盛装在蒸发烧瓶内的提取液，在水浴或油浴中加热的条件下，因在减压下边旋转、边加热，使蒸发瓶内的溶液黏附于内壁形成一层薄的液膜，进行扩散，增大了蒸发面积，并且，由于负压作用，溶剂的沸点降低，进一步提高了蒸发效率，同时，被蒸发的溶剂在冷凝器中被冷凝、回流至接收瓶。因此，该法较一般蒸发装置蒸发效率成倍提高，并且可防止暴沸及被测组分的氧化分解。蒸发的溶剂在冷凝器中被冷凝，回流至溶剂接收瓶中，使溶剂回收十分方便。

（四）真空离心浓缩法

真空离心浓缩就是采用离心机、真空和加热相结合的方法，在真空状态下离心样品，并通过超低温的冷阱捕捉溶剂，从而将溶剂快速蒸发达到浓缩或干燥样品的目的。离心浓缩后的样品可方便地用于各种定性和定量分析。

知识点 2-5　检测分析方法的选择

检测分析是从样品接收到最终结果产生的一系列过程，涉及许多检测方法，为保证分析检验结果的准确性，必须选择适宜的检测方法进行分析，以确保其能够满足检测分析工作要求，并与实验室的要求和能力相适应。检测分析首选方法一定是符合国家标准、行业标准或者是国际标准的方法，只有已经通过了认可的实验室才能使用已经认定的一些非标准的方法，而在没有标准方法的情况下，则可以使用一些相关科学杂志上或者相关组织推荐的方法。

一、检测分析方法的分类

（一）标准方法（公定的标准方法）

① 国际标准：ISO（国际标准化组织）、WHO（世界卫生组织）、FAO（联合国粮食及农业组织）、CAC（国际食品法典委员会）等。

② 国家（或区域性）标准：GB（国家标准）、EN（欧洲标准）、ANSI（美国国家标准协会）、BS（英国标准协会）、DIN（德国工业标准）、JIS（日本工业标准）、AFNOR（法国标准化协会）、药典等。

③ 行业标准、地方标准、标准化主管部门备案的企业标准。

（二）非标准方法

经权威的管理部门或机构认可的标准、操作指南（SOP）已经被实验室验证的方法，必须符合技术要求并按实验室方法管理的相关程序审批。

① 技术组织发布的方法，如美国官方分析化学师协会（AOAC）、美国联邦通信委员会（FCC）等发布的方法。

② 科学文献或期刊公布的方法。

③ 仪器生产厂家提供的指导方法。

④ 实验室制订的内部方法。

（三）允许偏离的标准方法

① 超出标准规定范围使用的标准方法。

② 经过扩充或更改的标准方法。

二、方法选择的基本原则

① 采用的检测方法应满足客户要求并适合所进行的检测工作；

② 推荐采用国际标准、国家（或区域性）标准、行业标准；

③ 保证采用的标准系最新有效版本。

选择检测方法时应按下述顺序优先选择：客户指定方法；法律法规规定的标准；国际标准、国家（或区域性）标准；行业标准、地方标准、标准化主管部门备案的企业标准；非标准方法、允许偏离的标准方法。

三、标准基础知识

（一）标准的定义

1. 标准

为了在一定的范围内获得最佳秩序，经协商一致制定并由公认机构批准，共同使用的和重复使用的一种规范性文件。

注：标准宜以科学、技术和经验的综合成果为基础，以促进最佳的共同效益为目的。

2. 标准化

为了在一定范围内获得最佳秩序，对现实问题或潜在问题制定共同使用和重复使用的条款的活动。

注：标准化的对象是"现实问题或潜在问题"。

标准化的主要作用在于为了其预期目的改进产品、过程或服务的适用性，防止贸易壁垒，并促进技术合作。标准化的本质就是将公认的、成熟的经验和科学研究成果融入确定的标准中，将标准化对象统一起来。

（二）标准的特征

1. 科学性

标准的内容是根据一定的科学技术理论并经过科学试验制定出来的。它反映了某一时期科学技术发展水平的高低。

2. 统一性

标准的本质反映的是需求的扩大和统一。

3. 时效性

标准颁布以后，并不是永久有效的。国务院标准化行政主管部门和国务院有关行政主管部门、设区的市级以上地方人民政府标准化行政主管部门应当建立标准实施信息反馈和评估机制，根据反馈和评估情况对其制定的标准进行复审。标准的复审周期一般不超过五年。经过复审，对不适应经济社会发展需要和技术进步的应当及时修订或者废止。

4. 强制性

标准中不允许有任何含糊不清的解释。标准不仅有"质"的规定，还要有"量"的规定，不仅对内容要有规定，对形式和对其生效的范围也要作出规定。

（三）标准的分类

我国现行标准分为四级，即国家标准、行业标准、地方标准、企业标准。

1. 国家标准

中华人民共和国国家标准的简称，代号GB，是在全国范围内统一执行的质量标准。强制性国家标准的代号为"GB"，推荐性国家标准的代号为"GB/T"，如GB 1350—2009《稻谷》，其中GB代表强制性国家标准代号，1350代表标准顺序号，2009代表标准发布年份，稻谷代表标准名称。

2. 行业标准

在全国某个行业范围内统一执行的标准。行业标准由国务院有关行政主管部门制定，并报国务院标准化行政主管部门备案。当同一内容的国家标准公布后，则该内容的行业标准即行废止。行业标准均为推荐性标准，如LS/T 6116—2017《大米粒型分类判定》。

3. 地方标准

由地方（省、自治区、直辖市）标准化主管机构或专业主管部门批准、发布，在某一地区范围内统一的标准，代号DB。

4. 企业标准

企业标准是在企业范围内需要协调、统一的技术要求、管理要求和工作要求所制定的标准，是企业组织生产、经营活动的依据。国家鼓励企业自行制定严于国家标准或者行业标准的企业标准。企业标准由企业制定，由企业法人代表或法人代表授权的主管领导批准、发布。企业标准一般以"Q"开头。

知识点 2-6　数据处理

一、原始数据记录规范

检验的原始数据记录，是检验工作原始性的记载，是实验室的第一手资料，是撰写检验报告的重要依据，是执行技术标准和产品质量法的具体体现，是保证体系运行有效性的重要客观证据，同时也是分析人员技术水平高低的一种反映。认真做好原始记录，是保证检验数据准确可靠的重要条件，使报告的检验结果具有可追溯性。

（一）原始数据记录特征

原始数据记录的本质特征是原始性、真实性和可追溯性，即全部数据应是第一手资料。因此，不允许转抄、誊写、任意涂改。有的操作人员将滴定结果、天平称量的读数等先写在小纸片上或手心（背）上，然后再转抄到原始记录表（簿）上，这样实际上已经不是第一手数据了。有的将写错的数据用橡皮擦、小刀刮、涂改液涂改或干脆撕掉重抄，这些做法只是为了保持原始数据记录的表面整洁，而忽略了原始数据记录的原始性、真实性和可追溯性，是一种原则性的错误。

（二）原始数据记录表（簿）的填写要求

（1）填写原始数据记录应使用钢笔或中性笔，不允许用圆珠笔或铅笔填写。字迹要端正、清晰、易于辨认。

（2）记录测定结果的有效数字位数应与所用计量器具的测定精度一致，即保留一位不确定数字。例如：

① 常量滴定管和移液管记录至毫升为单位的小数后两位数字；2mL 以下的微量滴定管，其读数应记录至毫升为单位的小数点后三位数字。

② 100~1000mL 容量瓶应记录至小数点后一位数字；50mL 以下的容量瓶应记录至小数点后两位数字。

③ 分析天平的称量结果应记录至小数点后四位数字（g 为单位）。

（3）如果报告的结果是用数字表示的数值，应按照标准方法的规定进行表述，当方法没有相关规定时，依照有效数值修约的规定表述。

（4）数字运算和修约规则应符合相关规定。

（5）原始记录必须使用法定计量单位，已废除的或非法定计量单位严禁在原始记录中出现。

（6）原始记录表（簿）中所有空格均应填写，如有的项目未进行检验，则应在空格中画一斜线。

（7）书写出现错误时，应按规定方法进行改正，即在要更改的数据上画双横线（要保留原记录的字迹清晰可辨），再在其上方或近旁书写正确的数字，同时应在更改处盖上更改人的印章或者签字。

二、有效数字及数据修约

（一）有效数字的概念

1. 近似数

由可靠数和不可靠数（一般取 1 位）两部分组成的。例如，所有测得值和测量结果，经修约后的任何数值，经测定得到的物理常数，π 等截取到一定位数时。

2. 有效数字

用近似值表示一个量值时，我们通常规定"近似值误差限的绝对值不超过末位的单位量值的一半"，则该项量值从其第一个不是零的数字起到最末一位的全部数字称为有效数字。有效数字是计量学里的一个基本概念，对规范数字记录及测量结果的表达起重要作用。例如：3.1415 的误差限为 0.00005。

实验时测得的结果，它不仅表示数值的大小，而且反映检测的准确程度。例如：用感量为 0.001g 和感量 0.0001g 的天平称取试样，其测得值分别为 0.500g 和 0.5000g。从数学的角度看来，这两个数值是相同的。但从分析测量的角度来看，两个数代表的意义却有所不同。因为它们不仅反映了砝码质量的大小，而且反映了测量的准确程度。0.500g 表示测量的绝对误差为 ±0.001g，相对误差为 ±0.001/0.500×100%= ±0.2%；0.5000g 表示测量的绝对误差为 ±0.0001g，相对误差为 ±0.0001/0.5000×100%= ±0.02%。两个数的区别在于测量精度不同，有效数字的位数不同，0.500 是 3 位有效数字，0.5000 是 4 位有效数字。

所谓有效数字，就是能够测量到的数字，它包括全部准确值及一位可疑值。有效数字保留的位数，应根据分析方法和仪器的准确度来确定，测得的数值只保留最末一位可疑值，其余数字均为准确值。对于可疑值，除非有特别说明，通常理解为末位数 ±0.5 单位的误差。

例如：下面各数值的有效数字位数为：

2.4002	3.8000	五位有效数字
0.1012	10.32%	四位有效数字
0.0322	3.22×10^{-2}	三位有效数字
0.00042	pH=4.70	二位有效数字
0.05	3×10^4	一位有效数字
3600	1000	有效数字位数不确定

以上数据中，"0"在数字中位置不同，它所起的作用也不同："0"数字中间和数字末尾是有效数字，而第一位有效数字前面的"0"只起定位作用，如 0.0322 只有 3 位有效数字；3600 这样的数字，有效有位数不确定，它可能是二位、三位或四位有效数字，它可分别写成 3.6×10^3、3.60×10^3、3.600×10^3。

分析化学中的 pH、pM、pC 等对数值，如 pH=4.70，其有效数字位数仅取决于小数点后（对数尾数）的位数，因整数的位数（对数首数）只与真数 10 的方次有关。将 pH=4.70 换算为 [H$^+$] 浓度时，[H$^+$] 浓度也只能保留二位有效数字，即 [H$^+$]=2.0×10^{-5}mol/L。

分析化学中还会遇到一些有关计量的运算，如：$M(1/2H_2SO_4)=1/2M(H_2SO_4)$，分母中的"2"是非测量所得到的数值，是自然数，它的有效数字位数不是 1 位，可视为无限位有效位数。

（二）数值修约

通过省略原数值的最后若干位数字，调整所保留的末尾数字，使最后所得到的值最接近原数值的过程叫作"数值修约"。经数值修约后的数值称为（原数值的）修约值。

1. 修约间隔

修约值的最小数值单位叫作修约间隔。修约间隔的数值一经确认，修约值即应为该数值的整数倍。如指定修约间隔为 0.1，修约值应在 0.1 的整数倍中选取，相当于将数值修约到一位小数；如指定修约间隔为 100，修约值应在 100 的整数倍中选取，相当于将数值修约到"百"位数。

2. 指定位数

（1）指定修约间隔

① 指定修约间隔为 10^{-n}（n 为正整数），或指明将数值修约到 n 位小数。

② 指定修约间隔为 1，或指明将数值修约到个数位。

③ 指定修约间隔为 10^n（n 为正整数），或指明将数值修约到"十""百""千"……数位。

（2）指定将数值修约成 n 位（n 为正整数）有效位数。

3. 数值修约规则

数值修约规则又称为数字的进舍规则。按国家标准 GB/T 8170《数值修约规则与极限数值的表示和判定》规定，采用"四舍六入五留双"的数值修约规则，逢"5"时有舍有入，由"5"的舍、入所引入的误差本身可自相抵消。

① 拟舍弃数字的最左一位数字小于 5 时，则舍去，即保留各位数字不变。例如，将 12.1498 修约到一位小数，即 12.1。

② 拟舍弃数字的最左一位数字大于 5 或者是 5，而其后跟有并非全部为 0 的数字时，则进一，即保留的末位数加 1。

例 1：将 1268 修约成三位有效位数，得 $127×10$；如将 1268 修约到"百"位数，则为 $13×10^2$（特定场合可写为 1300）。

例 2：将 14.5001 修约到"个"数位，得 15。

③ 拟舍弃数字的最左一位数字为 5，而右面无数字或皆为 0 时，若所保留的末位数字为奇数（1，3，5，7，9）则进一，为偶数（2，4，6，8，0）则舍弃。

例 1：修约间隔为 0.1，对 1.05 进行修约。

修约间隔为 0.1，意味着拟修约的数应在小数点后第一位，得 1.0。

例 2：将 31500 修约到"千"数位，得 $32×10^3$。

④ 负数修约时，先将其绝对值按如上规则修约，然后在修约值前加上负号。例如：将 −0.0365 修约成两位有效位数，得 −0.036。

⑤ 不允许连续修约。拟修约数值应在确定修约位数后一次修约获得结果，而不得按以上规则多次连续修约。

例如：修约间隔为 1，对 15.456 进行修约。

正确的修约　　15.456 → 15

不正确的修约　　15.456 → 15.46 → 15.5 → 16

为便于记忆，将"数字修约歌"录于后，以供参考。

四舍六进一，
遇五看仔细，
五后非零则进一，
五后为零看偶奇：
五前为奇则进一，
五前为偶应舍弃。

（三）有效数字运算规则

1. 常数运算

参加运算的常数如 π、e 及其他无误差的数值，其有效位数可认为是无限的，在计算中需要几位取几位，常数的取值不影响有效位数。

2. 加减运算

加减运算中，保留有效数字的位数，只保留各数共有的小数位数。先找出小数点位数最少的值（绝对误差最大的值），然后将其他的值按比最少的小数位多一位进行修约，再运算，结果按小数位最少的位修约。

例如：

0.0141+25.74+2.86743=0.014+25.74+2.867=28.621=28.62

3. 乘除运算

乘除运算中，先找出有效数字位数最少的值（即相对误差最大的值），然后将其他的值按多一有效位数进行修约，再运算，结果按有效数字位数最少的值的位数修约。

例如：

0.0141×25.74×2.86743=0.0141×25.74×2.867=1.04

在常量分析中，所报告的分析结果通常保留 4 位有效数字，而表示准确度和精密度时，一般取 1～2 位有效数字。

 任务演练

任务 2-1　抽样

【任务描述】

2022 年 10 月 28 日，在本地（S 省）流通领域抽取异地（H 省）生产的薯类食品。某抽样人员依据食品安全抽查任务，该抽样人员在某超市抽取 ×× 食品（中国）有限公司 H 分厂生产的"经典原味薯片"，规格型号为 200g/ 袋，共抽取 13 袋产品，抽样基数为 40 袋。所抽样品中，12 袋的生产日期为 2022 年 9 月 11 日，由于货架上只有 12 袋商品，该抽样人员又抽取了 1 袋 2022 年 8 月 30 日生产的产品。该抽样人员抽取的 13 袋产品是否符合要求？作为抽检人员应如何正确抽样？

【任务目标】

［知识目标］

① 了解抽样原则。

② 熟悉抽样方法。

[技能目标]
① 能够根据产品特点正确进行抽样。
② 能够如实准确填写抽样各项表格。

[职业素养目标]
① 具备吃苦耐劳、不怕困难的劳动精神。
② 培养实事求是的科学精神。

【知识准备】

一、抽样准备工作

抽检监测工作实施抽检分离,抽样人员与检验人员不得为同一人。地方承担的抽检监测开展抽样工作前,各抽样单位应确定抽样人员名单,并报相关省级市场监督管理局,由省级市场监督管理局汇总后报国家市场监督管理总局食品安全抽检监测秘书处。总局本级开展的抽检监测由抽检单位将国家食品安全抽检监测抽样人员名单上报秘书处。

抽样单位应对抽样人员进行培训,培训内容包括《食品安全法》《食品安全抽样检验管理办法》《国家食品安全监督抽检实施细则》等相关法律法规及要求,并做好相关培训记录,授权上岗并颁发工作资格证。

抽样人员应准备抽样文件、资料(如计划、抽样记录表、必要的抽样人员证明)、抽样工具、封条及封样工具、抽样费用、抽样车辆,提前熟悉抽样方法。常见抽样物品准备清单见表2-1。

表2-1 常见抽样物品准备清单

准备方式	物品摆放位置	物品种类	物品数量
工作包准备	第一层	剪刀	1把
		纸巾	1包
		三联收据本	2本
		黑色中性笔	4支
		油性笔	1支
		印泥	1个
		普通印油	1瓶
		光敏印油	1瓶
		抽样章	1个
		自粘标贴	1卷
	第二层	9号封样袋	1包
		10号封样袋	1包
		12号封样袋	1包
		无菌袋	1包
		6cm打包器	1个
		6cm封箱胶	2卷

续表

准备方式	物品摆放位置	物品种类	物品数量
工作包准备	第三层	写字板	1 个
		三联抽样单（横单）	1 本
		五联抽样单（竖单）	1 本
		封条	若干
		抽样计划	1 份
		委托书	1 份
		告知书	1 本
	第四层	工作服	1 件
		手套	若干
		口罩	若干
		工作牌	1 个

二、抽样

（一）出示证件及文书

抽样人员不得少于 2 名，抽样时应向被抽样单位出示《国家食品安全抽样检验告知书》（图 2-3）和抽样人员有效身份证件，告知被抽样单位阅读文书背面的被抽样单位须知，并向被抽样单位告知抽检监测性质、抽检监测食品范围等相关信息。抽样单位为承检机构的，还应向被抽样单位出示《国家食品安全抽样检验任务委托书》（复印件）。

(文书正面)

国家食品安全抽样检验告知书

No______

(被抽样单位全称)　　　：

依据《中华人民共和国食品安全法》，国家对食品进行定期或者不定期的抽样检验。按照我局部署，现对你单位依法进行国家食品安全（□监督抽检、□风险监测、□评价性抽检）。请你单位认真阅读本通知书背面《国家食品安全抽样检验被抽样单位须知》，并予以积极配合。对抽样过程有异议的，食品生产经营者应当在抽样完成后7个工作日内，向住所地省级市场监督管理部门提出书面申请，并提交相关证明材料；逾期未提出或未按要求提出的，视为无异议。

被抽食品：____________

抽样单位：____________

抽样人员：____________

抽样日期：_____年___月___日

(组织抽样检验的市场监督管理部门业务章)

年　月　日

有效期至　　年　月　日

注：第一联 被抽样单位留存；第二联 抽样单位留存；第三联 组织抽样检验的市场监督管理部门留存。

(文书背面)

国家食品安全抽样检验被抽样单位须知

1.对食品进行抽样检验是市场监督管理部门依法履行监管职责的一项重要措施，任何单位和个人不得妨碍抽检工作的正常进行，被抽样单位无正当理由不得拒绝或阻挠食品安全抽样工作。

2.依据《中华人民共和国食品安全法》的有关规定，抽样检验的样品通过购买的方式获取，不向被抽样单位收取任何费用。抽样人员可现场支付费用或先出具《国家食品安全抽样检验样品购置费用告知书》,由指定单位支付费用。现场不能支付费用的，被抽样单位应及时将《国家食品安全抽样检验样品购置费用告知书》和相应的发票寄送至指定单位。

3.国家食品安全抽样检验事先不得通知被抽样单位。抽样人员不得少于2名，抽样时应向被抽样单位出示《国家食品安全抽样检验告知书》(原件)和抽样人员有效身份证明文件。抽样单位为承检机构的，抽样前还应向被抽样单位出示《国家食品安全抽样检验任务委托书》(复印件)。样品应当由抽样人员从食品生产者的成品库待销产品中或者从食品经营者仓库和用于经营的食品中随机抽取。

4.抽取的样品应由抽样人员携带或寄送至承检机构，不得由被抽样单位自行寄、送样品。

5.被抽样单位应当协助抽样人员如实填写《国家食品安全抽样检验抽样单》。

6.被抽样单位对执行此次抽检任务的单位、个人及有关此次抽检工作有异议的，请填写《国家食品安全抽样检验工作质量及工作纪律反馈单》，填写完毕后寄送至指定单位，反馈意见者应留下电话、传真、Email等联系方式。

7.被抽样单位无正当理由拒绝或者阻挠食品安全抽样工作的，由县级以上人民政府市场监督管理部门依照《中华人民共和国食品安全法》第一百三十三条第一款的规定处罚；违反治安管理处罚法有关规定的，由市场监督管理部门依法移交公安机关处理。

图 2-3 《国家食品安全抽样检验告知书》（样例）

（二）证照索取及核对

抽样时，抽样人员应当核对被抽样单位的营业执照、许可证等资质证明文件。遇有下列情况之一且能提供有效证明的，不予抽样。

① 食品标签、包装、说明书标有"试制"或者"样品"等字样的；
② 有充分证据证明拟抽检监测的食品为被抽样单位全部用于出口的；
③ 食品已经由食品生产经营者自行停止经营并单独存放、明确标注进行封存待处置的；
④ 超过保质期或已腐败变质的；
⑤ 被抽样单位存有明显不符合有关法律法规和部门规章要求的；
⑥ 法律、法规和规章规定的其他情形。

（三）抽取样品

抽取样品应具有代表性，并尽可能保证检验样品与备份样品的一致性（备份样品封存在承检机构）。抽取样品量、检验及复检备份所需样品量可根据检验和复检需要适量调整。《国家食品安全监督抽检实施细则》中规定了粮食加工品、食用油、油脂及其制品、调味品、肉制品、乳制品、饮料、方便食品、饼干、罐头、冷冻饮品、速冻食品、薯类和膨化食品、糖果制品、酒类、蔬菜制品、水果制品等33大类产品的抽样方法和数量要求。

膨化食品抽样型号或规格是预包装食品或非定量包装食品，针对不同环节产品的抽样方法及数量规定如下：

① 生产环节抽样时，在企业的成品库房，从同一批次样品堆的4个不同部位抽取相应数量的样品。抽取样品量含油型不少于2.5kg，且不少于8个独立包装，非含油型不少于1.5kg，且不少于8个独立包装。以玉米为原料的产品，抽取样品量不少于3kg。大包装食品（≥5kg）可进行分装取样，分装时应采取措施防止微生物污染，分装的样品盛装于被抽样单位用于销售的包装或清洁卫生的容器中，样品数量含油型不少于8个独立包装，非含油型不少于8个独立包装，且每个包装不少于300g，以玉米为原料的产品，每个包装不少于375g。

② 流通环节抽样时，在货架、柜台、库房或网络食品经营平台抽取同一批次待销产品，抽取样品量原则上同生产环节。

③ 餐饮环节抽样时，抽取同一批次待销或使用的产品，应抽取完整包装产品，如需从大包装中抽取样品，应从完整大包装中抽取样品，抽取样品量原则上同生产环节。

所抽取样品分为2份，约3/4为检验样品，约1/4为复检备份样品（备份样品封存在承检机构），以玉米为原料的产品，备样量不少于1kg。抽取样品量、检验及复检备份所需样品量可根据检验和复检需要适量调整。需要注意的是在《国家食品安全监督抽检实施细则》中规定，检验机构在检验过程中自行对检验结果进行复验时所采用的样品，应为抽取的检验样品，不得采用复检备份样品。

（四）贴标及签封

样品一经抽取，抽样人员应在现场以妥善的方式进行封样，并贴上盖有抽样单位公章的封样单（封条），以防止样品被擅自拆封、动用及调换。封样单（封条）上应由被抽样单位和抽样人员双方签字或盖章确认，注明抽样日期。封样单（封条）的材质、格式（如图 2-4）、尺寸大小可由抽样单位根据抽样需要确定。所抽样品分为检验样品和复检备份样品；复检备份样品应单独封样，交由承检机构保存。

抽样单编号：	抽样人签字：
国家食品安全抽样检验封条	
被抽样单位签字/盖章：	年　月　日(抽样单位盖章)

抽样单编号：
国家食品安全抽样检验封条
被抽样单位签字/盖章：
抽样人签字：
年　月　日
(抽样单位盖章)

图 2-4　封样单样式

（五）抽样单据填写及核对

① 抽样人员应当使用规定的国家食品安全抽样检验抽样单，详细完整记录抽样信息。抽样文书应当字迹工整、清楚，容易辨认，不得随意更改。如需要更改信息，应当由被抽样单位签字或盖章确认，同时做好抽样记录。

② 抽样单上被抽样单位名称应严格按照营业执照或其他相关法定资质证书填写。被抽样单位地址按照被抽样单位的实际地址填写；若在批发市场等食品经营单位抽样时，应记录被抽样单位摊位号。被抽样单位名称、地址与营业执照或其他相关法定资质证书上名称、地址不一致时，应在抽样单备注栏中注明。

③ 抽样单上样品名称应按照食品标示信息填写。若无食品标示的，可根据被抽样单位提供的食品名称填写，需在备注栏中注明“样品名称由被抽样单位提供”，并由被抽样单位盖章确认。若标注的食品名称无法反映其真实属性，或使用俗名、简称时，应同时注明食品的“标注名称”和“（标准名称或真实属性名称）”，如“稻花香（大米）”。

④ 被抽样品为委托加工的，抽样单上被抽样单位信息应填写实际被抽样单位信息，标称的食品生产者信息填写被委托方信息，并在备注栏中注明委托方信息。

⑤ 必要时，抽样单备注栏中还应注明食品加工工艺等信息。

⑥ 抽样单填写完毕后，被抽样单位应当在抽样单上签字或盖章确认。

⑦ 实施细则中规定需要企业标准的，抽样人员应索要食品执行的企业标准文本复印件，并与样品一同移交承检机构。

（六）现场信息采集

抽样人员可通过拍照或录像等方式对被抽样品状态、食品库存及其他可能影响抽检监测结果的情形进行现场信息采集。现场采集的信息包括以下方面：

① 被抽样单位外观照片，若被抽样单位悬挂厂牌的，应包含在照片内；

② 被抽样单位营业执照、许可证等法定资质证书复印件或照片；

③ 抽样人员从样品堆中取样照片，应包含有抽样人员和样品堆信息（可大致反映抽样基数）；

④ 从不同部位抽取的含有外包装的样品照片；

⑤ 封样完毕后，所封样品码放整齐后的外观照片和封条近照；

⑥ 同时包含所封样品、抽样人员和被抽样单位人员的照片；

⑦ 填写完毕的抽样单、购物票据等在一起的照片；

⑧ 其他需要采集的信息。

（七）样品的购买

抽样人员应向被抽样单位支付样品购置费并索取发票（或相关购物凭证）及所购样品明细，可现场支付费用，或先出具《国家食品安全抽样检验样品购置费用告知书》，随后支付费用。样品购置费的付款单位由组织抽检监测工作的市场监督管理部门指定。

（八）抽样文书交付

抽样人员应将填写完整的《国家食品安全抽样检验告知书》、《国家食品安全抽样检验抽样单》和《国家食品安全抽样检验工作质量及工作纪律反馈单》交给被抽样单位，并告知被抽样单位如对抽样工作有异议，将《国家食品安全抽样检验工作质量及工作纪律反馈单》填写完毕后寄送至组织抽检监测工作的省级市场监督管理部门；国家市场监督管理总局本级开展的抽检监测，将《国家食品安全抽样检验工作质量及工作纪律反馈单》寄送至秘书处。

三、样品的运输和移交

抽取的样品应由抽样人员携带或寄送至承检机构，不得由被抽样单位自行寄送样品。原则上被抽样品应在5个工作日内送至承检机构，对保质期短的食品应及时送至承检机构。对于易碎品或需冷藏、冷冻、其他特殊贮运条件等要求的食品样品，抽样人员应当采取适当措施，保证样品运输过程符合标准或样品标示要求的运输条件。抽样检验样品移交需填写确认单。

四、特殊情况的处置与上报

被抽样单位拒绝或阻挠食品安全抽样工作的，抽样人员应认真取证，如实做好情况记录，告知拒绝抽样的后果，填写《国家食品安全抽样检验拒绝抽样认定书》，列明被抽样单位拒绝抽样的情况，报告有管辖权的市场监管部门进行处理，并及时上报被抽样单位所在地省级市场监管部门。

抽样中发现被抽样单位存在无营业执照、无食品生产许可证等法定资质或超许可范围生产经营等行为的，或发现被抽样单位生产经营的食品及原料没有合法来源或者存在违法行为的，应立即停止抽样，及时依法处置并上报被抽样单位所在地省级市场监管部门。抽样单位为承检机构的，应报告有管辖权的市场监管部门进行处理，并及时上报被抽样单位所在地省级市场监管部门；国家市场监督管理总局本级实施的抽检监测抽样过程中发现的特殊情况，还需报送秘书处。

五、抽样过程控制要点

① 实施抽样时，应有抽样计划和方法。抽样方法应明确需要控制的因素，以确保

后续检测结果的有效性。

② 抽样方法应描述：样品品种和抽样量；样品的制备和处理方法。

③ 保存抽样数据记录，这些记录应包括但不限于以下信息：抽样日期和地点；识别和描述样品的数据，如编号和名称等。

④ 应使用合适的洁净食品容器或袋子盛装样品，每件样品都应有唯一性标识，防止样品混淆和交叉污染。

抽样 工作任务单
分小组完成以下任务： ① 分析案例中的抽样是否合规并说明理由。 ② 根据案例内容制订抽样程序。 ③ 模拟完成产品抽样。 ④ 完成抽样过程中相关表格的填写。

【任务实施】

一、工作准备

① 查阅资料了解产品抽样程序及注意事项。
② 准备抽样常用物品。

二、任务实施

制订抽样计划→抽样物品准备→模拟抽样并填写相关表单→样品移交

1. 制订抽样计划

根据抽样要求制订抽样计划，填写表 2-2。

表 2-2 抽样计划表

编号：

抽样编号		样品名称	
委托单位		检验项目	
抽样地点		抽样人	
抽样计划			

编制人：　　　　　　　　　　　　　日期：

审批人：　　　　　　　　　　　　　日期：

2. 抽样物品准备

根据样品特点准备抽样所需物品，填写表 2-3。

表 2-3 抽样物品清单

准备方式	物品种类	数量	备注

3. 模拟抽样

各小组按照制订的抽样计划，分角色模拟完成产品抽样。

（1）出示证件及文书

抽样人员不少于 2 名，抽样人员向被抽样单位出示《国家食品安全抽样检验报告书》和抽样人员有效身份证件，向被抽检单位告知抽检监测性质、抽检监测食品范围等相关信息。

（2）证照索取及核对

抽样人员索取被抽样单位的营业执照、许可证等资质证明文件并核对。

（3）抽取样品

选择合适的抽样方法，在货架上抽取同一批次待销薯片 13 袋。

（4）贴标及签封

抽样完成后，抽样人员在现场以妥善的方式进行封样，并贴上盖有抽样单位公章的封样单（封条），以防止样品被擅自拆封、动用及调换。

（5）抽样单据填写及核对

抽样人员填写国家食品安全抽样检验抽样单（表 2-4），详细完整记录抽样信息。抽样文书应当字迹工整、清楚，容易辨认，不得随意更改。如需要更改信息，应当由被抽样单位签字或盖章确认，同时做好抽样记录（表 2-5）。

（6）现场信息采集

抽样人员通过拍照或录像等方式对被抽样品状态、食品库存及其他可能影响抽检监测结果的情形进行现场信息采集。

表 2-4 国家食品安全抽样检验抽样单

抽样单编号：＿＿＿＿＿＿＿＿＿＿＿＿＿＿＿　　　　　　　　　No＿＿＿＿＿＿＿＿＿＿＿＿＿＿＿

任务来源			任务类别	□监督抽检 □风险监测
被抽样单位信息	单位名称		区域类型	□城市　□乡村　□景点
	单位地址			
	法人代表		联系人		联系方式	

抽样地点	生产环节：□原辅料库　□生产线　□半成品库　成品库（□待检区 □已检区） 流通环节：□农贸市场　□菜市场　□批发市场　□商场　□超市　□小食杂店 　　　　　□网购　□其他（＿＿＿＿＿＿＿） 餐饮环节：□餐馆（□特大型餐馆　□大型餐馆　□中型餐馆　□小型餐馆） 　　　　　□食堂（□机关食堂　□学校/托幼食堂　□企事业单位食堂　□建筑工地食堂） 　　　　　□小吃店　□快餐店　□饮品店　□集体用餐配送单位　□中央厨房 　　　　　□其他（＿＿＿＿＿＿＿）

样品信息	样品来源	□加工/自制　□委托生产　□外购　□其他			
	样品属性	□普通食品　□特殊膳食食品　□节令食品 □重大活动保障食品			
	样品类型	□食用农产品　□工业加工食品　□餐饮加工食品 □食品添加剂　□食品相关产品　□其他（　　）			
	样品名称		商标		
	□生产/□加工/ □购进日期	年　月　日	规格型号		
	样品批号		保质期		
	执行标准/技术文件		质量等级		
	生产许可证编号		单价		是否出口	□是 □否
	抽样基数/批量		抽样数		备样数量	
	样品形态	□固体　□半固体 □液体　□气体	包装分类		□散装 □预包装

生产者信息	生产者名称	
	生产者地址	
	生产者联系人		联系电话	

抽样时样品的储存	□常温　□冷藏　□冷冻　□避光 □密闭　□其他温度＿＿＿（℃）	寄、送样品	
		寄、送样品地址	

续表

抽样样品包装	□玻璃瓶 □塑料瓶 □塑料袋 □无菌袋 □其他		抽样方式	□无菌抽样 □非无菌抽样
抽样单位信息	单位名称		地址	
	联系人	电话	传真	邮编
备注				
被抽样单位对抽样程序、过程、封样状态及上述内容意见： □无异议 □有异议 被抽样单位签名（盖章）： 年 月 日		生产者对抽样程序、过程、封样状态及上述内容意见： □无异议 □有异议 生产者签名（盖章）： 年 月 日	抽样人（签名）： 抽样单位（公章）： 年 月 日	

表 2-5　抽样记录表

抽样编号		抽样标准	
样品名称		抽样地点	
规格型号		样品基数	
样品状态			
被检单位名称		电话	
被检单位地址		邮编	
抽样步骤			
生产日期			
批次			
抽样数量			
抽样变更或偏离处理		被检方确认签字：	日期：
采样单位（公章或负责人签字）： 日期：		被检单位（公章或负责人签字）： 日期：	
抽样时间		抽样人	
运输条件			
接样时间		接样人	
货物堆放图及取样点						

抽样环境描述	地点	温度	通风	卫生	天气	污染

垛位图及抽样地点：

备注：

抽样人		抽样日期	

（7）样品购买

抽样人员向被抽样单位支付样品购置费并索取发票（或相关购物凭证）及所购样品明细，可现场支付费用，或先出具《国家食品安全抽样检验样品购置费用告知书》（表 2-6），随后支付费用。

表 2-6　国家食品安全抽样检验样品购置费用告知书

国家食品安全抽样检验样品购置费用告知书

（被抽样单位名称）：

_____市场监督管理局在_____年依法组织国家食品安全抽样检验，抽样检验食品相关信息详见编号为_____的《国家食品安全抽样检验抽样单》。按照《中华人民共和国食品安全法》的有关规定，食品抽样检验的样品以向企业购买的方式获得。现告知如下：

1. 被抽样单位须提供正式发票，如果被抽样单位不能现场提供正式发票，则在样品被抽检后 1 个月内将此告知书和被抽样品购置费（按照食品销售价格核算）的正式发票及所购样品明细送达或邮寄到付款单位，由付款单位支付样品购置费。

2. 发票抬头填写：（付款单位名称）_____

项目填写："食品"或具体产品名称_____

税务登记号：_____

开户行名称：_____

账号（含税号）：_____

3. 此次抽样检验的样品购置费用：

样品名称	单价（元）	数量	金额（元）

总计：（大写）　　万　　仟　　佰　　拾　　圆　　角　　分　　小写：

4. 付款单位信息

单位名称	
地址及邮箱	
联系人	电话

5. 企业收款信息（由被抽样单位自行填写完整的正确信息）

企业名称	
开户行名称	
银行账号	
企业联系人	电话

被抽样单位签字（盖章）　　　　　　　　抽样单位（盖章）
　　　年　月　日　　　　　　　　　　　　年　月　日

注：文本书一式两联，被抽样单位、样品购置费付款单位各一联。

（8）抽样文书交付

抽样人员将填写完整的《国家食品安全抽样检验告知书》《国家食品安全抽样检验抽样单》和《国家食品安全抽样检验工作质量及工作纪律反馈单》交给被抽样单位。被抽样单位如对抽样工作有异议，可填写《国家食品安全抽样检验工作质量及工作纪律反馈单》（表2-7），反馈至有关市场监督管理部门。

表2-7 国家食品安全抽样检验工作质量及工作纪律反馈单

国家食品安全抽样检验工作质量及工作纪律反馈单				
抽检产品名称		抽样日期		年 月 日
抽样单位名称				
抽样人员姓名				
对抽样单位抽样人员的评价	1.（□是 □否）抽样人员抽样前，是否出示有效工作证？ 2.（□是 □否）抽样人员是否向你单位说明样品通过购买取得或送达《国家食品安全抽样检验样品购置费用告知书》？ 3.（□是 □否）抽样人员是否对所抽取的样品全部当场进行封样？是否对样品采取了防拆封措施？ 4.（□是 □否）抽样人员是否自行携带或寄送？ 5.（□是 □否）抽样人员是否按产品标签中标注的保存条件及其他特殊要求对所抽取的样品进行保存？ 6.（□是 □否）抽样人员在抽样过程中是否廉洁公正？ 上述选项中填写"否"的，请简要描述抽样人员的违规行为，（本处填写不下的，可另附书面说明）			
对食品安全抽样检验工作的意见和建议				
被抽样单位	电话：区号 — 传真：区号 —	E-mail： 法定代表人或负责人签字： 填表日期： 年 月 日 （单位公章）		

说明：依据《食品安全抽样检验管理办法》（国家市场监督管理总局令第15号），被抽样单位对抽样过程有异议的，应当在抽样完成后1个工作日内将本反馈单填好并加盖公章后，按以下联系方式寄送或传真，并按要求向住所地省级市场监督管理部门提出书面异议和证明材料，逾期未提出或者未按要求提出的，视为无异议。
反馈单接收单位：总局食品安全抽检监测秘书处
地址：北京市经济技术开发区荣华南路11号
电话：010-53897425　　　　　传真：010-53897425
注：本文书不适用于网络抽检。

回执单　　No._____
本反馈单已于____年____月____日收到。

接收人：（签字/盖章）

注：本回执单由被抽样单位填写，交抽样单位留存。

4. 样品移交

抽取的样品由抽样人员携带至承检机构，不得由被抽样单位自行寄送样品。抽样检验样品移交时填写移交确认单（表2-8）。

表2-8 国家食品安全抽样检验样品移交确认单

国家食品安全抽样检验样品移交确认单

（抽样单位名称）：

收样时间	＿＿年＿＿月＿＿日＿＿时
样品件数（含备份样品）	
样品抽样单编号	
样品检查记录	封　　条：□完好　　□有破损 样品包装：□完好　　□有破损 样品数量：□满足要求　□不满足 样品状态：□正常　　□异常
文书检查记录	文书数量：□齐全　　□不齐全 文书信息：□与样品相符　□与样品不符
样品移交确认结果	□接收　□拒收 拒收理由：
抽样单位样品移交人签字：	承检机构样品确认人签字（盖章）：

注：本文书一式两联，由承检机构、抽样单位分别留存。

三、任务评价

按照表2-9评价学生工作任务完成情况。

表2-9 任务考核评价指标

序号	工作任务	评价指标	配分	得分
1	查询资料	（1）能够准确查询资料 （2）对资料内容分析整理	5	
2	抽样计划制定	（1）根据样品特点合理制订抽样计划 （2）抽样计划表填写准确	10	
3	抽样物品准备	抽样物品准备齐全，清单填写清楚	7	

模块二　农产品食品检验基本程序

续表

序号	工作任务	评价指标	配分	得分
4	模拟抽样	（1）小组角色分配合理，任务清晰	10	
		（2）出示《国家食品安全抽样检验告知书》及证件	5	
		（3）向被抽样单位索取证照并核对	5	
		（4）按照计划准确进行抽样	10	
		（5）抽检得到的样品现场贴标及签封	10	
		（6）准确填写抽样单据并核对信息	7	
		（7）准确进行现场信息采集	5	
		（8）选择合理的方式支付抽检样品费用	5	
		（9）将填写准确的抽样文书交付给被抽样单位	8	
5	样品移交	准确进行样品移交并填写移交确认书	8	
6	综合素养	（1）能够快速查阅资料并进行信息筛选和整理 （2）具有团队合作精神 （3）具有规范意识，严格遵守抽样程序	5	
		合计	100	

任务 2-2　样品制备

【任务描述】

某市市场监管局执法人员与检测机构人员对辖区内农贸市场开展食品安全抽样检验，抽检到样品鲜猪肉、油菜、扇贝和大米，作为检验人员应如何对上述样品进行制备？

【任务目标】

[知识目标]

① 熟悉样品制备要求。

② 掌握不同类型样品的制备方法。

[技能目标]

能够根据样品特点准确制备样品。

[职业素养目标]

培养分析问题、解决问题的能力，能够举一反三。

【知识准备】

一、样品制备的原则

通常采集的样品量比分析所需量多，并且许多样品组成不均，不能直接用于分析检测。因此，在检验之前，必须经过样品制备过程，使待检样品具有均匀性和代表性，并能满足检验对样品的要求。

① 样品的制备必须由专业技术人员进行；

② 采集的样品需要按要求全部处理；

③ 样品制备过程中应防止待测组分发生化学变化；
④ 样品制备过程中应保持待测组分的完整性；
⑤ 样品制备过程中应防止待测组分受污染；
⑥ 样品制备过程中应及时记录样品相关信息。

二、平均样品的制备

（一）四分法

四分法适用于固体、颗粒、粉末状样品。用分样板先将样品混合均匀，然后按2/4的比例分取样品的过程，叫四分法取样（如图2-5）。操作步骤如下：

① 将样品倒在光滑平坦的桌面或玻璃板上；
② 用分样板把样品混匀；
③ 将样品摊成等厚度的正方形；
④ 用分样板在样品上划两条对角线，分成两个对顶角的三角形；
⑤ 任取其中两个三角形为样本；
⑥ 将剩下的样本再混合均匀，再按以上方法反复分取，直至最后剩下的两个对顶角三角样品接近所需试样质量为止。

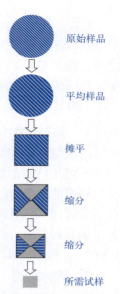

图2-5 四分法取样

（二）三层五点法

三层五点法适用于液体样品（如图2-6）。首先根据一个检验单位的样品面积划分为若干个方块，每块为一区，每区面积不超过 $50cm^2$。每区按上、中、下分三层，每层设中心、四角共五个点。按区按点，先上后下用取样器各取少量样品，再按四分法处理取得平均样品。

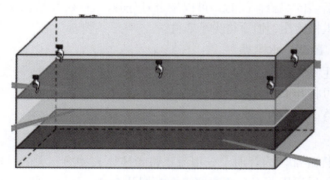

图2-6 三层五点法取样

三、常见样品的制备

（一）鲜肉

将鲜肉的骨头、筋膜等除去，切成大小适当的肉片，用孔径为3mm的绞肉机绞3次，再按四分法取样。

（二）肉制品

包括腊肉、火腿、腊肠及肉罐头等。除去包装，取出可食部分，切成适当大小的块状。以上样品分别用孔径3mm的绞肉机绞3次，再按四分法取样。

（三）鲜蛋

抽取 5 枚以上鲜蛋，将其敲碎放入烧杯中，充分混匀，待检。如蛋清、蛋黄分开检测时，将蛋敲碎后倒入 7.5~9cm 漏斗中，蛋黄在上，蛋清流下，然后分别收集于烧杯中，再用玻棒充分混匀，待检。

（四）奶类

1. 液体奶类

每次取样最少为 250mL。由于牛奶的表层浮着脂肪，取样时要先将牛奶混匀，混匀方法可用特制的搅拌棒在牛奶中自上至下、自下至上各以螺旋式转动 20 次。如要采集数桶奶的混合样品时，则先要估计每桶奶的质量，然后以质量比例决定每桶奶中应采集的量，用采样管采集在同一个样品瓶中，混匀即可。一般每千克可采样 0.2~1.0mL。为了确定牧场在一定时期内生产的牛奶的成分，可逐日按质量采集一定的样品量（如 0.5mL），每 100mL 样品中可加入 1~2 滴甲醛作为防腐剂。

2. 固体奶油

放在 40℃水浴中温热混合。

3. 加工奶制品、酸奶酪、生奶油

充分搅匀。冰激凌可溶解成液状后搅匀。

4. 干酪

弃去表面 0.5cm 厚的部分，再切下 3 片（接近中心 1 片，两端各 1 片），剁细混匀。

5. 全脂奶粉

用箱或桶包装者，则开启总数的 1%，用 83cm 长的开口采样扦，先加以杀菌，然后自容器的四角及中心采取样品各 1 插，放在盘中搅匀，采取约总量的千分之一供检验用。采取瓶装、听装的奶粉样品时，可以按批号分开，自该批产品堆放的不同部位采集总数的千分之一供检验用，但不得少于 2 件。

（五）蔬菜、蘑菇、水果类

如需检测维生素含量时，将新鲜样品切细剁碎，用均质器制成匀浆。如不进行维生素含量分析，则可将其干燥后粉碎待检。

（六）海鲜类

1. 鱼类

鱼类采取检样的部位为背肌。先用流水将鱼体体表冲净。去鳞，再用 75% 酒精棉球擦净鱼背，待干后用灭菌刀在鱼背部沿脊椎切开 5cm。在切开两端使两块背肌分别向两侧翻开，然后用无菌剪子剪取 25g 鱼肉，放入灭菌乳钵内，用灭菌剪子剪碎，加灭菌海砂或玻璃砂研磨（有条件情况下可用均质器），检样磨碎后加入 225mL 灭菌生理盐水，混匀成稀释液。

注：在剪碎肉样时要仔细操作，勿触破及粘上鱼皮。鱼糜制品和熟制品放入乳钵内进一步捣碎后再加生理盐水混匀成稀释液。

2. 虾类

虾类采取检样的部位为腹节内的肌肉。将虾体在流水下冲净，摘去头胸节，用灭菌剪子剪除腹节与头胸节连接处的肌肉，然后挤出腹节内的肌肉，取 25g 放入灭菌乳

钵内，以后操作同鱼类检样处理。

3. 蟹类

蟹类采取检样的部位为胸部肌肉。将蟹体在流水下冲净，剥去壳盖和腹脐，去除鳃条，再置流水下冲净。用75%酒精棉球擦拭前后外壁，置灭菌搪瓷盘上待干。然后用灭菌剪子剪开成左右两片，再用双手将一片蟹体胸部肌肉挤出（用手指从足跟一端向剪开的一端挤压），称取25g，置于灭菌乳钵内。以后操作同鱼类检样处理。

4. 贝壳类

缝中徐徐切入，撬开壳盖。再用灭菌镊子取出整个内容物，称取25g置灭菌乳钵内，以后操作同鱼类检样处理。

5. 海藻类

新鲜的裙带菜用盐水洗去沙和盐后，用研钵或均质器磨浆待检。

（七）调味品类

咖喱粉、胡椒粉等，充分拌匀制备样品；沙司、番茄酱、酱油等，充分搅匀待检。

（八）油脂类

液态油经搅拌均匀可取样检测；常温为固体的样品（如黄油、人造黄油等），将其放入聚乙烯袋中，温热使其软化，捏袋使其均匀，切下一部分聚乙烯袋，挤出黄油作为检样。

（九）点心类

包括生点心、馒头、包子、糯米饼及西式点心，先烘干，再粉碎或研碎。

（十）干货

用干布拭净表层，切细，用研钵研细。

（十一）豆酱、豆腐、烹调食品

用搅拌机磨碎或用研钵磨匀。

（十二）饮料类

包括茶叶、咖啡等，充分研磨或粉碎、混匀；啤酒、汽水等含碳酸饮料，在20~25℃温热，完全逐出碳酸后再进行检测；非碳酸饮料，如矿泉水、纯净水等可直接检测。

四、制备注意事项

① 实验室样品应按检测项目所依据的方法标准要求制备。农药残留检测的样品不能用水洗，但要去除样品表面的污物，可用纱布、毛巾等擦拭泥土。重金属检测的样品先用自来水冲洗，然后用蒸馏水冲洗两遍，再用棉布擦干水分。

② 制备过程不应对样品产生污染。每处理完一个样品，应对制样器具进行清洁，避免交叉污染。

③ 盛装样品容器不应对样品产生污染，保存和流转中不易破损。宜选用聚乙烯、玻璃等惰性材质容器，需冷冻保存的样品不宜使用塑料袋盛装。

④ 制备好的样品分成试样、留样和备样，分别盛装在洁净、容量合适的容器中密封。待测组分不稳定的样品，宜分装多份，避免检测中反复冻融。

⑤ 制备好的样品需加贴样品标识，标识内容应包含样品名称、唯一性编号、样品

性质（试样、留样、备样）、检测状态（待检、在检、检毕），必要时标识检测项目、样品状态和保存条件等。字迹清晰可辨，粘贴牢固，保证标识在流转和检测过程中不脱落、不损坏。

⑥ 样品制备应有记录，包含样品编号、制样时间、制样方法、试样制备前后样品状态、制样人员以及试样、留样、备样数量或质量等信息。

⑦ 完成制备工作后，应及时清洁制样场所、设备和器具，防止残留物污染。

样品制备工作任务单

分小组完成以下任务：
① 查阅资料确定鲜猪肉、油菜、扇贝和大米的制备方法。
② 准备制备所需仪器与器具。
③ 按照小组确定方法对样品进行制备。
④ 填写相关表格。

【任务实施】

一、工作准备

查阅资料了解样品制备相关知识。

二、任务实施

样品制备方法的确定→制备用品准备→样品制备

1. 样品制备方法的确定

① 确定鲜猪肉、油菜、扇贝和大米所属食品类别。
② 讨论确定不同样品制备方法。

2. 制备用品准备

绞肉机、组织粉碎机、刀具、案板、精密天平、80目筛、标签等。

3. 样品制备

（1）鲜猪肉

取一定量鲜猪肉，将其筋膜等除去，切成大小适当的肉片，用孔径为3mm的绞肉机绞3次，然后用四分法取样，取到合适的质量后转移至干净容器中，贴上标签，待测。

（2）油菜

随机选取油菜5棵，清洗干净，沿生长轴按四分法切，取对角2块，用组织粉碎机粉碎后，转移至干净容器中，贴上标签，待测。

（3）扇贝

从扇贝壳缝中徐徐切入，撬开壳盖，再用灭菌镊子取出整个内容物，称取25g置灭菌乳钵内，用灭菌剪子剪碎，加灭菌海砂或玻璃砂研磨（有条件情况下可用均质器），检样磨碎后加入225mL灭菌生理盐水，混匀成稀释液，贴上标签，待测。

（4）大米

取一定量大米，按四分法取样，用组织粉碎机粉碎后过80目筛，转移至干净容器中，或装入铝盒中保藏，贴上标签，待测。

三、报告填写

将样品制备记录填入表 2-10 中。

表 2-10　样品制备记录表

样品名称	鲜猪肉	样品编号		包装方式	
采样日期		检测项目		方法依据	
环境条件		制备日期		制备仪器	
制备方法		样品重		制备样重	
保存方式		备注			
制样人：				校核人：	
样品名称	油菜	样品编号		包装方式	
采样日期		检测项目		方法依据	
环境条件		制备日期		制备仪器	
制备方法		样品重		制备样重	
保存方式		备注			
制样人：				校核人：	
样品名称	扇贝	样品编号		包装方式	
采样日期		检测项目		方法依据	
环境条件		制备日期		制备仪器	
制备方法		样品重		制备样重	
保存方式		备注			
制样人：				校核人：	
样品名称	大米	样品编号		包装方式	
采样日期		检测项目		方法依据	
环境条件		制备日期		制备仪器	
制备方法		样品重		制备样重	
保存方式		备注			
制样人：				校核人：	

模块二　农产品食品检验基本程序

四、任务评价

按照表 2-11 评价学生工作任务完成情况。

表 2-11 任务考核评价指标

序号	工作任务	评价指标	配分	得分
1	实验准备	食品仪器和器具选择合适，摆放合理	10	
2	样品取样	随机取样，取样量正确	5	
3	样品制备	（1）油菜进行清洗 （2）鲜猪肉去除筋膜 （3）扇贝去壳 （4）大米过筛 （5）按照四分法正确取样 （6）正确使用粉碎机	60	
4	制备记录	制备记录表填写准确，记录清晰	10	
5	文明操作	（1）整理使用仪器和器具 （2）清理实验室台面	5	
6	综合素养	（1）能够快速查阅获取所需信息并进行分析 （2）积极与小组成员合作，共同完成工作任务 （3）吃苦耐劳，具有劳动精神	10	
		合计	100	

任务 2-3　样品预处理

【任务描述】

某粮库对收储的大豆进行质量指标检测以确定其质量等级，蛋白质含量是其重要指标，作为检验人员应如何对大豆进行蛋白质测定的预处理？

【任务目标】

[知识目标]

熟悉样品预处理方法。

[技能目标]

① 能够查询国标梳理出蛋白质测定的预处理步骤。

② 能够按照国标要求完成样品预处理。

[职业素养目标]

注意化学试剂的安全使用，培养安全意识。

【知识准备】

一、湿法消化法

湿法消化法是在酸性溶液中，向样品中加入硫酸、硝酸、高氯酸、过氧化氢、高锰酸钾等氧化剂，并加热消煮，使有机质完全分解、氧化，呈气态逸出，待测组分转化成无机状态存在于消化液中，供测试用。特点是分解速度快，时间短，因加热温度低可减少金属的挥发逸散损失。缺点是消化时易产生大量有害气体，需在通风橱中操作，另外消化初期会产生大量泡沫外溢，需随时照看，因试剂用量较大，空白值偏高。

二、湿法消化分类

湿法消化法根据所用氧化剂不同分为如下几类：

1. 硫酸-硝酸法

将粉碎好的样品放入250～500mL凯氏烧瓶中（样品量可称10～20g），加入浓硝酸20mL，小心混匀后，先用小火使样品熔化，再加浓硫酸10mL，渐渐加强火，保持微沸状态并不断滴加浓硝酸，至溶液透明不再转黑为止。每当溶液变深时，立即添加硝酸，否则会消化不完全。待溶液不再转黑后，继续加热数分钟至冒出浓白烟，此时消化液应澄清透明。消化液放冷后，小心用水稀释，转入容量瓶，同时用水洗涤凯氏烧瓶，洗液并入容量瓶，调至刻度后混匀供待测用。

2. 高氯酸-硝酸-硫酸法

称取粉碎好的样品5～10g放入250～500mL凯氏烧瓶中，用少许水湿润，加数粒玻璃珠，加3：1的硝酸-高氯酸混合液10～15mL，放置片刻，小火缓缓加热，反应稳定后放冷，沿瓶壁加入5～10mL浓硫酸，继续加热至瓶中液体开始变成棕色时，不断滴加硝酸-高氯酸混合液（3：1）至有机物分解完全。加大火力至产生白烟，溶液应澄清、无色或微黄色。冷却后转入容量瓶中定容。操作中注意防爆。

3. 高氯酸（过氧化氢）-硫酸法

取适量样品于凯氏烧瓶中，加适量浓硫酸，加热消化至呈淡棕色，放冷，加数毫升高氯酸（或过氧化氢），再加热消化，再重复操作至破坏完全，冷却后以适量水稀释，小心转入容量瓶中定容。

4. 硝酸-高氯酸法

取适量样品于凯氏烧瓶中，加数毫升浓硝酸，小心加热至剧烈反应停止后，再加热煮沸至近干，加入20mL硝酸-高氯酸（1：1）混合液。缓缓加热，反复添加硝酸-高氯酸混合液破坏完全，小心蒸发至近干，加入适量稀盐酸溶解残渣。若有不溶物过滤，滤液于容量瓶中定容。

样品预处理
工作任务单
分小组完成以下任务： ① 查阅蛋白质测定的国标方法，梳理国标中的样品预处理方法。 ② 准备预处理所需仪器与器具。 ③ 对样品进行预处理。 ④ 填写相关表格。

【任务实施】

一、工作准备

① 查阅蛋白质测定国标，根据国标测定方法确定大豆的预处理方法。
② 预处理原理与实验用品准备。
原理：样品与浓硫酸和催化剂一同加热消化，使蛋白质分解，其中碳和氢被氧化为

二氧化碳和水逸出，而样品中的有机氮转化为氨与硫酸结合成硫酸铵。

试剂：硫酸铜、硫酸钾、硫酸、GB/T 6682 规定的三级水。

设备：定氮瓶、石棉网、玻璃珠、小漏斗、电炉、容量瓶、玻璃棒等。

二、任务实施

样品、试剂称取→加热消化→定容

1. 样品、试剂称取

称取充分混匀的大豆试样 0.2～2g，精确至 0.001g，移入干燥的 100mL、250mL 或 500mL 定氮瓶中，加入 0.4g 硫酸铜、6g 硫酸钾及 20mL 硫酸，轻摇后于瓶口放一小漏斗，将瓶以 45°斜支于有小孔的石棉网上。

2. 加热消化

用小火小心加热，待内容物全部碳化，泡沫完全停止后，升至中温，白烟散尽后升至高温，并保持瓶内液体微沸，至液体呈蓝绿色并澄清透明后，再继续加热 0.5～1h，取下放冷。

3. 定容

小心加入 20mL 水，放冷后，移入 100mL 容量瓶中，并用少量水洗定氮瓶，洗液并入容量瓶中，再加水至刻度，混匀备用。

4. 注意事项

① 样品消化应在通风橱内进行。

② 为了加速氧化分解，常用硫酸铜作为催化剂，有时也用硒粉。

③ 消化时硫酸与硫酸钾作用生成硫酸氢钾，可提高沸点，加快消化速度。

④ 消化过程中应注意转动定氮瓶，利用冷凝的酸液将附在瓶壁上的炭粒冲下，以促进消化完全。

⑤ 样品消化时，如泡沫太多，可加少量辛醇或液体石蜡去泡，防止样品溢出。

⑥ 样品消化液不易澄清透明时，可将凯氏烧瓶冷却，加入过氧化氢 2～3mL 后再加热。

三、报告填写

将样品预处理记录填入表 2-12 中。

表 2-12 样品预处理记录表

样品名称		样品编号		包装方式	
检测项目		方法依据		环境条件	
预处理方法					
预处理过程：					
预处理结果					
备注					
检验人：				日期：	
校核人：				日期：	

四、任务评价

按照表 2-13 评价学生工作任务完成情况。

表 2-13　任务考核评价指标

序号	工作任务	评价指标	配分	得分
1	实验准备	（1）国标查询准确 （2）准确梳理预处理方法 （3）实验试剂与用品准备齐全	15	
2	样品、试剂称取	（1）正确使用天平 （2）样品称量准确，保留位数准确 （3）试剂加入量正确	5	
3	加热消化	（1）试剂药品加入准确，没有黏附在定氮瓶壁上 （2）定氮瓶位置固定准确，瓶口加小漏斗 （3）消化过程中火力掌握准确，节点判断准确 （4）消化终点判断准确 （5）定容准确	55	
4	预处理记录	预处理记录表填写准确，记录清晰	10	
5	文明操作	（1）整理使用仪器和器具 （2）清理实验室台面 （3）做好废液处理与试剂回收	5	
6	综合素养	（1）能够快速查阅获取所需信息并进行分析 （2）积极与小组成员合作，共同完成工作任务 （3）吃苦耐劳，具有劳动精神 （4）正确使用实验试剂，具有安全意识	10	
		合计	100	

任务 2-4　样品检测依据确定

【任务描述】

2022 年 4 月，国家市场监督管理总局组织开展食品安全监督抽检。其中安徽省某植物油批发部销售的、标称安徽省合肥市 ×× 有限公司生产的小磨麻油，酸价（KOH）检测值不符合产品执行标准要求。该公司对判定依据提出异议，经安徽省市场监管局核查后，对其提出的异议不予认可。作为检验人员如何确定检测项目的检测方法呢？如何判断检验结果是否符合标准？涉及粮油的食品安全标准有哪些呢？

【任务目标】

[知识目标]

① 熟悉国标查询方法。
② 了解常用的粮油食品安全标准。

[技能目标]

① 能够根据检测要求确定适宜的国标检测方法。
② 能够根据国标要求判断产品质量等级。

[职业素养目标]
树立标准意识，培养标准观念。

【知识准备】

一、涉及粮油的食品安全标准

1. GB 2715—2016《食品安全国家标准　粮食》

GB 2715 适用于供人食用的原粮和成品粮，包括谷物豆类薯类等，不适用于加工食用油的原料。标准中对粮食的感官要求、理化指标、有毒有害菌类和植物种子限量、污染物限量、真菌毒素限量、农药残留限量、食品添加剂和营养强化剂使用要求作了规定。

2. GB 19641—2015《食品安全国家标准　食用植物油料》

GB 19641 适用于制取食用植物油的油料。标准中对植物油料的感官要求、有毒有害菌类和植物种子限量、污染物限量、真菌毒素限量、农药残留限量、转基因的标识作了规定。

3. GB 2716—2018《食品安全国家标准　植物油》

GB 2716 适用于植物原油、食用植物油、食用植物调和油和食品煎炸过程中的各种食用植物油，不适用于食用油脂制品。该标准对食用植物油的原料和辅料及浸出使用的抽提溶剂要求、感官要求、理化指标、食品添加剂及食用植物调和油的命名、标签标识的标注作了规定，同时规定了感官指标、理化指标的检验方法。

4. GB 2761—2017《食品安全国家标准　食品中真菌毒素限量》

真菌毒素限量是指真菌毒素在食品原料和（或）食品成品可食用部分中允许的最大含量水平。对于食品原料，则需经过机械手段，如谷物碾磨，去除非食用部分之后所得到的用于食用的部分。涉及食品中的毒素主要有黄曲霉毒素 B_1、脱氧雪腐镰刀菌烯醇、赭曲霉毒素 A、玉米赤霉烯酮等。

5. GB 2762—2022《食品安全国家标准　食品中污染物限量》

污染物的限量是指污染物在食品原料和（或）食用成品可食用部分中允许的最大含量水平。对于食品原料，则需经过机械手段如谷物碾磨，去除非食用部分之后所得到的用于食用的部分。涉及食品的污染物主要有铅、镉、汞、砷、铬、镍、苯并[α]芘等。

6. GB 2763—2021《食品安全国家标准　食品中农药最大残留限量》

GB 2763 规定了食品中 564 种农药，10092 项最大残留限量及相关的检测方法。涉及粮食的农药主要有有机磷、有机氯、氨基甲酸酯和拟除虫菊酯四类。在实际工作中要检测粮食中农药残留，需根据所检验粮食施用的农药目录，按照 GB 2763 规定的方法和限量要求，有针对性地进行检测和评价。

二、"中国好粮油"标准

为了聚焦增加绿色优质粮油产品供给，发挥市场对生产的引导作用，通过标准引领、质量测评、品牌培育、健康宣传和试点示范，促进优质粮油基地建设，提高绿色优质粮油产品的供给水平，满足城乡居民消费升级需求，国家粮食和物资储备局提出并制定了"中国好粮油"系列行业标准。

包括稻米系列（稻谷和大米）、小麦系列（小麦、小麦粉和挂面、花色挂面）、玉米系列（食用玉米和饲用玉米）、大豆、食用植物油和杂粮系列（杂粮和杂豆）及中国好粮油生产质量控制导则。

（一）标准的基本原则

中国好粮油标准是独立于现有粮油质量标准之外的一类粮油标准，遵照下列原则制定，一是安全是底限，应高于现行国家相关卫生标准的要求，引入了"安全指数"的概念。二是按照用途进行分类定等，定等指标在满足达到目的要求的情况下尽量简化，提出了"声称指标"的定义。三是强调原粮的品质一致性，提出了不同原粮的"一致性"的定义和要求。四是注重营养，重点体现在挂面、植物油和杂粮系列标准中。五是体现了"适度加工、节粮减损"的原则，尤其是在稻米系列标准中。六是标准中应有质量追溯信息。

（二）标准的基本内容

1. 适用范围

适用于参加"中国好粮油行动"的食用/饲用/食品工业用国产商品粮油。

2. 标准构成

中国好粮油标准主要由基本质量指标、定等指标、声称指标、安全卫生指标、质量追溯信息等构成。好粮油生产质量控制导则对优质粮油种植、生产、收获、干燥、收储、加工、运输、销售、记录控制九个重要环节的技术管控，全程质量信息可追溯进行规范。

3. 主要指标内涵

（1）基本质量指标

各级和各类产品都必须满足的质量指标。主要是体现粮油产品的物理特性指标，如水分、杂质、不完善粒、色泽与气味等。

（2）定等指标

用于对粮食进行分类和判别等级并由第三方进行检验的质量指标。主要体现粮油产品的最终用途。

（3）声称指标

虽不用于定等，但需提供第三方检验报告或提供可证明其声称的文件，并做交易时进行声称的指标。主要体现粮油产品内在品质特征，其指标值对于判定粮油的品质具有重要的参考价值。

（4）安全卫生指标

规定真菌毒素、重金属、农药残留等卫生指标在符合 GB 2761、GB 2762 和 GB 2763 及国家有关规定的基础上，安全指数应 ≤ 0.7。

安全指数是用于综合反映粮食安全情况，通过检测粮食重金属、农药残留和真菌毒素等安全指标的含量并与标准规定的限量值计算获得的，用内梅罗指数（PN）表示。

（5）质量追溯信息

要求供应方应提供粮油产品生产信息、收储信息及其他信息。主要是实现粮油产品的全程质量可控制、可追踪，确保好粮油产品质量和其真实性。

（三）生产质量控制导则

① 种植生产环节　产地环境、品种要求、栽培和田间管理、农药管理等。

② 收获环节　控制收获时水分含量，分品种收获。
③ 干燥技术　保质干燥。
④ 储藏技术　根据粮食加工用途，实现保质保鲜储藏。
⑤ 加工环节　强调大米适度加工和小麦粉清洁加工。
⑥ 运输　防止运输条件不当造成粮油品质劣变。
⑦ 零售终端销售　强调销售过程中产品保质保鲜，建立产品信息追溯机制和召回机制。
⑧ 记录控制　对技术指标信息和质量信息进行记录，实现信息可查询，可追溯。

样品检测依据确定
工作任务单

分小组完成以下任务：
① 检索脱氧雪腐镰刀菌烯醇的检测国标，根据检验要求确定检测方法。
② 检索粮油相关食品安全标准和产品标准，分析关于脱氧雪腐镰刀菌烯醇的限量规定。
③ 确定小麦面包粉中脱氧雪腐镰刀菌烯醇的限量要求。
④ 填写表格。

【任务实施】

一、工作准备
准备好笔、电脑或手机、记录本、相关书籍等。

二、任务实施
查询资料→小组讨论→小组汇报→教师点评→总结提升

1. 查询资料
① 脱氧雪腐镰刀菌烯醇国标检测方法。
② 粮油相关食品安全标准。
③ 小麦面包粉质量标准。

2. 小组讨论
① 小麦面包粉中检测脱氧雪腐镰刀菌烯醇的适用方法。
② 小麦面包粉中脱氧雪腐镰刀菌烯醇的限量要求。

3. 小组汇报
小组就讨论结果进行汇报，形式自定。

4. 教师点评
教师根据每个小组的汇报情况进行点评。

5. 总结提升
汇总每个小组的结论，总结样品检测项目适用国标的确定方法以及判断样品质量等级方法。

三、报告填写
将结果填入表 2-14 中。

四、任务评价
按照表 2-15 评价学生工作任务完成情况。

表 2-14　样品检测信息表

样品名称		样品编号		包装方式	
检测项目		方法依据			
检测结果					
判定依据					
结论					
备注					

检验人：　　　　　　　　　　　　　　　日期：
校核人：　　　　　　　　　　　　　　　日期：

表 2-15　任务考核评价指标

序号	工作任务	评价指标	配分	得分
1	查询资料	（1）能够准确查询国标 （2）对资料内容分析整理	20	
2	小组讨论	根据要求将查询内容进行分类，归纳总结	20	
3	小组汇报	（1）小组合作完成 （2）汇报时表述清晰，语言流畅 （3）脱氧雪腐镰刀菌烯醇检测方法确定准确 （4）小麦面包粉质量标准准确	30	
4	点评修改	根据教师点评意见进行合理修改	10	
5	总结提升	总结出产品检测依据确定方法及质量标准判断方法	10	
6	综合素养	（1）会查阅资料并能分析出有效信息，具有信息处理能力 （2）小组分工合作，责任心强，能够完成自己的任务	10	
		合计	100	

 拓展资源

食品安全监管没有"最严"只有"更严"

　　2019 年 12 月 1 日，新修订的《中华人民共和国食品安全法实施条例》（以下简称《条例》）正式施行。《条例》坚持"四个最严"要求，在《食品安全法》的基础上，补短板、强弱项，以良法善治，为人民群众"舌尖上的安全"保驾护航。

　　《条例》共 10 章 86 条，对餐饮服务提供者、单位食堂、网络食品交易第三方平台提供者等主体都提出了具体要求。《条例》对食品生产经营、监督管理和法律责任三章的修改力度很大，对公众关切的餐具饮具集中消毒、网络食品交易、转基因食品、特殊食品及食品广告的管理问题作出回应。同时，细化了食品安全监管体制机制，强化了食品生产经营者主体责任和食品安全监督管理，完善了食品安全社会共治并加大食品安全处罚力度，切实实现坚持以人民为中心保障食品安全的原则。

食品安全形势不断好转，但治理食品安全问题不可能毕其功于一役。国家市场监管总局将继续组织各地严厉打击各类食品安全违法犯罪行为，保持严惩重处的高压态势。同时，进一步加大曝光力度，依法向社会公开违法案件处罚结果和典型案例，严格按时限公布相关信息，以坚决的行动维护群众身体健康和饮食安全。

巩固练习

多选题

1. 样品预处理的基本要求有（ ）。
   A. 样品批号　　B. 日期　　　　C. 采样数量
   D. 检验项目　　E. 采样人
2. 下列属于四位有效数字的是（ ）。
   A. 1.5000　　　B. 0.1001　　　C. 1.010　　　　D. pH=10.68
3. 气相色谱法，液体固定相中载体大致可分为（ ）两类。
   A. 硅胶　　　　B. 硅藻土　　　C. 非硅藻土
   D. 凝胶　　　　E. 苯乙烯
4. 测量无机物含量时，常用有机物破坏法来排除有机物的干扰，常用的方法有（ ）。
   A. 灼烧灰化　　B. 氧化消化　　C. 溶剂浸提　　D. 溶剂萃取
5. 属于化学分离法的有（ ）。
   A. 沉淀分离法　B. 掩蔽法　　　C. 磺化法　　　D. 皂化法
6. 根据农业部（现农业农村部）第 176 号和第 1519 号公告规定，禁止在饲料和动物饮水中使用的 β- 肾上腺素受体激动剂包括（ ）。
   A. 盐酸克伦特罗　　　　　　　B. 苯乙醇胺 A
   C. 莱克多巴胺　　　　　　　　D. 沙丁胺醇
7. 抽取的样品一般应为一式三份，分别供（ ）使用。
   A. 检验　　　　B. 复验　　　　C. 备查　　　　D. 抽查
8. 有下列情形之一的农产品，不得销售：（ ）。
   A. 含有国家禁止使用的农药、兽药或者其他化学物质的
   B. 农药、兽药等化学物质残留或者含有的重金属等有毒有害物质不符合农产品质量安全标准的
   C. 含有的致病性寄生虫、微生物或者生物毒素不符合农产品质量安全标准的
   D. 使用的保鲜剂、防腐剂、添加剂等材料不符合国家有关强制性技术规范的

模块三

真菌毒素检测

案例引入

　　粮食是人类赖以生存的宝贵资源，确保粮食储藏安全至关重要。然而，由于粮食自身含有水分，如果通风不良，粮食的含水量会超过自身的临界值，其呼吸作用加强，会释放热量，发生自热，如果达到一定的温度，微生物生长繁殖，发生强烈活动，温度会再度升高，释出腐败产物，使粮食发生霉变。真菌毒素是由霉变产生的，它是真菌产生的次生代谢产物，主要包括黄曲霉毒素、玉米赤霉烯酮、脱氧雪腐镰刀菌烯醇（呕吐毒素）等。

　　我国每年因霉变造成的粮食产后损失数量巨大，十分惊人。这些因为霉变产生的真菌毒素普遍耐热，一般的烹调无法破坏它的结构，无论是短期大量摄入还是长期少量摄入真菌毒素，都会对身体造成严重损害。所以应按照国家标准对粮食进行真菌毒素检测，对于发热霉变的粮食，根据品质劣变情况确定取舍及用途，经过处理后，应单独存放，尽快处理，防止流入口粮市场和食品生产企业。

模块导学

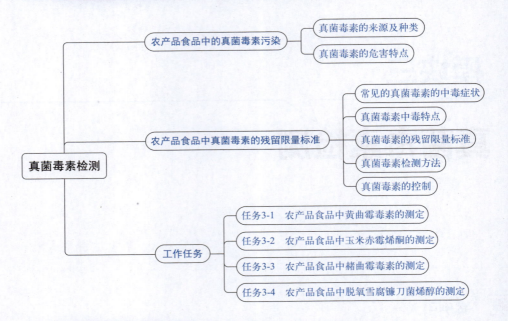

学习目标

① 了解农产品食品中真菌毒素的来源、危害及防治措施。

② 能够查阅农产品食品中真菌毒素的限量指标，并能够按照标准检测农产品食品中的黄曲霉毒素、玉米赤霉烯酮、赭曲霉毒素、脱氧雪腐镰刀菌烯醇的含量。

③ 树立爱岗敬业、改革创新的职业理念，培养追求卓越、一丝不苟的工匠精神。

任务资讯

知识点 3-1　农产品食品中的真菌毒素污染

一、真菌毒素的来源及种类

真菌，是一类有细胞壁，不含叶绿素，无根叶茎，以腐生或寄生方式生存，能进行有性或无性繁殖的微生物。真菌毒素（mycotoxin）一词源于希腊语"mykes"和拉丁语

"toxicum"，它是由产毒真菌在适宜的环境条件下产生的具有毒性的次生代谢产物，广泛污染农作物、食品及饲料等植物性产品。人类若误食受污染的食品，就会中毒或诱发一定疾病，甚至癌症。20世纪60年代英国发生了10万多只火鸡突然中毒死亡事件，究其原因发现火鸡饲料中含有一种荧光物质（黄曲霉毒素），导致火鸡死亡。历史上较严重的真菌毒素中毒事件发生在二战时苏联的西伯利亚，由于饥民食用了受污染的麦子，而发生了大量中毒事件。

目前为止，全世界已经发现了300多种结构不同的真菌毒素，其中已经被分离鉴定的有20多种。真菌毒素对农业及人类健康的危害程度和对社会经济发展影响非常重要，被广泛发现的真菌霉素主要有：黄曲霉毒素（aflatoxin，AFT）、赭曲霉毒素（ochratoxin，OT）、橘青霉素（citrinin）、展青霉素（patulin，Pat）、脱氧雪腐镰刀菌烯醇（deoxynivalenol，DON）、棒曲霉素、伏马毒素（fumonisin）等。危害较大的有黄曲霉素、赭曲霉素A、单端孢霉烯族毒素、玉米赤霉烯酮、伏马毒素和麦角类生物碱等。黄曲霉毒素是天然毒素中致癌性最强的毒素，也是世界各地农产品及食品最易受其污染的一种真菌毒素，据联合国粮农组织估计，全世界谷物供应的25%受真菌毒素污染。

二、真菌毒素的危害特点

真菌毒素的特征主要表现在污染的普遍性、种类的多样性、危害的严重性上。真菌毒素直接的危害是由于毒素的暴露而引发急性疾病或许多慢性症状，如生长减慢、免疫功能下降、抗病能力差以及肿瘤的形成等。不同动物对不同种类的真菌毒素的敏感程度也有很大的差别，而且与年龄、性别、血缘和营养状况有关。真菌毒素对人类的间接暴露也是经常存在的，消费的牛奶、禽蛋、内脏组织等食品中可能存在有真菌毒素残留物和代谢物。

粮食在运输、储存过程中温湿度控制不正确是造成真菌毒素污染的主要原因，大部分真菌在20～28℃都能生长，粮食饲料在收获时未被充分干燥或贮运过程中温度或湿度过高，真菌就会迅速生长，同时产生毒素。全世界每年因真菌毒素污染引起的农产品和工业原料的损失达数百亿美元。

我国是世界上受真菌毒素污染最严重的国家之一。根据国家粮食和物资储备局不完全统计，每年真菌毒素污染造成的粮油损失累计约3100万吨。我国每年因真菌毒素污染造成的粮油直接经济损失达680亿～850亿元。同时，真菌毒素超标已成为我国农产品出口欧盟的最大阻碍，给我国粮油加工和出口企业造成了巨大经济损失。

知识点 3-2　农产品食品中真菌毒素的残留限量标准

根据真菌毒素作用的靶器官或者真菌毒素引起的病理现象，可将真菌毒素分为肝脏毒、肾脏毒、神经毒、震颤毒等。

人或动物摄入被真菌毒素污染的农畜产品，或通过吸入及皮肤接触真菌毒素可引发多种中毒症状。如致幻、催吐、出血症、皮炎、中枢神经受损，甚至死亡。

一、常见的真菌毒素的中毒症状

（1）黄曲霉毒素 B_1

黄曲霉毒素 B_1 是污染最普遍、毒性和致癌性最强的真菌毒素。急性中毒表现为发热、呕吐、食欲不振、肝大、脾大等，还有致肝癌、致畸和致突变的作用。

（2）脱氧雪腐镰刀菌烯醇

脱氧雪腐镰刀菌烯醇即呕吐毒素。理化性质稳定，酸性条件下不会被破坏。中毒后主要表现为消化系统和神经系统症状，主要有恶心、呕吐、头痛、头晕、腹痛、腹泻等，有的出现乏力、全身不适、颜面潮红、步伐不稳等似醉酒样症状。

（3）玉米赤霉烯酮

它是非固醇类、具有雌性激素性质的真菌毒素，主要作用于生殖系统，雌性激素相关的疾病与该毒素有一定的关系。

（4）赭曲霉毒素 A

它是一种肾脏毒素，并具有致畸、致癌及免疫毒性。人体摄入后主要导致肾脏病变，可造成慢性疾病。

（5）T-2 毒素

它是由多种真菌，主要是三线镰刀菌产生的单端孢霉烯族化合物之一。主要作用于细胞分裂旺盛的组织器官，如胸腺、骨髓、肝、脾、淋巴结、生殖腺及胃肠黏膜等，抑制这些器官细胞蛋白质和 DNA 合成。有致畸性和致突变性。中毒后呕吐、腹泻，严重时损伤造血组织。

（6）伏马菌素

伏马菌素是由串珠镰刀菌产生的水溶性代谢产物。动物试验和流行病学资料已表明，伏马菌素主要损害肝肾功能，能引起马脑白质软化症和猪肺水肿等，并与我国和南非部分地区高发的食管癌有关。

二、真菌毒素中毒特点

① 真菌毒素中毒症的发生常与特殊的食品或饲料有关，而这些被摄入的食品或饲料的特殊之处在于有过真菌生长。

② 中毒的发生常是区域性或具有季节性的特点，季节性多表现为缺乏新鲜食品或饲料的漫长寒冬或湿热多雨的发霉季节或洪涝季节。

③ 同食者可成批中毒，但不会在人与人或人与动物之间传染，也没有免疫保护现象（得过以后还可能再得）。

三、真菌毒素的残留限量标准

由于真菌毒素的危害极大，国家对农产品食品中的真菌毒素也有着严格的限量标准。在 GB 2761—2017《食品安全国家标准　食品中真菌毒素限量》标准中，国家对最常见危害最大的几种真菌毒素在不同食品中的限量做出了规定。针对每个品类中产品最低限量值汇总如表 3-1 所示。

四、真菌毒素检测方法

真菌毒素主要根据其结构、化学性质以及干扰因子的不同，其样品前处理和测定方法多种多样，传统的前处理方法主要采用溶剂提取法、柱色谱法等，而测定方法多采用色谱等方法。20 世纪 80 年代后期开始在真菌毒素检测领域应用单克隆抗体技术，相继

表 3-1　食品中主要真菌毒素限量标准

毒素	食品类别		限量 / (μg/kg)
黄曲霉毒素 B_1	谷物及其制品	玉米、玉米面（渣、片）及玉米制品	20
		稻谷、糙米、大米	10
		小麦、大麦、其他谷物	5
		小麦粉、麦片、其他去壳谷物	5
脱氧雪腐镰刀菌烯醇（呕吐毒素）	谷物及其制品	玉米、玉米面（渣、片）	1000
		大麦、小麦、麦片、小麦粉	1000
玉米赤霉烯酮	谷物及其制品	小麦、小麦粉	60
		玉米、玉米面（渣、片）	60
赭曲霉毒素 A	谷物及其制品	谷物、谷物碾磨加工品	5

注：摘自 GB 2761—2017《食品安全国家标准　食品中真菌毒素限量》。

出现了放射免疫析技术、酶联免疫吸附技术、荧光极性免疫分析技术、生物传感器免疫分析技术以及免疫亲和分离技术等。

目前，真菌毒素检测的标准方法主要还是利用薄层色谱法（TLC）、酶联免疫吸附法（ELISA）、高效液相色谱法（HPLC）、气相色谱法（GC）以及气质联用、液质联用等方法。其中 TLC 是最早应用于真菌毒素检测的方法之一，随着薄层扫描仪用于真菌毒素等内容的定性、定量分析，其精确度得到了显著提高，TLC 也成为目前最常用的仪器分析方法之一。

在快速检测分析中，ELISA 方法是较为普遍采用的方法。但是在精确定性、定量检测中还是以 GC、HPLC、GC-MS（气质联用）、HPLC-MS（液质联用）等方法为主。我国对真菌毒素的检测标准以国标方法为主，美国有 AOAC、AACC（美国谷物化学师协会）等标准检测方法。

近年来，也有人研究利用红外光谱分析（infrared spectroscopy）、荧光极性免疫分析（fluorescence polarization immunoassay）、生物传感器检测分析（biosensor based immunoassay）等对真菌毒素进行检测，也取得了良好测定结果。

五、真菌毒素的控制

检测技术只可以起到把关作用，想要更有效地减少真菌毒素污染，还需从根源入手。我们可以通过在农产品食品产前、产中、产后各个环节采取措施加以预防控制，从而最大限度减少真菌及其毒素的污染。

1. 源头控制

① 利用现代种植技术选育抗性品种，培育抗真菌的作物品种来降低真菌的侵染和毒素的形成。

② 利用合理耕作、灌溉、施肥、适时收获来降低农产品食品原料霉菌的侵染和毒素的产生；有效地针对农作物使用杀菌剂，也可以减少粮食等被真菌毒素污染的风险。

2. 加工和储存过程

① 农产品食品加工技术也是有效降低真菌毒素的手段，如对花生、坚果进行分拣，

对谷物进行磨粉等，都可以降低食品中的直接毒素含量。

② 在储藏过程中，针对真菌的合适生长的条件，可以减少农产品食品的含水量，降低贮藏、加工时的温度，干燥、低温、厌氧是防止霉变的主要措施。同时还要控制昆虫、啮齿类动物等有害生物的入侵。

3. 去毒技术

从目前的检测结果看，植物性源头产品的真菌毒素是不可避免的、广泛存在的。研究有效的真菌毒素的去毒技术也是非常必要的。这些去毒技术主要通过破坏、修饰或吸附真菌毒素，从而达到减少或消除毒素的作用。

针对不同的真菌毒素污染物的特性，真菌毒素污染去除方法有物理法、化学法、生物降解法、吸附法等。

任务演练

任务 3-1　农产品食品中黄曲霉毒素的测定

【任务描述】

花生是最容易污染黄曲霉的一种食物。黄曲霉毒素最容易出现在土榨花生油中。土榨花生油里杂质多，质控往往不容易做到位。有数据显示，土榨花生油黄曲霉毒素的超标率最高能到 50% 左右，而且超标的倍数达几倍、十几倍。

市民 A 女士从市场上买了一桶现榨花生油，请你检测该花生油样品中黄曲霉毒素 B_1 是否超标，并出具检测报告。

【任务目标】

[知识目标]

① 了解农产品食品中黄曲霉毒素污染的来源、危害及其在农产品食品中的限量指标。
② 掌握农产品食品中黄曲霉毒素定量的检测方法。
③ 掌握高效液相色谱-柱后衍生法测定黄曲霉毒素含量的流程及操作注意事项。

[技能目标]

① 能对不同类型样品进行预处理。
② 会正确使用液相色谱。
③ 会用高效液相色谱-柱后衍生法检测农产品食品中黄曲霉毒素 B_1。

[职业素养目标]

① 具备职业荣誉感和追求卓越的奋斗精神。
② 具备科学严谨、精益求精的工匠精神。

【知识准备】

一、概述

1. 黄曲霉毒素的分类、结构及性质

黄曲霉毒素（aflatoxin，AFT）是由黄曲霉、寄生曲霉以及特异曲霉等产毒真菌（图 3-1），侵染寄主后产生的一类有毒次生代谢产物，在湿热地区的食品和饲料中出现

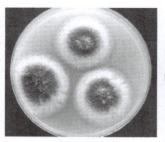

| 黄曲霉菌落特征 | 寄生曲霉菌落特征 | 电镜下的黄曲霉 |

图 3-1 黄曲霉和寄生曲霉菌落特征

的概率最高。

目前，国内及国外科学家已经发现了二十多类黄曲霉毒素及其衍生物，分别命名为黄曲霉毒素 B_1、黄曲霉毒素 B_2、黄曲霉毒素 G_1、黄曲霉毒素 G_2、黄曲霉毒素 M_1、黄曲霉毒素 M_2 等（图 3-2）。其中黄曲霉毒素 M_1、黄曲霉毒素 M_2 主要出现在各种牛奶中，毒性并不是最强。毒性最强的是黄曲霉毒素 B_1，黄曲霉毒素 B 族表示蓝色，因为它在紫外线的照射下会发出蓝色荧光，而黄曲霉毒素 G_1 和黄曲霉毒素 G_2 则是因为在紫外线下发射黄绿色荧光而得名。

图 3-2 黄曲霉毒素结构

黄曲霉毒素性质非常稳定，在近 300℃ 的温度下也难分解，只在强酸、强碱和强氧化剂的条件下才被分解。低浓度的纯品易被紫外线破坏。能溶于多种溶剂中，如乙腈、苯、三氯甲烷、甲醇、乙醇等，但不溶于己烷、石油醚和乙醚中。在水中溶解度也很低。在紫外线照射下有很强的荧光。表 3-2 为黄曲霉毒素的部分物理化学性质。

表 3-2 黄曲霉毒素的部分物理化学性质

毒素类型	分子量	熔点 /℃	紫外吸收量		荧光发射光谱 /nm
			265nm	360～362nm	
黄曲霉毒素 B_1	312	268～269	12400	21800	425
黄曲霉毒素 B_2	314	286～289	12100	24000	425
黄曲霉毒素 G_1	328	244～246	9600	17700	450
黄曲霉毒素 G_2	330	237～240	8200	17100	460
黄曲霉毒素 M_1	328	299	14150	21250（357nm）	425
黄曲霉毒素 M_2	330	293	12100（264nm）	22900（357nm）	425

2. 黄曲霉毒素的污染

黄曲霉毒素对粮油食品污染相当广泛，在稻谷、小麦、黑麦、燕麦、玉米、花生、棉籽、大米、花生油等粮油食品中都发现有黄曲霉毒素 B_1。其中污染最严重的是花生、玉米、棉籽、高粱，稻谷次之，麦类则较为轻微。这种不平衡的分布与各种作物生物学特性和化学组成以及成熟期所处的气候条件有很大的关系。一般来说，富含脂肪的粮食较易产生黄曲霉毒素（但大豆例外）。此外，收获季节高温、高湿，易造成黄曲霉毒素的污染。

花生是最容易感染黄曲霉的农作物之一，黄曲霉毒素对花生具有极高的亲和性。黄曲霉毒素的产生不仅发生在花生的种植过程（包括开花、盛花、饱果、成熟、收获）中，而且在加工过程（包括原料收购、干燥、加工、仓储、运输过程）中也会产生。

花生作为主要的植物油料，经过压榨或浸出以及一系列的工艺就可生产出消费者经常食用的花生油。因此，如果花生原料受到黄曲霉毒素 B_1 的污染，则可能引起花生油中黄曲霉毒素 B_1 超标。

在奶制品中，常常受污染的是黄曲霉毒素 M_1，在哺乳动物的肝脏和尿中，受污染的是黄曲霉毒素 P_1 和黄曲霉毒素 Q_1。

3. 黄曲霉毒素的危害

黄曲霉毒素是目前已知的强致癌物之一，属于肝脏毒素。各种黄曲霉毒素的毒性有很大的差别，按鸭雏口服的 LD_{50}（mg/kg）排列如下：

黄曲霉毒素 B_1 > 黄曲霉毒素 G_1 > 黄曲霉毒素 B_2 > 黄曲霉毒素 M_1 > 黄曲霉毒素 G_2 > 黄曲霉毒素 M_2 > 黄曲霉毒素 B_{2a} > 黄曲霉毒素 G_{2a}

0.36　　0.78　　1.7　　3.2　　3.5　　12　　240　　320

在毒理学上认为 LD_{50}<50 即为剧毒，而 AFT B_1 大大低于这个标准，因此，有人认为 AFT B_1 是超剧毒。黄曲霉毒素 B_1 毒性是氰化钾的 10 倍，砒霜的 68 倍，被世界卫生组织（WHO）列为一级致癌物。

黄曲霉毒素对人及动物肝脏组织有破坏作用，严重时可导致肝癌甚至死亡。我国学者首次在国际会议上提供了黄曲霉毒素暴露与肝癌发生直接关系的证据。研究表明肝癌与乙型肝炎病毒、丙型肝炎病毒、黄曲霉毒素、饮用水藻类毒素污染、长期饮酒、其它化学致癌物等因素有关。在中国，肝癌的主要危险因素为乙型肝炎病毒和黄曲霉毒素。乙肝病毒基因可增强黄曲霉毒素 B_1 的致癌效应，两者在致肝癌过程中具有明显的协同作用。

人摄入大剂量的黄曲霉毒素后急性中毒,会出现肝细胞坏死、胆管上皮细胞增生、肝脂肪浸润及肝出血等急性病变,前期症状为发热、呕吐、厌食、黄疸,继而出现腹水,下肢浮肿并很快死亡。

4. 农产品食品中黄曲霉毒素的限量指标

黄曲霉毒素的污染是世界性的问题,是花生及其制品花生油安全消费和出口面临的最大和最主要风险因素,受到广泛关注,世界各国和国际组织都对生产、出口和进口的花生及其产品作出了严格的黄曲霉毒素(AFT)限量规定。我国食品中黄曲霉毒素 B_1、黄曲霉毒素 M_1 允许量现行标准为《食品安全国家标准 食品中真菌毒素限量》(GB 2761—2017)(见表3-3、表3-4)。

表3-3 食品中黄曲霉毒素 B_1 限量指标

食品类别(名称)	限量/(μg/kg)
谷物及其制品	
玉米、玉米面(渣、片)及玉米制品	20
稻谷[①]、糙米、大米	10
小麦、大麦、其他谷物	5.0
小麦粉、麦片、其他去壳谷物	5.0
豆类及其制品	
发酵豆制品	5.0
坚果及籽类	
花生及其制品	20
其他熟制坚果及籽类	5.0
油脂及其制品	
植物油脂(花生油、玉米油除外)	10
花生油、玉米油	20
调味品	
酱油、醋、酿造酱	5.0
特殊膳食用食品	
婴幼儿配方食品	
婴儿配方食品[②]	0.5(以粉状产品计)
较大婴儿和幼儿配方食品[②]	0.5(以粉状产品计)
特殊医学用途婴儿配方食品	0.5(以粉状产品计)
婴幼儿辅助食品	
婴幼儿谷类辅助食品	0.5

① 稻谷以糙米计。
② 以大豆及大豆蛋白制品为主要原料的产品。

1966年FAO/WHO规定食品中黄曲霉毒素 B_1 允许量≤30μg/kg。1966年至1975年间,FAO/WHO连续3次修订了食品中黄曲霉毒素最高允许量标准,将其从30μg/kg逐步降低至15μg/kg。欧盟则规定从1998年起进口花生原料中的黄曲霉毒素限量由20μg/kg、花生制品由10μg/kg统一降至4μg/kg,欧盟、美国等国家和地区在限制黄曲霉毒素 B_1 的同时,也对食品中 AFT B_1、AFT B_2、AFT G_1、AFT G_2 进行限量。

表 3-4　食品中黄曲霉毒素 M_1 限量标准

食品类别（名称）	限量 /（μg/kg）
乳及乳制品①	0.5
特殊膳食用食品	
婴幼儿配方食品	
婴儿配方食品②	0.5（以粉状产品计）
较大婴儿和幼儿配方食品②	0.5（以粉状产品计）
特殊医学用途婴儿配方食品	0.5（以粉状产品计）
特殊医学用途配方食品②（特殊医学用途婴儿配方食品涉及的品种除外）	0.5（以固态产品计）
辅食营养补充品③	0.5
运动营养食品②	0.5
孕妇及乳母营养补充食品③	0.5

① 乳粉按生乳折算。
② 以乳类及乳蛋白制品为主要原料的产品。
③ 只限于含乳类产品。

二、农产品食品中黄曲霉毒素含量的测定方法

依据 GB 5009.22—2016《食品安全国家标准　食品中黄曲霉毒素 B 族和 G 族的测定》、GB 5009.24—2016《食品安全国家标准　食品中黄曲霉毒素 M 族的测定》，食品中黄曲霉毒素的测定方法有同位素稀释液相色谱-串联质谱法、高效液相色谱法、酶联免疫法、薄层色谱法等，荧光定量等快速检测系统仅需 8min 即可快速准确定量地测定出粮油、谷物、食品、饲料、中药材等中的黄曲霉毒素。粮油及其制品中黄曲霉毒素 B_1 的测定（高效液相色谱-柱后衍生法）操作可扫描二维码观看视频。

粮油及其制品中黄曲霉毒素 B_1 的测定（高效液相色谱-柱后衍生法）1

粮油及其制品中黄曲霉毒素 B_1 的测定（高效液相色谱-柱后衍生法）2

粮油及其制品中黄曲霉毒素 B_1 的测定（高效液相色谱-柱后衍生法）3

花生油中黄曲霉毒素 B_1 的测定（高效液相色谱-柱后衍生法） 工作任务单
分小组完成以下任务： ① 查阅黄曲霉毒素 B_1 的检测标准，设计检测方案。 ② 准备黄曲霉毒素 B_1 的测定所需试剂材料及仪器设备。 ③ 正确对样品进行预处理。 ④ 正确进行样品中黄曲霉毒素 B_1 含量测定。 ⑤ 结果记录及分析处理。 ⑥ 依据《食品安全国家标准　食品中真菌毒素限量》（GB 2761—2017），判定样品中黄曲霉毒素 B_1 含量是否合格。 ⑦ 出具检验报告。

【任务实施】

一、检验工作准备

1. 查阅检验标准

根据《食品安全国家标准　食品中黄曲霉毒素 B 族和 G 族的测定》（GB 5009.22—2016），设计高效液相色谱-柱后衍生测定花生油中黄曲霉毒素 B_1 含量的方案。

2. 准备材料和仪器

准备黄曲霉毒素 B_1 的测定所需试剂材料及仪器设备。

二、任务实施步骤

样品制备→样品提取→样品净化→标准曲线制作→样品测定→计算

1. 样品制备

至少从桶装花生油样品中采集 3 个包装（同一批次或号），采样量大于 1L，将所有液体样品在一个容器中用匀浆机混匀后，取其中任意的 100g（mL）样品进行检测。

2. 样品提取

称取 5g 试样（精确至 0.01g）于 50mL 离心管中，加入 20mL 乙腈 - 水溶液（84+16）或甲醇 - 水溶液（70+30），涡旋混匀，置于超声波 / 涡旋振荡器或摇床中振荡 20min（或用均质器均质 3min），在 6000r/min 下离心 10min，取上清液备用。

3. 样品净化

（1）上样液的准备

准确移取 4mL 上述上清液，加入 46mL 1% Triton X-100（或吐温 -20）的磷酸盐缓冲液 PBS（使用甲醇 - 水溶液提取时可减半加入），混匀。

（2）免疫亲和柱的准备

将低温下保存的免疫亲和柱恢复至室温。

（3）试样的净化

免疫亲和柱内的液体放弃后，将上述样液移至 50mL 注射器筒中，调节下滴速度，控制样液以 1~3mL/min 的速度稳定下滴。待样液滴完后，往注射器筒内加入 2×10mL 水，以稳定流速淋洗免疫亲和柱。待水滴完后，用真空泵抽干亲和柱。脱离真空系统，在亲和柱下部放置 10mL 刻度试管，取下 50mL 的注射器筒，2×1mL 甲醇洗脱亲和柱，控制 1~3mL/min 的速度下滴，再用真空泵抽干亲和柱，收集全部洗脱液至试管中。在 50℃下用氮气缓缓地将洗脱液吹至近干，用初始流动相定容至 1.0mL，涡旋 30s 溶解残留物，0.22μm 滤膜过滤，收集滤液于进样瓶中以备进样。

4. 标准曲线制作

分别准确移取混合标准工作液（100ng/mL）10μL、50μL、200μL、500μL、1000μL、2000μL、4000μL 至 10mL 容量瓶中，用初始流动相定容至刻度（含 AFT B_1 浓度为 0.1ng/mL、0.5ng/mL、2.0ng/mL、5.0ng/mL、10.0ng/mL、20.0ng/mL、40.0ng/mL 的系列标准溶液）。将系列标准工作溶液由低到高浓度依次进样检测，以峰面积为纵坐标、浓度为横坐标作图，得到标准曲线回归方程。

5. 样品测定

相同条件下，将样品溶液和空白溶液分别引入仪器进行测定。待测样液中待测化合物的响应值应在标准曲线线性范围内，浓度超过线性范围的样品则应稀释后重新进样分析。

6. 计算

$$X = \frac{\rho \times V_1 \times V_3 \times 1000}{V_2 \times m \times 1000}$$

式中 X——试样中 AFT B_1 的含量，单位为 μg/kg；

ρ——进样溶液中 AFT B_1 按照外标法在标准曲线中对应的浓度，单位为 ng/mL；

V_1——试样提取液体积（植物油脂、固体、半固体按加入的提取液体积；酱油、醋按定容总体积），单位为 mL；

V_3——样品经免疫亲和柱净化洗脱后的最终定容体积，单位为 mL；

V_2——用于免疫亲和柱的分取样品体积，单位为 mL；

1000——换算系数；

m——试样的称样量，单位为 g。

计算结果保留三位有效数字。

在重复性条件下获得的两次独立测定结果的绝对差值不得超过算术平均值的 20%。

三、数据记录与处理

将花生油中黄曲霉毒素 B_1 的测定原始数据填入表 3-5 中。

表 3-5 花生油中黄曲霉毒素 B_1 的测定原始记录表

工作任务								样品名称	
接样日期								检验日期	
检验依据									
标准曲线制作	标准使用液浓度/（ng/mL）								
	编号	1	2	3	4	5	6	7	
	取标液体积/μL								
	相当于黄曲霉毒素 B_1 浓度/（ng/mL）								
	峰面积								
标准曲线方程及相关系数									
样品质量 m/g									
试样提取液体积 V_1/mL									
用于免疫亲和柱的分取样品体积 V_2/mL									
样品经免疫亲和柱净化洗脱后的最终定容体积 V_3/mL									
计算公式									
试样中 AFT B_1 的含量 X/（μg/kg）									
试样中 AFT B_1 含量平均值 $\overline{X}$/（μg/kg）									
标准规定分析结果的精密度									
本次实验分析结果的精密度									
判定依据									
判定结果									
检验结论									
检测人：								校核人：	

四、任务评价

按照表 3-6 评价学生工作任务完成情况。

表 3-6　任务考核评价指标

序号	工作任务	评价指标	配分	得分
1	检测方案制订	（1）正确选用检测标准及检测方法 （2）检测方案制订合理规范	5	
2	样品处理	样品提取：采用振荡提取、玻璃纤维滤纸过滤	10	
		正确使用免疫亲和色谱净化	10	
		正确进行氮吹浓缩定容	5	
3	标准系列溶液制备	（1）正确使用移液管 （2）正确配制标准系列溶液，标液不得污染	10	
4	仪器使用	（1）仪器检查与开机 （2）色谱条件优化	10	
5	标准曲线制作	（1）正确绘制标准曲线 （2）正确求出峰面积与黄曲霉毒素 B_1 浓度关系的一元线性回归方程	10	
6	样品测定（上机测量）	（1）能够正确操作仪器 （2）正确测量标样、样品液和空白	10	
7	数据处理	（1）原始记录及时规范整洁 （2）有效数字保留准确 （3）标准曲线相关系数高 （4）计算正确，测定结果准确，平行测定相对偏差≤20%	10	
8	其他操作	（1）工作服整洁，能够正确进行标识 （2）操作时间控制在规定时间里 （3）及时收拾清洁、回收玻璃器皿及仪器 （4）注意操作文明和操作安全	5	
9	综合素养	（1）积极主动参与工作，能吃苦耐劳，崇尚劳动光荣，弘扬工匠精神 （2）服从安排，顾全大局，积极与小组成员合作，共同完成工作任务 （3）能有效利用网络、图书资源、工作手册等快速查阅获取所需信息 （4）能发现问题、提出问题、分析问题、解决问题、创新问题	15	
		合计	100	

任务 3-2　农产品食品中玉米赤霉烯酮的测定

【任务描述】

某养猪场饲养的仔猪集中性出现出生后阴户红肿、八字腿和产房腹泻等症状，给猪场造成了很大损失，虽然用多种抗毒、抗菌止痢药进行治疗，但病情仍不见明显好转。经调查发现作为饲料的玉米中有很多霉变、破碎的玉米粒，颜色淡红色，属于典型的霉变现象。结合猪群的临床症状，诊断为玉米赤霉烯酮中毒。

请你抽检该养猪场的库存玉米样品，确定其中玉米赤霉烯酮的含量，并出具检测报告。

【任务目标】

[知识目标]

① 了解农产品食品中玉米赤霉烯酮污染的来源、危害及其在农产品食品中的限量指标。
② 掌握农产品食品中玉米赤霉烯酮的测定方法。
③ 掌握液相色谱法测定玉米赤霉烯酮含量的流程及操作注意事项。

[技能目标]

① 能对不同类型样品进行预处理。
② 会正确使用液相色谱。
③ 会用液相色谱法测定农产品食品中玉米赤霉烯酮含量。

[职业素养目标]

① 具备爱岗敬业和尊重科学的职业精神。
② 具备创新思维。

【知识准备】

一、概述

1. 玉米赤霉烯酮的来源、结构及性质

玉米赤霉烯酮简称 ZEN，又称 F-2 毒素，它首先从有赤霉病的玉米中分离得到。其产毒菌主要是镰刀菌属（*Fusarium*）的菌株，如禾谷镰刀菌和三线镰刀菌，它能污染许多经济作物并引起全世界的食品和饲料安全问题。

玉米赤霉烯酮是一种酚的二羟基苯酸的内酯结构，分子式为 $C_{18}H_{22}O_5$。白色晶体，不溶于水、二硫化碳和四氧化碳，溶于碱性水溶液、乙醚、苯、氯仿、二氯甲烷、乙酸乙酯和酸类，微溶于石油醚。由于玉米赤霉烯酮是一种内酯的结构，因此在碱性环境的条件下可以将酯键打开，当碱的浓度下降时可将键恢复。玉米赤霉烯酮的耐热性较强，110℃下处理 1h 才被完全破坏。

玉米赤霉烯酮主要污染玉米、小麦、大米、大麦、小米和燕麦等谷物。其中玉米的阳性检出率为 45%，最高含毒量可达到 2909mg/kg；小麦的检出率为 20%，含毒量为 0.364～11.05mg/kg。

2. 玉米赤霉烯酮的危害

玉米赤霉烯酮具有雌激素作用，主要作用于生殖系统，可使家畜、家禽和实验小鼠产生雌性激素亢进症。妊娠期的动物（包括人）食用含玉米赤霉烯酮的食物可引起流产、死胎和畸胎。食用含赤霉病麦面粉制作的各种面食也可引起中枢神经系统的中毒症状，如恶心、发冷、头痛、神智抑郁和共济失调等。

3. 玉米赤霉烯酮的防毒措施

玉米赤霉烯酮在体内有一定的残留和蓄积，一般毒素代谢出体外的时间为半年之久，造成的损失大、时间长。所以，做好必要的防毒措施是十分重要的。

① 控制饲料的质量。一般玉米赤霉烯酮中毒的直接原因是饲料中有霉变的特别是由赤霉污染的玉米、小麦、大豆等。所以，在使用这些原料为主的饲料时就应当注意检测，一旦发现就不应再使用。

② 注意饲料的储藏。在南方的一些地区，高温多雨的气候为霉菌的繁殖提供了良好的环境和条件，因此，在储藏不当的时候也会引起赤霉污染现象发生。对于这些饲料，应储存在干燥通风的环境下，并采取一些人为的方法防止赤霉的污染。

③ 对于已发霉的饲料一般不再使用，如果实际条件还需要使用，可将饲料放入10%石灰水中浸泡一昼夜，再用清水反复清洗，用开水冲调后饲喂。同时应注意用量不应该超过40%。

4. 农产品食品中玉米赤霉烯酮的限量指标

玉米赤霉烯酮对动物繁殖有影响，可给畜牧业造成巨大经济损失，也越来越受到各国政府的重视。目前大部分国家对食品、谷物、饲料当中的 ZEN 含量都做了十分严格的规定（见表3-7），例如奥地利规定谷物中 ZEN 的含量不能超过 60μg/kg；巴西规定在谷物和谷类产品中 ZEN 的含量不能超过 200μg/kg；法国规定植物油和谷类当中 ZEN 的含量必须低于 200μg/kg；我国规定小麦、小麦粉、玉米、玉米面（渣、片）中 ZEN 含量不能超过 60μg/kg，饲料中 ZEN 含量不得超过 500μg/kg。

表 3-7　部分国家和地区对玉米赤霉烯酮的限量标准

国家	食品品种	允许限量/（μg/kg）
奥地利	小麦、裸麦	60
	硬麦	60
巴西	玉米	200
中国	小麦、玉米	60
法国	谷物、植物油	200
罗马尼亚	所有食品	30
俄罗斯	硬质小麦、面粉	1000
	小麦胚芽	1000
乌拉圭	玉米、大麦	200

二、农产品食品中玉米赤霉烯酮含量的测定方法

依据 GB 5009.209—2016《食品安全国家标准　食品中玉米赤霉烯酮的测定》，食品中玉米赤霉烯酮的测定方法有液相色谱法、荧光光度法、液相色谱-质谱法等。粮油及其制品中玉米赤霉烯酮的测定（液相色谱法）、粮油及其制品中玉米赤霉烯酮的快速测定可扫描二维码观看视频演示。

粮油及其制品中玉米赤霉烯酮的测定（液相色谱法）1

粮油及其制品中玉米赤霉烯酮的测定（液相色谱法）2

粮油及其制品中玉米赤霉烯酮的测定（液相色谱法）3

粮油及其制品中玉米赤霉烯酮的快速测定

玉米中玉米赤霉烯酮的测定（液相色谱法）
工作任务单

分小组完成以下任务：
① 查阅玉米赤霉烯酮的检测标准，设计检测方案。
② 准备玉米赤霉烯酮的测定所需试剂材料及仪器设备。
③ 正确对样品进行预处理。
④ 正确进行样品中玉米赤霉烯酮含量测定。
⑤ 结果记录及分析处理。
⑥ 依据《食品安全国家标准　食品中真菌毒素限量》（GB 2761—2017），判定样品中玉米赤霉烯酮含量是否合格。
⑦ 出具检验报告。

【任务实施】

一、检验工作准备

① 查阅检验标准《食品安全国家标准　食品中玉米赤霉烯酮的测定》（GB 5009.209—2016），设计液相色谱法测定玉米赤霉烯酮含量的方案。
② 准备玉米赤霉烯酮的测定所需试剂材料及仪器设备。

二、任务实施步骤

样品制备→样品净化→标准曲线制作→样品测定→计算

1. 样品制备

称取 40.0g 粉碎试样（精确到 0.1g）于均质杯中，加入 4g 氯化钠 100mL 提取液，以均质器（转速 ≥ 12000r/min）高速搅拌提取 2min，定量滤纸过滤。移取 10.0mL 滤液加入 40mL 水稀释混匀，经玻璃纤维滤纸过滤至滤液澄清，滤液备用。

2. 样品净化

将免疫亲和柱连接于玻璃注射器下，准确移取 10.0mL（相当于 0.8g 样品）上述滤液，注入玻璃注射器中。将空气压力泵与玻璃注射器连接，调节压力使溶液以 1~2 滴/s 的流速缓慢通过免疫亲和柱，直至有部分空气进入亲和柱中。用 5mL 水淋洗柱子 1 次，流速为 1~2 滴/s，直至有部分空气进入亲和柱中，弃去全部流出液。准确加入 1.5mL 甲醇洗脱，流速约为 1 滴/s。收集洗脱液于玻璃试管中，于 55℃以下氮气吹干后，用 1.0mL 流动相溶解残渣，供液相色谱测定。

3. 标准曲线制作

根据需要准确吸取适量标准储备液（100μg/mL），用流动相稀释，配制成 10ng/mL、50ng/mL、100ng/mL、200ng/mL、500ng/mL 的系列标准工作液，4℃避光保存。

将系列标准工作溶液由低到高浓度依次注入高效液相色谱仪进行检测，以峰面积为纵坐标、浓度为横坐标作图，得到标准曲线回归方程。

4. 样品测定

相同条件下，将样品溶液和空白溶液分别注入高效液相色谱仪进行测定。由标准曲线得到样品溶液中玉米赤霉烯酮的浓度。

5. 计算

$$X = \frac{\rho V \times 1000}{m \times 1000} \times f$$

式中 X——试样中玉米赤霉烯酮的含量，单位为 µg/kg；
　　ρ——试样测定液中玉米赤霉烯酮的浓度，单位为 ng/mL；
　　V——试样测定液的最终定容体积，单位为 mL；
　1000——换算系数；
　　m——试样的称样量，单位为 g；
　　f——稀释倍数。
　计算结果需扣除空白值，保留两位有效数字。
　在重复性条件下获得的两次独立测定结果的绝对差值不得超过算术平均值的 15%。

三、数据记录与处理

将玉米中玉米赤霉烯酮的测定原始数据填入表 3-8 中。

表 3-8　玉米中玉米赤霉烯酮的测定原始记录表

工作任务					样品名称			
接样日期					检验日期			
检验依据								
标准曲线制作	标准使用液浓度 /（µg/mL）							
	编号	1	2	3	4	5	6	7
	取标液体积 /µL							
	相当于玉米赤霉烯酮浓度 /（ng/mL）							
	峰面积							
标准曲线方程及相关系数								
样品质量 m/g								
试样测定液的最终定容体积 V/mL								
试样测定液中玉米赤霉烯酮的浓度 ρ/（ng/mL）								
稀释倍数 f								
计算公式								
试样中玉米赤霉烯酮的含量 X/（µg/kg）								
试样中玉米赤霉烯酮含量平均值 $\overline{X}$/（µg/kg）								
标准规定分析结果的精密度								
本次实验分析结果的精密度								
判定依据								
判定结果								
检验结论								
检测人：					校核人：			

四、任务评价

按照表3-9评价学生工作任务完成情况。

表3-9 任务考核评价指标

序号	工作任务	评价指标	配分	得分
1	检测方案制订	（1）正确选用检测标准及检测方法 （2）检测方案制订合理规范	5	
2	样品处理	（1）样品提取，采用振荡提取、玻璃纤维滤纸过滤 （2）正确使用免疫亲和色谱净化 （3）正确进行氮吹浓缩定容	25	
3	标准系列溶液制备	（1）正确使用移液管 （2）正确配制标准系列溶液，标液不得污染	10	
4	仪器使用	（1）仪器检查与开机 （2）色谱条件优化	10	
5	标准曲线制作	（1）正确绘制标准曲线 （2）正确求出峰面积与玉米赤霉烯酮浓度关系的一元线性回归方程	10	
6	样品测定（上机测量）	（1）能够正确操作仪器 （2）正确测量标样、样品液和空白	10	
7	数据处理	（1）原始记录及时规范整洁 （2）有效数字保留准确 （3）标准曲线相关系数高 （4）计算正确，测定结果准确，平行测定相对偏差≤20%	10	
8	其他操作	（1）工作服整洁，能够正确进行标识 （2）操作时间控制在规定时间里 （3）及时收拾清洁、回收玻璃器皿及仪器 （4）注意操作文明和操作安全	5	
9	综合素养	（1）积极主动参与工作，能吃苦耐劳，崇尚劳动光荣，弘扬工匠精神 （2）服从安排，顾全大局，积极与小组成员合作，共同完成工作任务 （3）能有效利用网络、图书资源、工作手册等快速查阅获取所需信息 （4）能发现问题、提出问题、分析问题、解决问题、创新问题	15	
		合计	100	

任务3-3 农产品食品中赭曲霉毒素的测定

【任务描述】

豆面不同于小麦粉，国内认可度不是很高，但豆面含有丰富的维生素和人体必需的氨基酸、无机盐等。某食品公司新购进一批豆面作为生产原料，但由于储存期间条件不符合要求，产品水分多，存放温度高，该批豆面疑似产生霉变，请你抽检这批豆面样品，确定其中赭曲霉毒素 A 是否超标，并出具检测报告。

【任务目标】

[知识目标]

① 了解农产品食品中赭曲霉毒素污染的来源、危害及其在农产品食品中的限量指标。
② 掌握农产品食品中赭曲霉毒素的测定方法。
③ 掌握免疫亲和色谱净化液相色谱法测定赭曲霉毒素 A 含量的流程及操作注意事项。

[技能目标]

① 能对不同类型样品进行预处理。
② 会正确使用液相色谱。
③ 会用免疫亲和色谱净化液相色谱法测定农产品食品中赭曲霉毒素 A 含量。

[职业素养目标]

① 具备专业的职业素养和遵纪守法的坚定信念。
② 具备探索和创新意识。

【知识准备】

一、概述

1. 赭曲霉毒素的分类、结构及性质

赭曲霉毒素（ochratoxin）是继黄曲霉毒素后又一个引起世界广泛关注的霉菌毒素，它是一类由苯丙氨酸与异香豆素组成的结构类似的聚酮类化合物（见图 3-3），由曲霉菌和青霉菌产生的真菌毒素，依其发现顺序分别称为赭曲霉毒素 A（OTA）、赭曲霉毒素 B（OTB）、赭曲霉毒素 C（OTC）和赭曲霉毒素 D（OTD）。其中毒性最大、分布最广的是赭曲霉毒素 A。

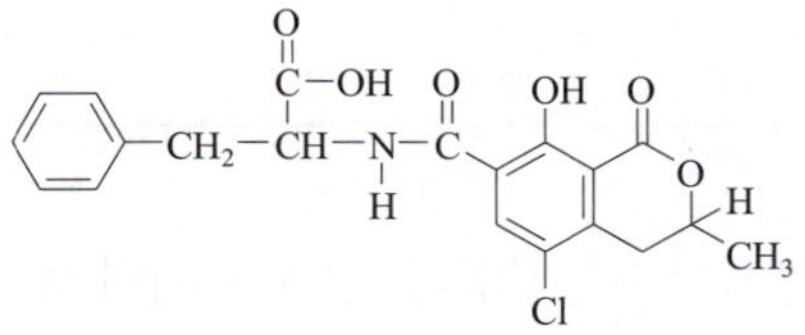

图 3-3 赭曲霉毒素 A 的结构式

赭曲霉毒素 A 是一种无色结晶化合物。可溶于极性有机溶剂和稀碳酸氢钠溶液，微溶于水，有很强的化学稳定性和热稳定性，甚至 250℃ 下也不能完全破坏。

发酵大约可以降解 70% 的毒素。98% 的赭曲霉毒素可以被瘤胃微生物降解，赭曲霉毒素在猪肉、猪肾、猪肝中的稳定性也非常高，烹饪对毒素造成的损失很小。因而在人的食物链中 OTA 的危害不容小觑。

2. 赭曲霉毒素的污染及危害

由于赭曲霉毒素 A 产生菌广泛分布于自然界，因此包括粮谷类、干果、葡萄及葡萄酒、咖啡、可可和巧克力、中草药、调味料、罐头食品、油、橄榄、豆制品、啤酒、茶叶等多种农作物和食品均可被赭曲霉毒素 A 污染。

动物饲料中 OTA 的污染较为严重，动物进食被 OTA 污染的饲料后导致体内 OTA 的蓄积，而且不易被代谢降解，因此动物性食品尤其是猪的肾脏、肝脏、肌肉、血液以及乳和乳制品中常有赭曲霉毒素 A 检出。在已发现的真菌毒素家族中，根据其重要性及危害性排序，OTA 被认为是仅次于黄曲霉毒素而列第二位。

由于 OTA 可以直接污染谷类、水果等农作物，人和动物通过摄入污染的植物性食物而将其吸收入体内，同时 OTA 也可因在动物体内的蓄积作用而通过摄入动物性食物进入人体内。许多研究表明 OTA 的主要靶器官为肝和肾，用 HPLC 及 ELISA 检测也发现 OTA 进入雏鸡体内后广泛分布于各个器官，但以肝和肾居高，并有导致畸形、突变和致癌作用。为此，国际癌症研究机构（IARC）将其定为Ⅱ（B）类致癌物。

3. 农产品食品中赭曲霉毒素的限量指标

迄今为止，巴西、德国、罗马尼亚、匈牙利等国家已制定了食品、饲料及猪肾脏中 OTA 的限量标准。我国 GB 2761—2017《食品安全国家标准 食品中真菌毒素限量》对食品中赭曲霉毒素 A 的限量规定如表 3-10 所示。

表 3-10　我国部分食品中赭曲霉毒素 A 的限量

食品类别（名称）	限量 /（μg/kg）
谷物及其制品	
谷物[①]	5.0
谷物碾磨加工品	5.0
豆类及其制品	
豆类	5.0
酒类	
葡萄酒	2.0
坚果及籽类	
烘焙咖啡豆	5.0
饮料类	
研磨咖啡（烘焙咖啡）	5.0
速溶咖啡	10.0

① 稻谷以糙米计。

我国 GB 13078—2017《饲料卫生标准》中规定饲料原料和配合饲料中赭曲霉毒素 A 含量要求不得超过 100μg/kg。

二、农产品食品中赭曲霉毒素含量的测定方法

由于赭曲霉毒素 A 在粮食中的含量很低，所以检测手段要求很高。世界各国有关学者对赭曲霉毒素 A 进行了许多了研究，国内标准有 GB 5009.96—2016《食品安全国家标准 食品中赭曲霉毒素 A 的测定》、GB/T 30957—2014《饲料中赭曲霉毒素 A 的测定　免疫亲和柱净化 - 高效液相色谱法》等。

目前的检测方法主要分为两大类：确认方法和快速方法。确认方法主要基于理化仪器设备，如薄层色谱法（TLC）、气相色谱法（GC）、高效液相色谱法（HPLC）和各种联用技术如气质联用（GC-MS）、液质联用（HPLC-MS）等；快速方法主要是基于免疫化学基础上的免疫分析方法如免疫亲和柱 - 荧光检测（IAC-FLD）、酶联免疫吸附法（ELISA）和胶体金免疫色谱法等。

豆面中赭曲霉毒素 A 的测定（免疫亲和色谱净化液相色谱法）
工作任务单

分小组完成以下任务：
① 查阅赭曲霉毒素 A 的检测标准，设计检测方案。
② 准备赭曲霉毒素 A 的测定所需试剂材料及仪器设备。
③ 正确对样品进行预处理。
④ 正确进行样品中赭曲霉毒素 A 含量测定。
⑤ 结果记录及分析处理。
⑥ 依据《食品安全国家标准　食品中真菌毒素限量》（GB 2761—2017），判定样品中赭曲霉毒素 A 含量是否合格。
⑦ 出具检验报告。

【任务实施】

一、检验工作准备

① 查阅检验标准《食品安全国家标准　食品中赭曲霉毒素 A 的测定》（GB 5009.96—2016），设计免疫亲和色谱净化液相色谱法测定赭曲霉毒素 A 含量的方案。
② 准备赭曲霉毒素 A 的测定所需试剂材料及仪器设备。

二、任务实施步骤

样品制备→样品提取→样品净化→标准曲线制作→样品测定→计算

1. 样品制备

将样品全部粉碎通过试验筛（孔径 1mm），混匀后备用。

2. 样品提取

提取方法 a：称取试样 25.0g（精确到 0.1g），加入 100mL 提取液［乙腈 - 水（60+40）］，高速均质 3min 或振荡 30min，定量滤纸过滤，移取 4mL 滤液加入 26mL 磷酸盐缓冲液混合均匀，混匀后于 8000r/min 离心 5min，上清液作为滤液 A 备用。

提取方法 b：称取试样 25.0g（精确到 0.1g），加入 100mL 提取液［甲醇 - 水（80+20）］，高速均质 3min 或振荡 30min，定量滤纸过滤，移取 10mL 滤液加入 40mL 磷酸盐缓冲液稀释至 50mL，混合均匀，经玻璃纤维滤纸过滤，滤液 B 收集于干净容器中，备用。

3. 样品净化

将免疫亲和柱连接于玻璃注射器下，准确移取提取方法 a 中全部滤液 A 或提取方法 b 中 20mL 滤液 B，注入玻璃注射器中。将空气压力泵与玻璃注射器相连接，调节压力，使溶液以约 1 滴 /s 的流速通过免疫亲和柱，直至空气进入亲和柱中，依次用 10mL 真菌毒素清洗缓冲液、10mL 水先后淋洗免疫亲和柱，流速为 1～2 滴 /s，弃去全部流出液，抽干小柱。

4. 标准曲线制作

根据使用需要，准确移取一定量的赭曲霉毒素 A 标准储备液（0.1mg/mL），用流动相稀释，分别配成相当于 1ng/mL、5ng/mL、10ng/mL、20ng/mL、50ng/mL 的标准工作液。

将系列标准工作溶液由低到高浓度依次注入高效液相色谱仪，以峰面积为纵坐标、浓度为横坐标作图，得到标准曲线回归方程。

5. 样品测定

相同条件下，将样品溶液和空白溶液分别注入高效液相色谱仪进行测定。标准工作溶液和待测样液中待测化合物的响应值均应在标准曲线线性范围内，浓度超过线性范围的样品则应稀释后重新进样分析。

6. 计算

$$X = \frac{\rho \times V \times 1000}{m \times 1000} \times f$$

式中　X——试样中赭曲霉毒素 A 的含量，单位为 μg/kg；
　　　ρ——试样测定液中赭曲霉毒素 A 的浓度，单位为 ng/mL；
　　　V——试样测定液的最终定容体积，单位为 mL；
　　1000——换算系数；
　　　m——试样的称样量，单位为 g；
　　　f——稀释倍数。

计算结果需扣除空白值，保留两位有效数字。

在重复性条件下获得的两次独立测定结果的绝对差值不得超过算术平均值的 15%。

三、数据记录与处理

将豆面中赭曲霉毒素 A 的测定原始数据填入表 3-11 中。

表 3-11　豆面中赭曲霉毒素 A 的测定原始记录表

工作任务						样品名称			
接样日期						检验日期			
检验依据									
标准曲线制作	标准使用液浓度/（mg/mL）								
	编号	1	2	3	4	5	6	7	
	取标液体积/μL								
	相当于赭曲霉毒素 A 浓度/（ng/mL）								
	峰面积								
标准曲线方程及相关系数									
样品质量 m/g									
试样测定液的最终定容体积 V/mL									
试样测定液中赭曲霉毒素 A 的浓度 ρ/（ng/mL）									
稀释倍数 f									
计算公式									
试样中赭曲霉毒素 A 的含量 X/（μg/kg）									
试样中赭曲霉毒素 A 含量平均值 $\overline{X}$/（μg/kg）									
标准规定分析结果的精密度									
本次实验分析结果的精密度									
判定依据									
判定结果									
检验结论									
检测人：						校核人：			

四、任务评价

按照表 3-12 评价学生工作任务完成情况。

表 3-12　任务考核评价指标

序号	工作任务	评价指标	配分	得分
1	检测方案制订	（1）正确选用检测标准及检测方法 （2）检测方案制订合理规范	5	
2	样品处理	（1）样品提取，采用振荡提取、玻璃纤维滤纸过滤 （2）正确使用免疫亲和色谱净化 （3）正确进行氮吹浓缩定容	10 10 5	
3	标准系列溶液制备	（1）正确使用移液管 （2）正确配制标准系列溶液，标液不得污染	10	
4	仪器使用	（1）仪器检查与开机 （2）色谱条件优化	10	
5	标准曲线制作	（1）正确绘制标准曲线 （2）正确求出峰面积与赭曲霉毒素 A 浓度关系的一元线性回归方程	10	
6	样品测定（上机测量）	（1）能够正确操作仪器 （2）正确测量标样、样品液和空白	10	
7	数据处理	（1）原始记录及时规范整洁 （2）有效数字保留准确 （3）标准曲线相关系数高 （4）计算正确，测定结果准确，平行测定相对偏差≤20%	10	
8	其他操作	（1）工作服整洁，能够正确进行标识 （2）操作时间控制在规定时间里 （3）及时收拾清洁、回收玻璃器皿及仪器 （4）注意操作文明和操作安全	5	
9	综合素养	（1）积极主动参与工作，能吃苦耐劳，崇尚劳动光荣，弘扬工匠精神 （2）服从安排，顾全大局，积极与小组成员合作，共同完成工作任务 （3）能有效利用网络、图书资源、工作手册等快速查阅获取所需信息 （4）能发现问题、提出问题、分析问题、解决问题、创新问题	15	
		合计	100	

任务 3-4　农产品食品中脱氧雪腐镰刀菌烯醇的测定

【任务描述】

世界范围内谷物中脱氧雪腐镰刀菌烯醇污染相当广泛，主要原因是谷物在田间经常受到其产毒真菌禾谷镰刀菌（导致小麦赤霉病和玉米穗腐病的主要真菌之一）等真菌的侵染，在适宜的温度和湿度条件下繁殖并产毒，严重污染小麦、玉米等粮食及其制品，严重影响人和牲畜的健康。某粮油检测公司发现送检的小麦样品中赤霉病粒较多，请你检测该小麦样品的脱氧雪腐镰刀菌烯醇是否超标，并出具检测报告。

【任务目标】

[知识目标]

① 了解农产品食品中脱氧雪腐镰刀菌烯醇污染的来源、危害及其在农产品食品中的限量指标。

② 掌握农产品食品中脱氧雪腐镰刀菌烯醇的测定方法。

③ 掌握免疫亲和色谱净化高效液相色谱法测定脱氧雪腐镰刀菌烯醇含量的流程及操作注意事项。

[技能目标]

① 能对不同类型样品进行预处理。

② 会正确使用高效液相色谱。

③ 会用免疫亲和色谱净化高效液相色谱法测定农产品食品中脱氧雪腐镰刀菌烯醇含量。

[职业素养目标]

① 树立社会责任感和团队合作意识。

② 具备一丝不苟的工匠精神。

【知识准备】

一、概述

1. 脱氧雪腐镰刀菌烯醇的结构及性质

脱氧雪腐镰刀菌烯醇（deoxynivalenol，简称 DON）属于单端孢霉烯族毒素，最早于 1972 年在被感染了镰刀霉的大麦中发现，其主要产毒真菌为禾谷镰刀菌（*Fusarium. graminearum*）和黄色镰刀菌（*F. culmorum*）等，是小麦、大麦、燕麦、玉米等谷物及其制品中最常见的一类污染性真菌毒素，因其可引起人或动物的催吐现象，因此也被称为呕吐毒素（vomitoxin，VT）。

脱氧雪腐镰刀菌烯醇分子式为 $C_{15}H_{20}O_6$（见图 3-4），是一种无色针状结晶，熔点为 151～153℃，可溶于水和极性溶剂，如含水甲醇、含水乙醇或乙酸乙酯等，具有较强的热抵抗力和耐酸性，在乙酸乙酯中可长期保存；性质稳定，耐热、耐压、耐弱酸、耐储藏，一般的食品加工不能破坏其结构，加碱或高压处理才可破坏部分毒素。

2. 脱氧雪腐镰刀菌烯醇的污染

谷物脱氧雪腐镰刀菌烯醇污染在全球范围内易多发，主要原因是谷物在田间受到

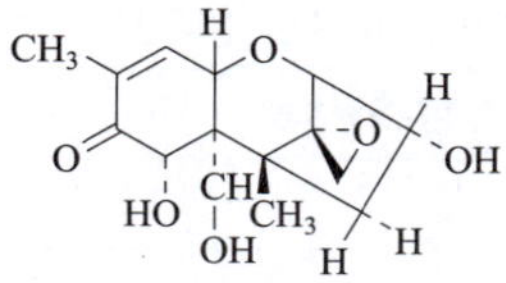

DON的结构

图 3-4　脱氧雪腐镰刀菌烯醇的结构

禾谷镰刀菌等真菌侵染，导致小麦发生赤霉病和玉米穗腐病，在适宜的气温和湿度等条件下繁殖并产脱氧雪腐镰刀菌烯醇。小麦中主要的镰刀菌毒素 DON 及其衍生物（3-ADON、15-ADON）较为普遍。由于全球气候变化，我国麦类及其他谷物赤霉病的流行主要分布于长江以南区域，每隔 3 年至 5 年一般有一次流行，在长江、淮河、黄河流域呈多发态势。遭受特大洪涝灾害时，受灾地区若是正值小麦收获季节，则暴雨使小麦的收割、脱粒等操作无法进行，导致大量小麦发霉。

谷类作物在生长、收割、仓储、加工、运输、销售等诸多环节均可能发生霉变。当人食用受霉菌，特别是镰刀霉菌污染的小麦、大米、玉米（也可能包括大麦、燕麦等）及其加工制品（如面包、饼干、馒头）时，就可能将 DON 摄入体内。

3. 脱氧雪腐镰刀菌烯醇的危害

DON 对动物和人均有一定毒性。低剂量 DON 可能引起动物的食欲下降、体重减轻、代谢紊乱等，大剂量可导致呕吐。人摄食被 DON 污染的谷物制成的食品后可能会引起呕吐、腹泻、头疼、头晕等以消化系统和神经系统为主要症状的真菌毒素中毒症，有的患者还有乏力、全身不适、颜面潮红、步伐不稳等似酒醉样症状（民间也称醉谷病）。症状一般在 2h 后可自行恢复。老人和幼童等特殊人群，或大剂量中毒者，症状会加重。

2017 年 10 月 27 日，世界卫生组织国际癌症研究机构公布的致癌物清单初步整理后，脱氧雪腐镰刀菌烯醇在 3 类致癌物清单中。

4. 脱氧雪腐镰刀菌烯醇的控制

目前公认的是赤霉病粒对于呕吐毒素有重要影响，有研究表明，麦粒 DON 含量与小麦赤霉病田间发病程度之间存在有非常显著的相关性。因此辨别和控制赤霉病粒对于呕吐毒素有重要意义。也可通过漂洗研磨、热处理、辐射处理、添加霉菌毒素吸附剂、强酸处理、强碱处理、臭氧氧化等多种方法来降低谷物和饲料中 DON 含量。

5. 农产品食品中脱氧雪腐镰刀菌烯醇的限量指标

由于 DON 污染广泛存在，很多国家和地区都按照谷物形态种类和加工用途制定了 DON 限量标准。目前世界上至少有 37 个国家和组织制定了脱氧雪腐镰刀菌烯醇的限量标准。2015 年国际食品法典委员会（CAC）首次颁布了 DON 限量标准，规定未加工的谷物中 DON 限量为 2000μg/kg，谷物制品中的限量为 1000μg/kg，谷物基婴幼儿食品中的限量为 200μg/kg。部分国家限量标准见表 3-13。

我国在《食品安全国家标准　食品中真菌毒素限量》（GB 2761—2017）标准中规定了玉米、玉米面（渣、片）、大麦、小麦、麦片、小麦粉中 DON 的允许限量≤1000μg/kg。该标准只针对原料中 DON 限量进行了控制，而未涉及制品。根据风险评估结果，食品中 DON 含量在食品安全标准规定限量范围内，并且作好原辅料把控，不会对消费者的健康构成风险。

表 3-13　部分国家脱氧雪腐镰刀菌烯醇限量标准

国家	粮谷种类	允许限量/（μg/kg）
奥地利	小麦、裸麦	500
	硬麦	700
加拿大	未清洗软质小麦	2000
	供加工婴儿食品的未清洗软质小麦	1000
	供加工麦麸的未清洗软质小麦	2000
	进口的非主食食品（按面粉或麦麸算）	1200
俄罗斯	硬质小麦、面粉、小麦胚芽	1000
美国	供人类食用的磨粉用小麦	2000
	供人类食用的小麦终产品	1000
	加工饲料用的小麦制品（猪和小动物＜10%，其他畜禽＜50%）	4000
中国	小麦、小麦粉、玉米、玉米面（渣、片）	1000

二、农产品食品中脱氧雪腐镰刀菌烯醇含量的测定方法

随着社会经济的发展，人们的生活水平不断提高，食品安全也越来越受到重视，但是全球小麦中脱氧雪腐镰刀菌烯醇的污染却较为严重，所以加强小麦中脱氧雪腐镰刀菌烯醇的残留检测尤为重要。

依据 GB 5009.111—2016《食品安全国家标准　食品中脱氧雪腐镰刀菌烯醇及其乙酰化衍生物的测定》，食品中脱氧雪腐镰刀菌烯醇的测定方法包括：同位素稀释液相色谱-串联质谱法、免疫亲和色谱净化高效液相色谱法、薄层色谱测定法、酶联免疫吸附筛查法。粮油及其制品中脱氧雪腐镰刀菌烯醇的快速测定可扫描二维码观看操作视频。

粮油及其制品中脱氧雪腐镰刀菌烯醇的快速测定

小麦中脱氧雪腐镰刀菌烯醇的测定（免疫亲和色谱净化高效液相色谱法）工作任务单
分小组完成以下任务： ① 查阅脱氧雪腐镰刀菌烯醇的检测标准，设计检测方案。 ② 准备脱氧雪腐镰刀菌烯醇的测定所需试剂材料及仪器设备。 ③ 正确对样品进行预处理。 ④ 正确进行样品中脱氧雪腐镰刀菌烯醇含量测定。 ⑤ 结果记录及分析处理。 ⑥ 依据《食品安全国家标准　食品中真菌毒素限量》（GB 2761—2017），判定样品中脱氧雪腐镰刀菌烯醇含量是否合格。 ⑦ 出具检验报告。

【任务实施】

一、检验工作准备

① 查阅检验标准《食品安全国家标准　食品中脱氧雪腐镰刀菌烯醇及其乙酰化衍生物的测定》（GB 5009.111—2016），设计免疫亲和色谱净化高效液相色谱法测定脱氧雪腐镰刀菌烯醇含量的方案。

② 准备脱氧雪腐镰刀菌烯醇的测定所需试剂材料及仪器设备。

二、任务实施步骤

样品制备→样品提取→样品净化→样品洗脱→标准曲线制作→样品测定→计算

1. 样品制备

取至少 1kg 样品，用高速粉碎机将其粉碎，过筛，使其粒径小于 0.5～1mm 孔径试验筛，混合均匀后缩分至 100g，储存于样品瓶中，密封保存，供检测用。

2. 样品提取

称取 25g（准确到 0.1g）磨碎的试样于 100mL 具塞三角瓶中，加入 5g 聚乙二醇，加水 100mL，混匀，置于超声波/涡旋振荡器或摇床中超声或振荡 20min。以玻璃纤维滤纸过滤至滤液澄清（或 6000r/min 下离心 10min），收集滤液于干净的容器中。10000r/min 离心 5min。

3. 样品净化

事先将低温下保存的免疫亲和柱恢复至室温。待免疫亲和柱内原有液体流尽后，将上述样液移至玻璃注射器筒中，准确移取上述滤液 2.0mL，注入玻璃注射器中。将空气压力泵与玻璃注射器相连接，调节下滴速度，控制样液以每秒 1 滴的流速通过免疫亲和柱，直至空气进入亲和柱中。用 5mL PBS 缓冲盐溶液和 5mL 水先后淋洗免疫亲和柱，流速约为每秒 1～2 滴，直至空气进入亲和柱中，弃去全部流出液，抽干小柱。

4. 样品洗脱

准确加入 2mL 甲醇洗脱亲和柱，控制每秒 1 滴的下滴速度，收集全部洗脱液至试管中，在 50℃下用氮气缓缓地将洗脱液吹至近干，加入 1.0mL 初始流动相，涡旋 30s 溶解残留物，0.45μm 滤膜过滤，收集滤液于进样瓶中以备进样。

5. 标准曲线制作

准确移取适量脱氧雪腐镰刀菌烯醇标准储备溶液（100μg/mL），用初始流动相稀释，配制成 100ng/mL、200ng/mL、500ng/mL、1000ng/mL、2000ng/mL、5000ng/mL 的标准系列工作液。

将系列标准工作溶液由低到高浓度依次注入高效液相色谱仪，以峰面积为纵坐标、浓度为横坐标作图，得到标准曲线回归方程。

6. 样品测定

相同条件下，将样品溶液和空白溶液分别注入高效液相色谱仪进行测定。标准工作溶液和待测样液中待测化合物的响应值均应在标准曲线线性范围内，浓度超过线性范围的样品则应稀释后重新进样分析。

7. 计算

$$X = \frac{(\rho_1 - \rho_0) \times V \times f \times 1000}{m \times 1000}$$

式中　X——试样中脱氧雪腐镰刀菌烯醇的含量，单位为 μg/kg；

ρ_1——试样中脱氧雪腐镰刀菌烯醇的质量浓度，单位为 ng/mL；

ρ_0——空白试样中脱氧雪腐镰刀菌烯醇的质量浓度，单位为 ng/mL；

V——样品洗脱液的最终定容体积，单位为 mL；

f——样液稀释因子；

1000——换算系数；

m——试样的称样量，单位为 g。

计算结果保留三位有效数字。

在重复性条件下获得的两次独立测定结果的绝对差值不得超过算术平均值的 23%。

三、数据记录与处理

将小麦粉中脱氧雪腐镰刀菌烯醇的测定原始数据填入表 3-14 中。

表 3-14 小麦中脱氧雪腐镰刀菌烯醇的测定原始记录表

工作任务								样品名称		
接样日期								检验日期		
检验依据										
标准曲线制作	标准使用液浓度 /(μg/mL)									
	编号	1	2	3	4	5	6	7		
	取标液体积 /μL									
	相当于脱氧雪腐镰刀菌烯醇浓度 /(ng/mL)									
	峰面积									
标准曲线方程及相关系数										
样品质量 m/g										
样品洗脱液的最终定容体积 V/mL										
试样中脱氧雪腐镰刀菌烯醇的质量浓度 ρ_1/(ng/mL)										
空白试样中脱氧雪腐镰刀菌烯醇的质量浓度 ρ_0/(ng/mL)										
稀释因子 f										
计算公式										
试样中脱氧雪腐镰刀菌烯醇的含量 X/(μg/kg)										
试样中脱氧雪腐镰刀菌烯醇含量平均值 $\overline{X}$/(μg/kg)										
标准规定分析结果的精密度										
本次实验分析结果的精密度										
判定依据										
判定结果										
检验结论										
检测人：								校核人：		

四、任务评价

按照表3-15评价学生工作任务完成情况。

表 3-15 任务考核评价指标

序号	工作任务	评价指标	配分	得分
1	检测方案制订	（1）正确选用检测标准及检测方法 （2）检测方案制订合理规范	5	
2	样品处理	（1）样品提取，采用振荡提取、玻璃纤维滤纸过滤 （2）正确使用免疫亲和色谱净化 （3）正确进行氮吹浓缩定容	10 10 5	
3	标准系列溶液制备	（1）正确使用移液管 （2）正确配制标准系列溶液，标液不得污染	10	
4	仪器使用	（1）仪器检查与开机 （2）色谱条件优化	10	
5	标准曲线制作	（1）正确绘制标准曲线 （2）正确求出峰面积与脱氧雪腐镰刀菌烯醇浓度关系的一元线性回归方程	10	
6	样品测定（上机测量）	（1）能够正确操作仪器 （2）正确测量标样、样品液和空白	10	
7	数据处理	（1）原始记录及时规范整洁 （2）有效数字保留准确 （3）标准曲线相关系数高 （4）计算正确，测定结果准确，平行测定相对偏差≤20%	10	
8	其他操作	（1）工作服整洁，能够正确进行标识 （2）操作时间控制在规定时间里 （3）及时收拾清洁、回收玻璃器皿及仪器 （4）注意操作文明和操作安全	5	
9	综合素养	（1）积极主动参与工作，能吃苦耐劳，崇尚劳动光荣，弘扬工匠精神 （2）服从安排，顾全大局，积极与小组成员合作，共同完成工作任务 （3）能有效利用网络、图书资源、工作手册等快速查阅获取所需信息 （4）能发现问题、提出问题、分析问题、解决问题、创新问题	15	
		合计	100	

科普视频：
让水稻小麦
得赤霉病的
是什么菌？
（食品伙
伴网）

科普视频：
黄曲霉毒素
（食品伙
伴网）

科普视频：
赭曲霉毒素
（食品伙
伴网）

科普视频：
玉米赤霉烯
酮（食品伙
伴网）

> **拓展资源**

《中华人民共和国食品安全法》第一百一十二条：县级以上人民政府食品安全监督管理部门在食品安全监督管理工作中可以采用国家规定的快速检测方法对食品进行抽查检测。对抽查检测结果表明可能不符合食品安全标准的食品，应当依照本法第八十七条的规定进行检验。抽查检测结果确定有关食品不符合食品安全标准的，可以作为行政处罚的依据。

胶体金速测卡快速检测玉米中的黄曲霉毒素B_1

一、材料与设备

玉米粉、80%甲醇-水溶液、黄曲霉毒素B_1快速检测卡试剂盒，包括快速检测试纸条、样品稀释液、微孔试剂、记号笔、量筒、烧杯、移液器、天平、50mL离心管、离心机、涡旋振荡器等。

试剂：去离子水、石油醚、甲醇、黄曲霉毒素总量ELISA检测试剂盒等。

二、试剂配制

首先向100mL量筒中加入20mL蒸馏水，然后加入80mL甲醇溶液，定容后将甲醇混合液转移到烧杯中，搅拌均匀后待用。

三、样品前处理

首先，调好天平后，准确称取处理后的玉米粉5.0g，放置于50mL具塞离心管中，同样方法再称取玉米粉2份备用，并用记号笔做好标记，以免混淆。分别向3支离心管中加入10mL 80%甲醇溶液，在涡旋振荡器上振荡3min，充分混匀后在4000r/min条件下，离心5min，取上清液100μL于ep管中，加入样品稀释液200μL，混匀后待测。

四、检测

从试剂桶中取出微孔试剂，用移液器吸取待检样品溶液150μL，加入到微孔中，缓慢抽吸至检测样品与微孔试剂充分混匀，大约5~6次，开始计时，在室温（20~25℃）条件下孵育3min，从试剂桶中取出所需数量的试纸条并按规定方向插入微孔试剂中，室温（20~25℃）孵育8min后，取出试纸条进行结果判断。

五、结果判定

① 阴性：检测线T和控制线C都显色，表明样品中黄曲霉毒素B_1的含量低于检测限；

② 阳性：控制线C显色，检测线T不显色，表明样品中黄曲霉毒素B_1的含量高于检测限；

无论样品中黄曲霉毒素B_1的含量高低，质控线（C线）均显色，以示检测有效，否则检测无效（图3-5）。

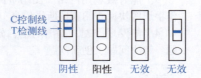

图3-5 结果判定示意图

巩固练习

一、单选题

1. 黄曲霉毒素对（　　）比较稳定，一旦产生便很难消除。
   A. 光、热和酸都　　　　　　B. 酸
   C. 热　　　　　　　　　　　D. 光
2. 目前，黄曲霉毒素已发现的十多种中毒性最大的是（　　）。
   A. 黄曲霉毒素 G_2　　　　　B. 黄曲霉毒素 B_1
   C. 黄曲霉毒素 G_1　　　　　D. 黄曲霉毒素 B_2
3. 在霉变粮食中含有的大量黄曲霉毒素主要作用于（　　）。
   A. 肾脏　　　B. 大脑　　　C. 心血管　　　D. 肝脏
4. 黄曲霉毒素最可能存在于（　　）。
   A. 腐烂水果　B. 自溶肉类　C. 霉变粮食　D. 不新鲜鸡蛋
5. 控制黄曲霉毒素污染粮食的方法，可行的是（　　）。
   A. 加热　　　B. 精深加工　C. 干制　　　D. 浸泡
6. 使用免疫亲和柱对黄曲霉毒素进行净化和富集，采用的原理是（　　）。
   A. 抗原抗体特异性可逆结合　　B. 体积排阻
   C. 吸附 - 解析　　　　　　　　D. 相似相溶
7. 发霉且生成黑斑的甘薯中含有的霉菌毒素是（　　）。
   A. 伏马菌素　　　　　　　　B. 黄曲霉毒素 B_1
   C. 甘薯酮、甘薯宁　　　　　D. 玉米赤霉烯酮
8. 下列畜禽中对呕吐毒素毒性最敏感的动物是（　　）。
   A. 鸭　　　　B. 猪　　　　C. 羊　　　　D. 鸡
9. 动物经口摄入低剂量的赭曲霉毒素损伤的主要器官/组织是（　　）。
   A. 肾脏　　　B. 肝脏　　　C. 心脏　　　D. 肠道
10. 具有雌激素样作用的霉菌毒素为（　　）。
    A. 麦角碱　　B. 赭曲霉素　C. 玉米赤霉烯酮　D. 雪腐镰刀菌烯醇

二、多选题

1. 霉菌产毒的条件主要包括（　　）。
   A. 基质　　　B. 通风情况　C. 水分　　　D. 湿度
2. 呕吐毒素中毒的典型症状有（　　）。
   A. 肺水肿　　　　　　　　B. 采食量降低
   C. 呕吐　　　　　　　　　D. 胃黏膜、肠道上皮细胞脱落及肠道出血
3. 黄曲霉毒素可选用的测定方法有（　　）。
   A. 液相色谱 - 串联质谱法　　B. 薄层色谱法
   C. 酶联免疫吸附法　　　　　D. 配有荧光检测器的高效液相色谱法

三、判断题

1. 加热可破坏霉变粮食中的黄曲霉素。

2. 一种产毒霉菌可产生几种霉菌毒素,一种霉菌毒素也可由多种产毒霉菌产生。
3. 单端孢霉烯族毒素的主要产生菌为单端孢霉烯属霉菌。
4. 真菌和真菌毒素的食品卫生学意义包括真菌污染引起食品变质和真菌毒素引起人畜中毒。
5. 粮油食品中黄曲霉毒素 M_1 污染最常见,其毒性最强,常作为污染监测指标。

四、简答题
1. 简述黄曲霉毒素对食品的污染、毒性及通常采取的预防措施。
2. 简述降低食品中呕吐毒素含量的措施。

模块四

农药残留量检测

 案例引入

  农药是当前农业生产用于防治病、虫、杂草对农作物危害不可缺少的物质，对促进农业增产有极其重要的作用。随着农业科学技术的发展，化学农药的品种和数量不断增加，喷施农药已成为防治病虫害的主要手段，但是长时间摄入残留农药会影响人体健康，因此能否安全合理使用农药成为关键问题。农业农村部会同国家卫生健康委员会、国家市场监督管理总局2021年发布新版《食品安全国家标准　食品中农药最大残留限量》(GB 2763—2021)，标准规定了564种农药在376种(类)食品中10092项最大残留限量，全面覆盖我国批准使用的农药品种和主要植物源性农产品。

模块导学

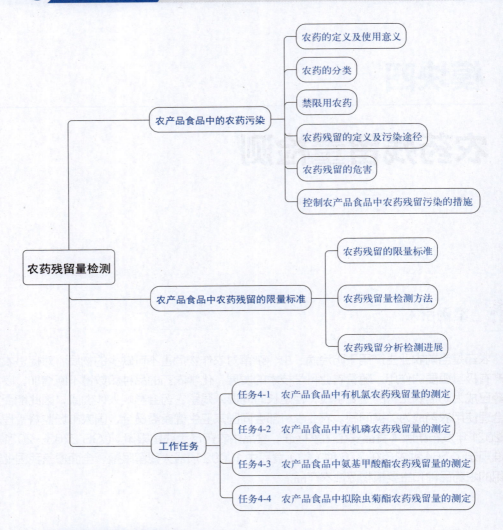

学习目标

① 了解农药残留的来源、危害及防治措施。

② 能够查阅农产品食品中农药残留的限量指标，并能够按照标准检测农产品食品中有机磷、有机氯、氨基甲酸酯、拟除虫菊酯等农药的残留量。

③ 具备严谨细致、诚实守信、实事求是的职业素质。

> 任务资讯

知识点 4-1　农产品食品中的农药污染

一、农药的定义及使用意义

农药是指用于预防、消灭或者控制危害农业、林业的病、虫、草和其他有害生物以及有目的地调节植物、昆虫生长的药物的统称。

农药具有的优点有：见效快，防治效果高，可以在短期内基本上或充分地消灭与控制作物的危害对象；防治面广，对不同种类的防治对象可选用不同种类的农药；受环境条件的影响相对地来说比其他一些防治措施要小；化学农药的产量可以人为地控制等。

我国是个农业大国，农药在农业生产中起着至关重要的作用。据统计，农药的使用可使水果增产40%、棉花增收20%、粮食增收10%。鉴于在控制和预防农作物病虫害、杂草、鼠危害，促进农作物增产高产作出的巨大的贡献，农药的研发、生产和使用在可预见的将来仍会得到持续发展。

二、农药的分类

我国现有农药有效成分600余种，其中常用的有300余种，绝大部分为化学合成农药。

根据用途可分为：杀虫剂（包括杀螨剂、杀软体动物剂）、杀菌剂（包括杀线虫剂）、杀鼠剂、除草剂、植物生长调节剂等。

根据化学结构可分为：有机氯类、有机磷类、氨基甲酸酯类、拟除虫菊酯类、酰胺类、三唑类、烟碱类等。

根据毒性可分为：高毒、中毒、低毒三类。

在我国农药中，70%为有机磷农药，而在我国生产使用的有机磷农药中，70%为剧毒、高毒类，而且较多是禁止在蔬菜作物上使用的。

根据加工剂型可分为：可湿性粉剂、可溶性粉剂、水分散粒剂、乳油、悬浮剂、微乳剂、水乳剂、颗粒剂、种子处理干粉剂、种子处理悬浮剂和烟剂等。

根据药剂的作用方式可分为：触杀剂、胃毒剂、熏蒸剂、内吸剂、引诱剂、趋避剂、拒食剂、不育剂。

根据在植物体内残留时间的长短可分为：高、中、低残留。

常用的农药主要有有机氯、有机磷、氨基甲酸酯类、拟除虫菊酯等四类。

三、禁限用农药

《农药管理条例》规定，农药生产应取得农药登记证和生产许可证，农药经营应取得经营许可证，农药使用应按照标签规定的使用范围、安全间隔期用药，不得超范围用药。剧毒、高毒农药不得用于防治卫生害虫，不得用于蔬菜、瓜果、茶叶、菌类、中草药材的生产，不得用于水生植物的病虫害防治。

模块四　农药残留量检测

1. 禁止（停止）使用的农药（50种）

六六六、滴滴涕、毒杀芬、二溴氯丙烷、杀虫脒、二溴乙烷、除草醚、艾氏剂、狄氏剂、汞制剂、砷类、铅类、敌枯双、氟乙酰胺、甘氟、毒鼠强、氟乙酸钠、毒鼠硅、甲胺磷、对硫磷、甲基对硫磷、久效磷、磷胺、苯线磷、地虫硫磷、甲基硫环磷、磷化钙、磷化镁、磷化锌、硫线磷、蝇毒磷、治螟磷、特丁硫磷、氯磺隆、胺苯磺隆、甲磺隆、福美胂、福美甲胂、三氯杀螨醇、林丹、硫丹、溴甲烷、氟虫胺、杀扑磷、百草枯、2,4-滴丁酯、甲拌磷、甲基异柳磷、水胺硫磷、灭线磷。

注：2,4-滴丁酯自2023年1月23日起禁止使用。溴甲烷可用于"检疫熏蒸处理"。杀扑磷已无制剂登记。甲拌磷、甲基异柳磷、水胺硫磷、灭线磷，自2024年9月1日起禁止销售和使用。

2. 在部分范围禁止使用的农药（表4-1）

表4-1 在部分范围禁止使用的农药

通用名	禁止使用范围
甲拌磷、甲基异柳磷、克百威、水胺硫磷、氧乐果、灭多威、涕灭威、灭线磷	禁止在蔬菜、瓜果、茶叶、菌类、中草药材上使用，禁止用于防治卫生害虫，禁止用于水生植物的病虫害防治
甲拌磷、甲基异柳磷、克百威	禁止在甘蔗作物上使用
内吸磷、硫环磷、氯唑磷	禁止在蔬菜、瓜果、茶叶、中草药材上使用
乙酰甲胺磷、丁硫克百威、乐果	禁止在蔬菜、瓜果、茶叶、菌类和中草药材上使用
毒死蜱、三唑磷	禁止在蔬菜上使用
丁酰肼（比久）	禁止在花生上使用
氰戊菊酯	禁止在茶叶上使用
氟虫腈	禁止在所有农作物上使用（玉米等部分旱田种子包衣除外）
氟苯虫酰胺	禁止在水稻上使用

很多人普遍认为需要检测的农药残留项目都是目前可以使用的农药种类。事实上并非如此，在数目众多的农药残留检测项目里，重点监测的几类农残，往往是早已被全球禁用的。原因就是它们拥有超长的残效期。六六六、滴滴涕就属于这一类。据已有资料，六六六中的主要异构体 α-HCH 的氢解半衰期为26年，水解半衰期为64年，而它却是六六六所有异构体中最不稳定、降解速率最快的一种。另外，滴滴涕在自然环境中降解95%则需要30年。由此可见，在没有人类干预的情况下，仅仅靠大自然的力量去降解这些农药残留，需要付出的时间是无比漫长的。因此，尽管它们已被禁用30多年，但是至今在我国部分地区的土壤、水体和生物中仍然维持着一定量的残留水平。这些残留在自然环境中的农药，不仅污染环境，还能通过食物链的富集作用，危害动植物。

四、农药残留的定义及污染途径

农药残留是指农药使用后一个时期内，没有被分解而残留于生物体、收获物、土壤、水体、大气中的微量农药原体、有毒代谢物、降解物和杂质的总称。

农药残留量是指农药本体物及其代谢物的残留的总和，表示的单位为 mg/kg。

农药在生产和使用中，可经呼吸道、皮肤等进入人体，主要是通过食物进入人体，占进入人体总量的 90% 左右。其污染食品的主要途径有以下几种：

（1）喷洒作物

为防治农作物病虫害使用农药，直接污染食用作物，但农药在食用作物上的残留受农药的品种、浓度、剂型、施用次数、施药的方法、施药的时间、气象条件、植物的品种以及生长发育阶段等多种因素的影响。

（2）植物根部吸收

据研究证实，喷洒农药后有 40%～60% 的农药降落在土壤中，土壤中的农药可通过植物的根系吸收转移至植物组织内部和食物中，土壤中农药污染量越高，食物中的农药残留量也越高，但还受植物的品种、根系分布等多种因素的影响。

（3）空中随雨雪降落

喷洒农药后，有一小部分以极细的微粒飘浮于大气中，长时间随雨雪降落到土壤和水域，也能造成食品的污染。

（4）食物链富集

农药对水体造成污染后，使水生生物长期生活在低浓度的农药中，水生生物通过多种途径吸收农药，通过食物链可逐级浓缩，尤其是一些有机氯农药和有机汞农药等。这种食物链的生物浓缩作用，可使水体中微小的污染导致食物的严重污染。

（5）运输和贮存中混放

食品在运输中由于运输工具、车船等装运过农药未予清洗以及食品与农药混运，可引起农药的污染。另外，食品在贮存中与农药混放，尤其是粮仓中使用的熏蒸剂没有按规定存放，也可导致污染。

（6）违反农药使用规范

农药对蔬菜瓜果污染的根本原因是部分农民违反农药使用规范，滥用高毒和剧毒农药或接近收获期使用农药。出现农药污染最多的蔬菜瓜果也是易于生虫，生虫后难于防治的品种。根据各地蔬菜市场农药监测综合分析，农药污染较重的蔬菜有白菜类（小白菜、青菜、鸡毛菜）、韭菜、黄瓜、甘蓝、花椰菜、菜豆、豇豆、苋菜、茼蒿、番茄、茭白等，其中韭菜、小白菜、油菜受到农药污染的比例最大。青菜虫害小菜蛾耐药性较强，普通杀虫剂效果差，种植者为了尽快杀灭小菜蛾，不择手段使用高毒农药；韭菜虫害韭蛆常生长在菜体内，表面喷洒杀虫剂难以起作用，所以部分菜农用大量高毒杀虫剂灌根，而韭菜具有的内吸毒特征使得毒物遍布整个株体，另一方面，部分农药和韭菜中含有的硫结合，毒性增强。

五、农药残留的危害

1. 人体危害

长期进食农药污染的不合格食物会产生慢性农药中毒，影响人的神经功能等；严重时会引起头昏多汗、全身乏力，继而出现恶心呕吐、腹痛腹泻、流涎胸闷、视力模糊、瞳孔缩小等症状，还会诱发癌症，甚至影响到下一代。

2. 环境危害

污染大气、水环境，造成土壤板结；增强病菌、害虫对农药的抗药性；杀伤有益生物；造成野生生物和畜禽中毒。

3. 其他危害

滥用农药导致害虫产生抗药性，缩短产品使用寿命；滥用农药导致用量不断加大，造成恶性循环。

六、控制农产品食品中农药残留污染的措施

1. 加强对农药生产和经营的管理

建立农药注册制度是加强农药管理最重要的措施。我国已于1982年及2017年分别颁布了《农药登记规定》和新版《农药管理条例》，未经批准登记的农药不得生产、销售和使用。

2. 安全合理使用农药

我国已颁布了GB/T 8321《农药合理使用准则》和NY/T 1276—2007《农药安全使用规范　总则》，对主要作物和常用农药规定了最高用药量或最低稀释倍数、最多使用次数和安全间隔期（最后一次施药距收获期的时间），以保证农产品食品中农药残留在最大允许限量标准内。

3. 制定农产品食品中农药残留量标准，加强监测

我国经过近50年的发展和积累，在农药残留领域积累了一定的经验，制定了常用农药的残留标准和最大允许摄入量，但是由于新型农药和有害物质层出不穷，及时更新农药残留的标准检测方法和制定新的农药残留标准具有十分重要的意义。这是农产品食品中农药残留管理工作的重要组成部分，应在经常性的农产品食品卫生监督工作中加强对农药残留量的检测，严格执行我国关于农产品食品中农药残留量限量标准。

4. 研究和推广使用高效、低毒、低残留农药

研究和推广使用高效、低毒、低残留农药是当前发展的总趋势，以消除和根本解决化学农药对农产品食品和环境的污染。生物性农药是当前研究和推广的方向，利用生物体原料氨基酸、脂肪酸、碳水化合物等作为新农药，或培育捕捉害虫的昆虫类等，目前也在研究中。

5. 日常预防措施

可以采取各种方法防范中毒的发生。家庭中清除蔬菜瓜果上残留农药的简易方法有以下几种：

（1）浸泡水洗法

蔬菜污染的农药品种主要为有机磷类杀虫剂。有机磷杀虫剂难溶于水，此种方法仅能除去部分污染的农药。但水洗是清除蔬菜水果上其他污物和去除残留农药的基础方法。主要用于叶类蔬菜，如菠菜、金针菜、韭菜花、生菜、小白菜等。一般先用水冲洗掉表面污物，然后用清水浸泡，浸泡不少于10min。果蔬清洗剂可增加农药的溶出，所以浸泡时可加入少量果蔬清洗剂。浸泡后要用流水冲洗2~3遍。

（2）碱水浸泡法

有机磷杀虫剂在碱性环境下分解迅速，所以此方法是有效地去除农药污染的措施。可用于各类蔬菜瓜果。方法是先将表面污物冲洗干净，浸泡到碱水中（一般500mL水中加入碱面5~10g）5~15min，然后用清水冲洗3~5遍。

（3）去皮法

蔬菜瓜果表面农药量相对较多，所以削去皮是一种较好地去除残留农药的方法。可用于苹果、梨、猕猴桃、黄瓜、胡萝卜、冬瓜、南瓜、西葫芦、茄子、萝卜等。处理时要防止去过皮的蔬菜瓜果混放，再次污染。

（4）贮存法

农药在环境中随时间能够缓慢地分解为对人体无害的物质，所以对易于保存的瓜果蔬菜可通过一定时间的存放，减少农药残留量。适用于苹果、猕猴桃、冬瓜等不易腐烂的种类。一般存放15天以上。同时建议不要立即食用新采摘的未削皮的水果。

（5）加热法

氨基甲酸酯类杀虫剂随着温度升高，分解加快。所以对一些其他方法难以处理的蔬菜瓜果可通过加热去除部分农药。常用于芹菜、菠菜、小白菜、圆白菜、青椒、菜花、豆角等。先用清水将表面污物洗净，放入沸水中2~5min捞出，然后用清水冲洗1~2遍。

综合处理：可根据实际情况，以上几种方法联合使用会起到更好的效果。

知识点 4-2　农产品食品中农药残留的限量标准

一、农药残留的限量标准

联合国粮农组织和世界卫生组织（FAO/WHO）对农药残留限量的定义为：按照良好的农业生产规范（GAP），直接或间接使用农药后，在食品和饲料中形成的农药残留物的最大浓度，单位为mg/kg。如在水体中则以mg/L来表示。当农药过量或长期施用时，导致食物中农药残存数量超过最大残留限量（MRL）时，将对人和动物产生不良影响，或通过食物链对生态系统中其他生物造成毒害。

继FAO/WHO和世界其他国家对食品中农药的最大残留限量（MRL）作出规定之后，我国也相继出台了一系列标准，如：《食品安全国家标准　食品中农药最大残留限量》（GB 2763—2021）标准中规定了覆盖13大类农产品的564种农药10092项最大残留限量（见表4-2），既包括了可食用初级农产品也包括了部分加工食品，加工食品主要包括成品粮、植物油、干制水果、干制蔬菜、坚果与籽类、饮料类、调味料以及动物源性食品等。其中蔬菜、水果农药残留限量标准约占56%（见图4-1）。这些标准的制定对指导农业生产合理使用农药，减少食品中农药残留，维持生态平衡等起了重要作用。

二、农药残留量检测方法

近年来，在茶叶、粮谷、蔬菜及水果种植中由于个别农户忽视农药的正确、合理使用，农药污染问题时有发生，农药残留量超标相当严重。如欧盟、美国、日本、加拿大等发达国家或地区，出于维护本地经济利益和保护人们健康的需要，相继对进口食品中农药残留量等卫生指标提出了越来越严格的要求。

表 4-2 我国食品中部分农药的最大残留限量（MRL）限制标准 单位：mg/kg

食品	滴滴涕	六六六	甲胺磷	马拉硫磷	对硫磷	敌敌畏	辛硫磷	溴氰菊酯	多菌灵	三唑酮
成品粮食	0.05	0.05	0.05～0.5	3.0	0.1	0.1～0.2	0.05	0.2～0.5	0.5	0.5
蔬菜水果	0.1	0.2	0.05～0.1	0.02～10	0.01	0.2	0.05	0.02～0.5	0.5	0.2
肉类	0.2	0.4	0.01	—	—	—	—	—	—	—
蛋	1.0	1.0	0.01	—	—	—	—	—	—	—
鱼类	1.0	2.0	—	—	—	—	—	—	—	—
植物油	—	—	—	13	0.1	×	—	—	—	—

注：× 为不能检出，— 为标准未定。

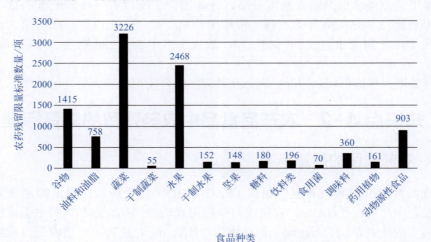

图 4-1　2021 版标准中涉及食品类别及限量数量

加入世贸组织后，因为标准不同而产生的技术壁垒，我国每年因农副产品农药残留超标造成的直接经济损失多达 70 多亿美元。鉴于此，为保障我国人民的身体健康，有效控制农药在茶叶、粮谷、蔬菜和水果等生产中的合理使用和对其残留量进行监控，满足进出口贸易的需要，大力开展农药残留量检测技术以及相关的前处理技术的研究是非常必要的。随着分离、测定技术的快速发展，尤其是多种高灵敏度和选择性检测器以及气质联用技术的成熟和普及应用，针对农药残留的研究与分析也随之发展迅速。农药残留分析主要是对农副产品、食品等测定样品中的残留农药进行定性分析和定量分析。

目前，农药残留的常用检测方法主要有两类：一类是快速检测；另一类是实验室定性定量检测。

1. 快速检测

快速检测目前主要是应用胆碱酯酶能分解乙酰胆碱或其他酯类，而有机磷和氨基甲酸酯类农药能抑制胆碱酯酶，使其分解失去活性；通过检查乙酰胆碱或其他酯类化合物的分解产物,便可判断样品中是否含有有机磷或氨基甲酸酯类农药。但是这种检测方法只能定性反映有机磷和氨基甲酸酯类农药总体残留情况,既不能准确定量,也不能区分农药种类,无法区分是违禁、高毒、中毒还是低毒农药。

快速检测的优点是:快速,能满足及时需要;方便,能用于田间、菜场等工作现场;简单,非专业人员经简单培训后即可操作;成本低。缺点是:无法测定每一种农药的含量,灵敏度较低,假阳性较高。

2. 实验室定性定量检测

目前,实验室的定性定量检测可分为两种。一种是农药单残留分析(single residue method,SRM),只能定量测定待分析样品中的一种农药或者杂质或降解、代谢产物,对于某些特殊的农药只能进行农药单残留分析,如不稳定、易挥发的,或是两性离子的,或几乎不溶于任何溶剂的,此分析方法耗费时间长且花费较大;另一种是农药多残留分析(multi-residue method,MRM),是指在一种分析中能同时进行提取、净化、定量和定性分析测定样品中的多种残留农药。多残留检测分析又分为单类型多残留检测分析、多类型多残留检测分析和未知样本农药多残留检测分析。由于分析样品用药历史的未知性,即污染源的未知性和样品种类的多样性,因此农产品农药残留检测分析以后两种为主。

主要包括两大类技术,即色谱质谱技术和光谱技术。

利用色谱质谱技术定性定量检测:利用气相色谱仪、液相色谱仪以及气质联用、液质联用等的定性定量检测,该法是目前农产品质量检测机构实验室中主要应用的农药残留检测方法。

利用光谱技术定性定量检测:主要指利用紫外或可见分光光度计或红外或近红外光谱仪检测农药残留,目前不常应用,紫外、可见分光光度计主要应用于特定的某一种农药(如多菌灵)的检测,以及快速检测用,红外、近红外光谱仪用于农药残留的检测目前主要处于研究阶段。

定性定量检测的优点是:既能定性也能定量,灵敏度高,其中气-质联用或液-质联用定性定量功能更强大。缺点是:分析时间长,不能满足即时检测的需要;仪器昂贵,且检测成本高;不方便,仪器设备对环境要求高;技术复杂,必须由专业人员操作。

三、农药残留分析检测进展

随着人们对农产品食品质量要求的提高以及当前世界农药品种的不断增多,对农药残留分析仪器以及多残留分析技术等提出了越来越高的技术适应性要求。因此,今后农药残留分析检测技术应该从以下几个方面发展:能够应用简便、快捷、成本低、结果准确可靠的分析方法进行现场快速初测,对呈阳性反应的样品进行实验室验证;着力开发使用溶剂少、系统化、微型化和自动化的前处理方法,使前处理工作具有省时省力、成本低廉的特点;广泛应用各种在线联用技术,同时使用生物技术与现代理化分析手段相结合,开发出新的分析技术,从而减少样品转移的损失和人为操作的误差。未来的分析工作者必须掌握细胞化学、免疫化学、发酵化学等相关学科,以适应农药残留分析检测新的需要。

1. 新的样品预处理技术

农药残留检测的是一个包含有各种农药和其他物质的复杂的混合体系,在检测时首要的步骤是对这一混合体系进行分离和浓缩,一个好的分离方法可以对农药残留的检测起到事半功倍的作用。在农药残留分析样品制备中,样品前处理的新技术有固相萃取、固相微萃取、基质固相分散萃取、微波辅助萃取、在线高效液相色谱萃取、超临界流体萃取等。这些新技术具有简便、快速、重复性好等特点,克服了索氏抽提、振荡提取等传统提取方法存在的诸如需要的样品分离量大、提取时间长、有机溶剂消耗量大等缺点,符合高效、环保、经济的要求。近年来,利用固相微萃取等提取技术与色谱仪器的联用实现自动化分析是当前研究的热点。

2. 快速检测技术的应用

检测常用的仪器多为大型仪器,价格昂贵、操作复杂、检测时间较长,这大大制约了农药残留检测的应用范围和检测的普及。如何应用简便快捷的分析方法进行现场快速检测,降低检测成本,缩短检测时间,是农药残留检测普及的一大难题。目前陆续出现的快速检测方法在一定程度上解决了这一问题,各种快速检测仪器的研制和发明使得现场快速检测成为现实。

3. 新的检测技术

纵观农药残留检测的发展历史,检测设备的发展趋势趋向于快速化、小型化、自动化方向。各种在线联用检测技术有效地避免了样品损失,减少中间环节的误差,必将成为农药残留检测研究的热点。

新的检测技术包括免疫分析技术(放射免疫和酶联免疫)、化学法(金属离子催化剂)、毛细管电泳技术、毛细管电泳与质谱联用技术、薄层色谱法、同位素标记法、直接光谱技术(近红外衰减全反射光谱和表面增强拉曼光谱分析技术)、生物传感器等。微生物技术与现代分析技术的结合也为农药残留检测提供了新的发展方向,但是这些检测技术由于存在重现性不佳、误差较大、适用范围小、假阳性高等缺点,需要进行进一步的研究与开发。

任务演练

任务 4-1　农产品食品中有机氯农药残留量的测定

【任务描述】

扩种增产大豆是国家提高大豆消费自给率的长期战略部署。让大豆多产出,还要卖得好,要从育种、种植、加工、销售的全链条发力,提升国产大豆产业链竞争力。黑龙江省是我国最大的优质大豆生产和供给基地,其寒地黑土、绿色有机及非转基因品牌等优势受到消费者喜爱。某检测实验室收到一批来自黑龙江的大豆油样品,客户要求对该大豆油中有机氯农药残留量进行检测,并出具检测报告。

【任务目标】

[知识目标]

① 了解农产品食品中有机氯农药的来源、危害及其在农产品食品中的限量指标。
② 掌握农产品食品中有机氯农药残留的测定方法。

③ 掌握气相色谱法测定有机氯农药残留量的流程及操作注意事项。

[技能目标]

① 会进行样品预处理，并能正确配制标准使用液。

② 会正确使用气相色谱仪。

③ 会用气相色谱法测定农产品食品中有机氯农药残留量。

[职业素养目标]

① 具有科学严谨、爱岗敬业的精神。

② 树立质量安全意识、道德意识。

【知识准备】

一、概述

1. 有机氯农药的分类及结构

有机氯农药（简称OCPs）是农药的一大类，是组成成分中含有有机氯元素的有机杀虫剂、杀菌剂。具有杀菌范围广、高效、急性毒性小、易于大量生产等特点。但由于性质稳定，残留时间长，累积浓度高，很容易污染环境、农作物和畜产品，容易引起人畜的慢性中毒。有机氯农药主要分为以苯为原料的氯代苯及其衍生物和以环戊二烯为原料的氯化甲基萘类两大类。前者如滴滴涕、六六六，以及杀螨剂三氯杀螨砜、三氯杀螨醇等，杀菌剂五氯硝基苯、百菌清、道丰宁等；后者如作为杀虫剂的氯丹、七氯、艾氏剂等。此外以松节油为原料的莰烯类杀虫剂、毒杀芬和以萜烯为原料的冰片基氯也属于有机氯农药。

2. 有机氯农药的性质

由于氯苯结构较稳定，生物体内酶难于降解，所以积存在动、植物体内的有机氯农药分子消失缓慢。由于这一特性，它通过生物富集和食物链的作用，环境中的残留农药会进一步得到浓集和扩散。通过食物链进入人体的有机氯农药能在肝、肾、心脏等组织中蓄积，特别是由于这类农药脂溶性大，所以在体内脂肪中的蓄积作用更突出。蓄积的残留农药也能通过母乳排出，或转入卵蛋等组织，影响后代。中国于20世纪60年代已开始禁止将滴滴涕、六六六用于蔬菜、茶叶、烟草等作物上。

常用有机氯农药具有下列特性：

① 蒸气压低，挥发性小，使用后消失缓慢；

② 脂溶性强，水中溶解度大多低于1μL/L；

③ 氯苯架构稳定，不易为体内酶降解，在生物体内消失缓慢；

④ 土壤微生物作用的产物，也像亲体一样存在着残留毒性，如滴滴涕经还原生成DDD，经脱氯化氢后生成DDE；

⑤ 有些有机氯农药，如滴滴涕能悬浮于水面，可随水分子一起蒸发。环境中有机氯农药，通过生物富集和食物链作用，危害生物。

3. 常见的有机氯农药

我国曾经使用较多的有机氯农药是滴滴涕和六六六。

滴滴涕、六六六具有广谱、高效、价廉、使用方便、中等毒性等优点，因而从20世纪40年代使用以来，对消灭农作物害虫、保证农业丰收、促进农业生产发挥了重要作用。使用量曾达到农药总量的 60%～70%。但是其化学性质稳定，在自然界中不易分解（在日光下分解缓慢，被微生物分解亦少，耐酸、耐热，但不耐碱），即使停用，2～6 年仍有一半残留未被分解（滴滴涕分解半量时间为 3～10 年；六六六为 2 年），因此长期使用会连年积累，致使土壤、水域、农产品中有机农药积累增多。我国已于 1983 年停止生产。

六六六，又称六氯苯、六氯环己烷，简写 BHC 或 HCH，分子式为 $C_6H_6Cl_6$。有 8 种异构体。在粮油及其加工产品中主要检测其中的甲体（α）、乙体（β）、丙体（γ）和丁体（δ）四种，其他异构体含量极少，又不重要，一般不包括在六六六总量内。

滴滴涕又称二二三，英文简写 DDT，化学名称是二氯二苯三氯乙烷，分子式为 $(C_6H_4Cl)_2CHCCl_3$。其同分异构体有邻位（o,p），对位（p,p'），工业品中无间位（m,p），在农产品食品质量安全检测中，测定的是 p,p'-DDT 和 o,p'-DDT 以及其常发现的代谢产物 p,p'-DDD 和 p,p'-DDE。图 4-2 为 HCH 和 DDT 的结构式。

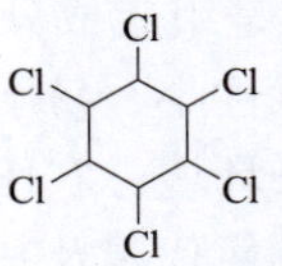

图 4-2　HCH 和 DDT 的结构式

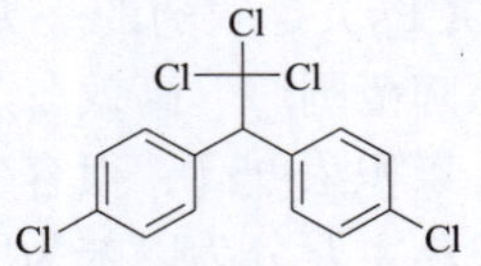

2000 年 12 月 5 日召开的有 100 多个国家参加的关于有毒化合物的全球会议达成共识，将艾氏剂、异狄式剂、毒杀芬、氯丹、狄式剂、七氯、滴滴涕、六氯苯等有机氯农药列为有必要禁止生产或使用的 12 种持久性污染物。

4. 有机氯农药的危害

人们进食残留有农药的食物后是否会出现中毒症状及出现症状的轻重程度要依农药的种类及进入体内农药的量来定。有机氯农药对人的急性毒性主要是刺激神经中枢，慢性中毒表现为食欲不振、体重减轻，文献报道，有的有机氯农药对实验动物有致癌性。

中毒者有强烈的刺激症状，主要表现为头痛、头晕、眼红充血、流泪怕光、咳嗽、咽痛、乏力、出汗、流涎、恶心、食欲不振、失眠以及头面部感觉异常等，中度中毒者除有以上症状外，还有呕吐、腹痛、四肢酸痛、抽搐、紫绀、呼吸困难、心动过速等；重度中毒者除上述症状明显加重外，尚有高热、多汗、肌肉收缩、癫痫样发作、昏迷，甚至死亡。

5. 农产品食品中有机氯农药的限量指标

我国食品中有机氯农药的允许量标准是根据毒理学评价资料和我国食物中农药残留实际情况而制定的。GB 2763—2021 标准中有关六六六、DDT 农药残留标准见表 4-3。

二、农产品食品中有机氯农药残留量的测定方法

依据 GB 5009.19—2008《食品中有机氯农药多组分残留量的测定》，食品中有机氯农药多组分残留量的测定方法主要有毛细管柱气相色谱-电子捕获检测器法、填充柱气相色谱-电子捕获检测器法。

表 4-3　部分食品中有机氯农药允许量标准　　　　　　　　　单位：mg/kg

食品类别/名称		再残留限量					
		六六六	滴滴涕	艾氏剂	狄氏剂	氯丹	林丹（γ-六六六）
谷物	稻谷	0.05	0.1	0.02	0.02	0.02	小麦 0.05 大麦、燕麦、黑麦、玉米、高粱等 0.01
	麦类						
	旱粮类						
	杂粮类		0.05				
	成品粮						
油料和油脂	大豆	0.05	0.05	0.05	0.05	0.02	

注：再残留限量是指一些持久性农药虽已禁用，但还长期存在环境中，从而再次在食品中形成残留，为控制这类农药残留物对食品的污染而制定其在食品中的残留限量，以 mg/kg 表示。

**大豆油中有机氯农药残留量的测定（气相色谱法）
工作任务单**

分小组完成以下任务：
① 查阅有机氯农药残留量测定的检验标准，设计有机氯农药残留量测定的检测方案。
② 准备有机氯农药残留量的测定所需试剂材料及仪器设备。
③ 正确对样品进行预处理。
④ 正确进行样品中有机氯农药残留量测定。
⑤ 结果记录及分析处理。
⑥ 依据《食品安全国家标准　食品中农药最大残留限量》（GB 2763—2021），判定样品中有机氯农药残留是否合格。
⑦ 出具检验报告。

【任务实施】

一、检验工作准备

① 查阅检验标准《食品中有机氯农药多组分残留量的测定》（GB 5009.19—2008），设计气相色谱法测定大豆油中有机氯农药残留量的方案。
② 准备有机氯农药残留量的测定所需试剂材料及仪器设备。

二、任务实施步骤

称量提取→净化→样品测定→计算

1. 称量提取

大豆油样品，称取具有代表性试样 1g（精确至 0.01g），直接加入 30mL 石油醚，振摇 30min 后，将有机相全部转移至旋转蒸发瓶中，浓缩至约 1mL，加 2mL 乙酸乙酯-环己烷（体积比 1:1）溶液再浓缩，如此反复 3 次，浓缩至约 1mL，供凝胶色谱净化用，或将浓缩液转移至全自动凝胶渗透色谱系统配套的进样试管中，用乙酸乙酯-环己烷（体积比 1:1）溶液洗涤旋转蒸发瓶数次，将洗涤液合并至试管中，定容至 10mL。

2. 净化

选择手动或全自动净化方法的任何一种进行。

① 手动凝胶色谱柱净化：将试样浓缩液经凝胶柱以乙酸乙酯-环己烷（体积比1∶1）溶液洗脱，弃去0～35mL馏分，收集35～70mL馏分。将其用旋转蒸发仪浓缩至约1mL，再经凝胶柱净化收集35～70mL馏分，蒸发浓缩后，用氮气吹除溶剂，用正己烷定容至1mL，供气相色谱分析用。

② 全自动凝胶渗透色谱系统净化：试样由5mL试样环注入凝胶渗透色谱（GPC）柱，泵流速5.0mL/min，以乙酸乙酯-环己烷（体积比1∶1）溶液洗脱，弃去0～7.5min馏分，收集7.5～15min馏分，15～20min冲洗GPC柱。将收集的馏分旋转蒸发浓缩至约1mL，再用氮气吹至近干，用正己烷定容至1mL，供气相色谱分析用。

3. 样品测定

① 气相色谱参考条件

色谱柱：DM-5石英弹性毛细管柱，长30m、内径0.32mm、膜厚0.25μm，或等效柱。

柱温：采用程序升温

初始温度90℃，保持1min，以40℃/min的速率升温至170℃，以2.3℃/min的速率升温至230℃，保持17min，以40℃/min的速率升温至280℃，保持5min。

进样口温度：280℃。不分流进样，进样量1μL。

检测器：电子捕获检测器（ECD），温度300℃。

载气：氮气，流速1mL/min，尾吹25mL/min。

柱前压：0.5MPa。

② 色谱分析

分别吸取1μL混合标准液及试样净化液注入气相色谱仪分离分析，记录色谱图，以保留时间定性，以试样和标准的峰高或峰面积比较定量。

4. 计算

$$X = \frac{m_1 V_1 f \times 1000}{m V_2 \times 1000}$$

式中 X——试样中各农药的含量，单位为mg/kg；

m_1——被测样液中各农药的含量，单位为ng；

V_1——样品溶液进样体积，单位为μL；

f——稀释因子；

m——试样质量，单位为g；

V_2——样品溶液最后定容体积，单位为mL。

计算结果保留两位有效数字。

在重复性条件下获得的两次独立测定结果的绝对差值不得超过算术平均值的20%。

5. 检出限

植物油脂样品的农药检出限见表4-4。

三、数据记录与处理

将大豆油中有机氯农药残留量测定的原始数据填入表4-5中。

表 4-4　植物油脂样品中不同农药的检出限　　　　　　　　　　　　单位：µg/kg

农药	检出限	农药	检出限	农药	检出限
α-六六六	0.097	艾氏剂	0.159	β-硫丹	0.246
六氯苯	0.197	氧氯丹	0.253	p,p'-滴滴滴	0.465
β-六六六	0.634	环氧七氯	0.088	o,p'-滴滴涕	0.412
γ-六六六	0.226	反氯丹	0.307	异狄氏剂醛	0.358
五氯硝酸苯	0.270	α-硫丹	0.382	硫丹硫酸盐	0.260
δ-六六六	0.179	顺氯丹	0.240	p,p'-滴滴涕	0.481
五氯苯胺	0.250	p,p'-滴滴伊	0.345	异狄氏剂酮	0.239
七氯	0.247	狄氏剂	0.137	灭蚁灵	0.127
五氯苯基硫醚	0.151	异狄氏剂	0.481		

表 4-5　大豆油中有机氯农药残留量测定原始记录表

工作任务		样品名称	
接样日期		检验日期	
检验依据			
仪器条件			
编号	1		2
保留时间 /min			
峰面积			
农药名称			
试样质量 m/g			
被测样液中各农药的含量 m_1/ng			
样品溶液进样体积 V_1/µL			
样品溶液最后定容体积 V_2/mL			
稀释因子			
计算公式			
试样中该农药的含量 X/(mg/kg)			
试样中该农药含量平均值 $\overline{X}$/(mg/kg)			
标准规定分析结果的精密度	在重复性条件下获得的两次独立测定结果的绝对差值不得超过算术平均值的 20%		
本次实验分析结果的精密度			
判定依据			
判定结果			
检验结论			
检测人：		校核人：	

模块四　农药残留量检测

四、任务评价

按照表 4-6 评价学生工作任务完成情况。

表 4-6 任务考核评价指标

序号	工作任务	评价指标	配分	得分
1	检测方案制订	（1）正确选用检测标准及检测方法 （2）检测方案制订合理规范	15	
2	样品处理	（1）称样操作规范 （2）提取试剂选择正确 （3）提取操作规范 （4）净化操作规范 （5）正确进行氮吹浓缩定容	20	
3	色谱条件选择	（1）色谱柱选择合理 （2）检测器选择合理 （3）进样口温度、检测器温度选择合理 （4）柱温选择合理 （5）载气及其流速选择合理	15	
4	样品测定（上机测量）	（1）能够正确操作仪器 （2）正确测量标样、样品液和空白	10	
5	数据处理	（1）原始记录及时规范整洁 （2）有效数字保留准确 （3）计算正确，测定结果准确，平行测定相对偏差≤20%	10	
6	其他操作	（1）工作服整洁，能够正确进行标识 （2）操作时间控制在规定时间里 （3）及时收拾清洁、回收玻璃器皿及仪器 （4）注意操作文明和操作安全	10	
7	综合素养	（1）积极主动参与工作，能吃苦耐劳，崇尚劳动光荣，弘扬工匠精神 （2）服从安排，顾全大局，积极与小组成员合作，共同完成工作任务 （3）能有效利用网络、图书资源、工作手册等快速查阅获取所需信息 （4）能发现问题、提出问题、分析问题、解决问题、创新问题	20	
		合计	100	

任务 4-2　农产品食品中有机磷农药残留量的测定

【任务描述】

某医院陆续接到 5 名食用黄瓜后中毒的患者，主要表现为头疼、恶心、腹泻等症状，经医院检查属于有机磷中毒。该批黄瓜被送到某检测实验室，请你对其中的有机磷农药残留量进行检测，并出具检测报告。

【任务目标】

[知识目标]

① 了解农产品食品中有机磷农药的来源、危害及其在农产品食品中的限量指标。
② 掌握农产品食品中有机磷农药残留的测定方法。
③ 掌握气相色谱法测定有机磷农药残留量的流程及操作注意事项。

[技能目标]

① 会进行样品预处理，并能正确配制标准使用液。
② 会正确使用气相色谱仪。
③ 会用气相色谱法测定农产品食品中有机磷农药残留量。

[职业素养目标]

① 具备诚实守信、精益求精的工匠精神。
② 树立质量安全意识、规范操作意识。

【知识准备】

一、概述

1. 有机磷农药的分类及结构

有机磷农药是指在组成上含有磷的有机杀虫剂、杀菌剂，有的还含硫、氮元素，其大部分是磷酸酯类或硫代磷酸酯类化合物，仍是当今农药的主要类别之一，它几乎遍及农药的所有领域。1937 年，Schradev 首次在拜耳实验室发现具有杀虫活性的有机磷化合物，有机磷类农药已成为杀虫剂三大支柱之一，但其残留物也带来了严重的环境污染。

（1）有机磷农药的分类

有机磷农药种类繁多，目前，世界上的有机磷农药种类已达 150 多种，在我国大量使用的有机磷农药也多达数十种，其具有广谱高效、易降解、价格低廉等优点。目前，中国有机磷农药销量占所有农药销售量的 70% 以上，其中不少品种对人、畜的急性毒性很强。政府部门也积极出台相关法令来控制和减少对环境的污染，例如，1993 年我国将敌敌畏等有机磷农药列入环境优先污染物"黑名单"，2007 年开始停止甲胺磷等高毒有机磷农药的生产和销售，2011 年进一步提出禁用和淘汰苯线磷等 10 种农药。

从结构上看，有机磷农药可分为如下 6 个主要类型：

① 磷酸酯型：久效磷、磷胺等。
② 二硫代磷酸酯型：马拉硫磷、乐果、甲拌磷、亚胺硫磷等。
③ 硫酮磷酸酯型：对硫磷、甲基对硫磷、内吸磷、杀螟硫磷等。
④ 硫醇磷酸酯型：氧化乐果、伏地松等。
⑤ 磷酰胺型：甲胺磷、乙酰甲胺磷等。

⑥磷酸酯型：敌百虫、苯腈磷等。

各种有机磷农药毒性差异较大，可分为高毒、中毒、低毒三类。

高毒类：甲拌磷、内吸磷、对硫磷、甲胺磷、磷胺等。

中毒类：甲基对硫磷、甲基内吸磷、敌敌畏等。

低毒类：敌百虫、乐果、马拉硫磷、杀螟松（杀螟硫磷）等。

（2）有机磷农药的结构

有机磷农药的结构通式为：

$$X-\underset{R'}{\overset{Y}{\underset{\|}{P}}}-R$$

其中 Y 表示 O 或 S，X 表示卤基、烷氧基或其他取代基等，R、R′ 表示甲氧基（CH_3O）或乙氧基（C_2H_5O）。

有机磷农药的分子结构分为两类：一类是 P═O，如敌敌畏、氧化乐果等；另一类是 P═S，如甲拌磷、甲基嘧啶磷等。

2. 有机磷农药的性质

有机磷农药大多呈油状或结晶状，工业品呈淡黄色至棕色，除敌百虫和敌敌畏之外，大多数有蒜臭味。一般不溶于水，易溶于有机溶剂如苯、丙酮、乙醚、三氯甲烷及油类，对光、热、氧均较稳定，遇碱易分解破坏。敌百虫例外，敌百虫为白色结晶，能溶于水，遇碱可转变为毒性较大的敌敌畏。市场上销售的有机磷农药剂型主要有乳化剂、可湿性粉剂、颗粒剂和粉剂四大剂型。近年来混合剂和复配剂已逐渐增多。

有机磷农药性质极不稳定，易分解，对光、热不稳定，在碱性环境中易水解。有机磷农药渗入作物或土壤中，经过一段时间，能在自然条件下被分解为毒性较小的无机磷。

3. 有机磷农药的危害

有机磷农药毒性较大，主要是通过皮肤接触、呼吸和直接食用等方式进入人体，经血液和淋巴循环到全身各器官和组织。有机磷农药进入神经系统后与乙酰胆碱酯酶活性中心结合生成磷酸化胆碱酯酶，磷酸化胆碱酯酶较难水解，破坏了胆碱酯酶的活性，使得乙酰胆碱在神经突触上大量积累，干扰了神经冲动的正常传导，最后导致动物体的死亡。

中毒表现如出汗、肌肉颤动、心跳加快、瞳孔缩小等，严重的可导致中枢神经系统功能失常。长期摄入有机磷农药可表现出一系列病理变化，如肝功能下降、血糖升高、白细胞吞噬功能减退等，并具有致畸、致癌、致突变作用。

4. 农产品食品中有机磷农药残留的限量指标

有机磷农药目前是我国防治多种虫害的首选农药品种。但是有机磷农药的大量使用使得农作物和果蔬表面存在有机磷农药残留，对人民群众的生活和生命安全造成严重的威胁。我国根据其毒性及残留量，制定了一系列的限量标准，GB 2763—2021 中部分粮油及其制品中有机磷农药限量标准见表 4-7。

二、农产品食品中有机磷农药残留量的测定方法

GB 5009.20—2003《食品中有机磷农药残留量的测定》标准中分别规定了水果、蔬菜、谷类、油以及肉类、鱼类中有机磷农药残留量的测定。

GB 23200.93—2016《食品安全国家标准 食品中有机磷农药残留量的测定 气相色

表4-7 部分粮油及其制品中有机磷农药允许残留标准

单位：mg/kg

农药名称	稻谷	小麦	玉米	大豆	花生仁	植物油	鳞茎类蔬菜	茎薹类蔬菜	根茎类蔬菜	叶菜类蔬菜	柑橘类水果	瓜果类水果
倍硫磷	0.05	0.05				0.01（初榨橄榄油除外）	0.05	0.05（结球甘蓝除外）	0.05		0.05	0.05
敌百虫	0.1	0.1		0.1	0.1		0.2	0.2（结球甘蓝、花椰菜、青花菜、芥蓝除外）	0.2	0.2（普通白菜、大白菜除外）	0.2	0.2
敌敌畏	0.1	0.1	0.2	0.1	0.2		0.2	0.2（结球甘蓝、花椰菜、青花菜、芥蓝除外）	0.2	0.2	0.2	0.2
毒死蜱	0.5	0.5	0.05	0.1			0.02	0.02	0.02	0.02（芹菜除外）		
对硫磷	0.1	0.1					0.01		0.01	0.01	0.01	0.01
甲基对硫磷	0.02	0.02					0.02	0.02	0.02	0.02	0.02	0.02
甲胺磷		0.05	0.05	0.05	0.1	0.05	0.05	0.05	0.05（萝卜除外）	0.05	0.05	0.05
甲拌磷	0.05	0.02					0.01	0.01	0.01	0.01	0.01	0.01
乐果	0.05	0.05	0.5（鲜食玉米）	0.05			0.01	0.01（皱叶甘蓝除外）	0.01	0.01	0.01	0.01
氧乐果		0.02		0.05			0.02	0.02	0.02	0.02	0.02	0.02
马拉硫磷	8	8	0.5（鲜食玉米）	8	0.05							
灭线磷		0.05		0.05	0.02		0.02	0.02	0.02	0.02	0.02	0.02
杀螟硫磷	5	5		5			0.5	0.5（结球甘蓝除外）	0.5	0.5	0.5	0.5

粮油及其制品中有机磷农药残留量的测定

谱-质谱法》标准规定了进出口动物源食品中 10 种有机磷农药残留量（敌敌畏、二嗪磷、皮蝇磷、杀螟硫磷、马拉硫磷、毒死蜱、倍硫磷、对硫磷、乙硫磷、蝇毒磷）的气相色谱-质谱检测方法。粮油及其制品中有机磷农药残留量的测定可扫描二维码观看操作视频。

黄瓜中有机磷农药残留量的测定（气相色谱法） 工作任务单
分小组完成以下任务： ① 查阅有机磷农药残留量测定的检验标准，设计有机磷农药残留量测定的检测方案。 ② 准备有机磷农药残留量的测定所需试剂材料及仪器设备。 ③ 正确对样品进行预处理。 ④ 正确进行样品中有机磷农药残留量测定。 ⑤ 结果记录及分析处理。 ⑥ 依据《食品安全国家标准　食品中农药最大残留限量》（GB 2763—2021），判定样品中有机磷农药残留量是否合格。 ⑦ 出具检验报告。

【任务实施】

一、检验工作准备

① 查阅检验标准《蔬菜和水果中有机磷、有机氯、拟除虫菊酯和氨基甲酸酯类农药多残留的测定》（NY/T 761—2008），设计气相色谱法测定黄瓜中有机磷农药残留量的方案。

② 准备有机磷农药残留量的测定所需试剂材料及仪器设备。

二、任务实施步骤

样品制备→提取、净化→浓缩→样品测定→计算

1. 样品制备

将两根黄瓜去皮，切小块，放入搅拌机中打浆。

2. 提取、净化

准确称量 10.00g ± 0.05g 黄瓜匀浆于 50mL 离心管中，准确移取 20.0mL 乙腈，于旋涡振荡器上混匀 2min，然后用滤纸过滤，滤液收集到装有 2～3g 氯化钠的 50mL 具塞量筒中，收集滤液 20mL 左右，盖上塞子，剧烈振荡 1min，在室温下静置 30min，使乙腈和水相完全分层。

3. 浓缩

用移液管从具塞量筒中准确移取 4.0mL 乙腈相溶液于 10mL 刻度试管中，将试管置于氮吹仪中，温度 75℃，缓缓通入氮气，蒸发近干后取出。用移液管准确移取 2.0mL 丙酮于试管中，在旋涡振荡器上混匀，用 0.45μm 滤膜过滤至进样瓶中，做好标记，供色谱测定。

4. 样品测定

① 气相色谱参考条件

色谱柱：DB-17 柱（30m × 0.53mm × 1.0μm）或等效柱。

进样口温度：220℃。

检测器：温度 250℃。

柱温：采用程序升温，初始温度 150℃，保持 2min，8℃/min 升温至 250℃，保持 12min。

气体及流量。载气：氮气，纯度 ≥ 99.999%，流速为 10mL/min。燃气：氢气，纯度 ≥ 99.999%，流速为 75mL/min。助燃气：空气，流速为 100mL/min。

进样方式：不分流进样。

② 色谱分析

分别吸取 1.0μL 标准混合液和净化后的样品溶液注入色谱仪中，以保留时间定性，以样品溶液峰面积与标准溶液峰面积比较定量。

5．计算

试样中被测农药残留量以质量分数 w 计，单位以 mg/kg 表示，按公式计算。

$$w = \frac{V_1 A V_3}{V_2 A_s m} \times \rho$$

式中　ρ——标准溶液中农药的质量浓度，单位为 mg/L；

A——样品溶液中被测农药的峰面积；

A_s——农药标准溶液中被测农药的峰面积；

V_1——提取溶剂总体积，单位为 mL；

V_2——吸取出用于检测的提取溶液的体积，单位为 mL；

V_3——样品溶液定容体积，单位为 mL；

m——试样的质量，单位为 g。

计算结果保留两位有效数字。当结果大于 1mg/kg 时保留三位有效数字。

三、数据记录与处理

将黄瓜中有机磷农药残留量测定的原始数据填入表 4-8 中。

表 4-8　黄瓜中有机磷农药残留量测定原始记录表

工作任务		样品名称	
接样日期		检验日期	
检验依据			
仪器条件			
编号	1		2
保留时间 /min			
峰面积			
农药名称			
试样质量 m/g			
试样提取溶剂总体积 V_1/mL			
吸取出用于检测的提取溶液的体积 V_2/mL			
样品溶液定容体积 V_3/mL			
标准溶液中农药的质量浓度 ρ/(mg/L)			

续表

农药标准溶液中被测农药的峰面积 A_s	
样品溶液中被测农药的峰面积 A	
计算公式	
试样中该农药的含量 $w/(\text{mg/kg})$	
该农药残留量平均值 $\overline{w}/(\text{mg/kg})$	
标准规定分析结果的精密度	在重复性条件下获得的两次独立测定结果的绝对差值不得超过算术平均值的 15%
本次实验分析结果的精密度	
判定依据	
判定结果	
检验结论	
检测人：	校核人：

四、任务评价

按照表 4-9 评价学生工作任务完成情况。

表 4-9　任务考核评价指标

序号	工作任务	评价指标	配分	得分
1	检测方案制订	（1）正确选用检测标准及检测方法 （2）检测方案制订合理规范	15	
2	样品处理	（1）称样操作规范 （2）提取试剂选择正确 （3）提取操作规范 （4）净化操作规范 （5）正确进行氮吹浓缩定容	20	
3	色谱条件选择	（1）色谱柱选择合理 （2）检测器选择合理 （3）进样口温度、检测器温度选择合理 （4）柱温选择合理 （5）载气及其流速选择合理	15	
4	样品测定（上机测量）	（1）能够正确操作仪器 （2）正确测量标样、样品液和空白	10	
5	数据处理	（1）原始记录及时规范整洁 （2）有效数字保留准确 （3）计算正确，测定结果准确，平行测定相对偏差 ≤ 20%	10	
6	其他操作	（1）工作服整洁，能够正确进行标识 （2）操作时间控制在规定时间里 （3）及时收拾清洁、回收玻璃器皿及仪器 （4）注意操作文明和操作安全	10	

续表

序号	工作任务	评价指标	配分	得分
7	综合素养	（1）积极主动参与工作，能吃苦耐劳，崇尚劳动光荣，弘扬工匠精神 （2）服从安排，顾全大局，积极与小组成员合作，共同完成工作任务 （3）能有效利用网络、图书资源、工作手册等快速查阅获取所需信息 （4）能发现问题、提出问题、分析问题、解决问题、创新问题	20	
	合计		100	

任务 4-3　农产品食品中氨基甲酸酯农药残留量的测定

【任务描述】

党的二十大报告提出，全方位夯实粮食安全根基。守住农产品质量安全底线是粮食安全的重要组成部分，是农业高质量发展的基础保障，也是人民生活更加幸福的出发点和落脚点。

为积极引导公众参与农产品食品安全社会共治，切实提升农产品食品安全满意度，真正做到为人民群众"舌尖上的安全"保驾护航。某市场监管局计划在某居民小区开展"你点我检、你送我检"农产品食品安全快速检测进社区活动，不少围观群众参与食品安全互动的意识被激发，热情高涨，纷纷将购买的食品拿来检测。请你用农药残留快速检测卡对送检青菜中的氨基甲酸酯类农药残留进行快速检测，并出具检测报告。

【任务目标】

[知识目标]

① 了解农产品食品中氨基甲酸酯农药的来源、危害及其在农产品食品中的限量指标。
② 掌握农产品食品中氨基甲酸酯农药残留的测定方法。
③ 掌握农药速测卡测定氨基甲酸酯农药残留量的流程及操作注意事项。

[技能目标]

① 会进行样品预处理。
② 会正确使用农药速测卡。
③ 会用农药速测卡测定农产品食品中氨基甲酸酯农药残留量。

[职业素养目标]

① 具备严谨细致、善于思考的精神。
② 树立质量安全意识、创新意识。

【知识准备】

一、概述

1. 氨基甲酸酯类农药的分类及结构

氨基甲酸酯类农药是继有机磷类农药之后兴起的一类新型广谱杀虫剂、杀螨剂以及除草剂，该农药的发现，得益于毒扁豆碱的发现。因此，毒扁豆碱也成为了首次发现的天然存在的氨基甲酸酯类化合物。

近些年来，由于有机氯农药品种相继被不同国家禁用或者限制使用，以及抗有机磷农药的昆虫品种日益增多，氨基甲酸酯类农药的使用量逐年增加，目前已经研究开发出了1000多个品种，其中登记使用的已有上百种。如作为杀虫剂使用的涕灭威、速灭威、西维因、克百威、异丙威、灭多威等；作为除草剂使用的禾大壮、哌草丹、丁草特、野麦威等；作为杀菌剂使用的涕灭威、克百威等。由于氨基甲酸酯类农药具有分解快、残留低、低毒、高效、选择性强等特点，近年来被广泛用于农业害虫和卫生害虫的防治。

氨基甲酸酯类农药是一类分子中含有氨基甲酸酯结构的化合物，其结构通式如图4-3所示，因其R_1、R_2侧链基团的不同又可分为一甲氨基甲酸酯、二甲氨基甲酸酯，在这三种不同的结构类型中，以一甲氨基甲酸酯活性最高。不同结构类型的品种，其毒力和防治对象差异很大。大多数品种作用迅速、选择性强，有些则具有内吸活性，无残留毒性。

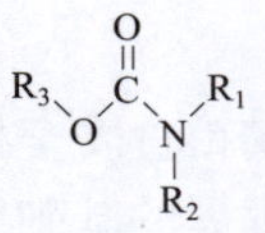

图4-3　氨基甲酸酯类农药通式

2. 氨基甲酸酯类农药的性质及特点

氨基甲酸酯类农药的纯品多为白色或无色结晶，无特殊气味，贮存稳定性好，在水中溶解度较小，易溶于多种有机溶剂，对酸稳定，但是在高温和碱性液中分解加快，一般没有腐蚀性。

氨基甲酸酯类农药特点：

① 杀虫作用迅速、分解快、残留期短，可用来防治对有机磷农药产生抗药性的害虫，但其代谢产物通常具有与母体化合物相同或更强的活性，例如涕灭威亚矾（涕灭威的代谢产物）与涕灭威相比，具有更强的抗胆碱酯酶的作用。因此，在测定氨基甲酸酯类农药残留时，必须考虑如何有效地对其代谢产物进行测定。

② 分子结构与毒性有密切关系，选择性强，但不伤天敌。如氨基甲酸酯类杀虫剂对咀嚼式害虫（如棉红铃虫等）具有特效，但有时对某些害虫的毒性可能不高。

③ 杀虫谱广，如甲萘威和克百威均能防治上百种害虫。

④ 大多数氨基甲酸酯类农药在生物体和环境中很容易被降解，所以对高等动物来说毒性较低，无慢性毒性；大部分品种都比有机磷农药毒性低，对鱼类安全，对植物无药害。

⑤ 氨基甲酸酯类化合物结构简单，易于合成，并且新的品种不断上市，其应用范围将不断拓宽。

3. 氨基甲酸酯类农药的危害

氨基甲酸酯类农药的毒性比有机氯农药和有机磷农药小，在自然界中可降解。氨基甲酸酯类农药施用后残留于土壤、水源、大气及作物中，对人类及其赖以生存的自然环境产生深远的影响。残留的农药对土壤中的蚯蚓等有益生物产生毒害，残留在蚯蚓体内的农药可通过食物链的传递作用进一步对鸟类和部分小型兽类造成危害。残留在土壤和空气中的农药可伴随着雨水进入水库、河流及鱼塘中，对鱼、虾、蛙等水生生物产生毒害，克百威、仲丁威、异丙威、丙硫克百威、丁硫克百威等对鱼类毒性很大。残留在作物、水果上的农药对蜜蜂、蚕等益虫产生毒害，也可引起人、畜中毒，甲萘威、速灭威、残杀威等对蜜蜂高毒。克百威、涕灭威、灭多威这3种对人、畜有较强毒性的农药在我国已被禁止使用。氨基甲酸酯类除草剂虽对人、畜毒性较低，但在施用过程中如果没有相应的保护措施也可引起工作人员中毒；与此同时，使用除草剂时，如果选用不当，可对施用作物或邻近作物产生药害，影响作物的生长。

4. 氨基甲酸酯类农药的中毒症状

氨基甲酸酯类农药中毒的作用机理与有机磷农药相似，主要是抑制胆碱酯酶活性，使酶活性中心丝氨酸的羟基被氨基甲酰化，因而失去酶对乙酰胆碱的水解能力，造成组织内乙酰胆碱的蓄积而中毒。氨基甲酸酯类农药不需经代谢活化，即可直接与胆碱酯酶形成疏松的复合体。由于这种结合方式是可逆的，且在机体内很快被水解，胆碱酯酶活性较易恢复，故其毒性作用较有机磷农药轻。氨基甲酸酯类农药引起的中毒症状以毒蕈碱样症状最为明显，可出现头昏、头痛、乏力、恶心、呕吐、流涎、多汗及瞳孔缩小的症状，血液胆碱酯酶活性轻度受抑制，一般病情较轻，病程较短，复原较快。但若大量经口中毒，严重时可发生肺水肿、脑水肿、昏迷和呼吸抑制。

5. 农产品食品中氨基甲酸酯类农药残留的限量指标

近年来，因氨基甲酸酯类农药在农业生产中的不合理使用，造成的环境污染、人畜食物中毒现象时有发生。所以对农副产品中农药残留量进行实时监测，并且用正确的检测方法对其进行定性、定量的检测显得至关重要。GB 2763—2021《食品安全国家标准　食品中农药最大残留限量》中部分食品氨基甲酸酯农药限量标准见表4-10。

二、农产品食品中氨基甲酸酯类农药残留量的测定方法

用于检测氨基甲酸酯类农药残留的检测方法主要分为两类，第一类是色谱法，色谱法是目前食品检测机构、农产品质量检测机构以及实验室中主要应用的检测方法。主要有高效液相色谱法、气相色谱法、气相色谱-质谱法以及液相色谱-质谱法。

第二类检测方法是快速检测法。快速检测法操作简便快捷、灵敏度高、特异性强。相对于色谱分析法，在现场筛选和大量样本的快速检测中具有独特的优势。常用的有速测卡法也称纸片法，酶抑制率法也称分光光度法。快速检测法只能做农残定性分析，易于在基层推广，是目前我国控制高毒农药残留的一种有效方法。但该法检测结果误差较大，实际应用中的确认率大约为60%～70%。

GB/T 5009.104—2003《植物性食品中氨基甲酸酯类农药残留量的测定》标准规定了植物性食品中氨基甲酸酯类农药残留量的气相测定方法。

GB 23200.112—2018《食品安全国家标准　植物源性食品中9种氨基甲酸酯类农药及其代谢物残留量的测定　液相色谱-柱后衍生法》标准规定了液相色谱-柱后衍生法测定植物源性食品中9种氨基甲酸酯类农药及其代谢物残留量的检验方法。

GB/T 5009.199—2003《蔬菜中有机磷和氨基甲酸酯类农药残留量的快速检测》标准规定了速测卡法（纸片法）和酶抑制率法（分光光度法）快速检测蔬菜中有机磷和氨基甲酸酯类农药残留量的检验方法。

无论是色谱法还是快速检测法，在氨基甲酸酯类农药的残留检测方面都有非常重要的意义。只有残留量在允许的范围内，人与动物的饮食安全才能得到保证。

表 4-10　部分食品中氨基甲酸酯农药允许残留标准

农药名称	品种	最大残留限量 /（mg/kg）
甲萘威（西维因）	玉米	0.02
	大米	1
	大豆	1
	叶菜类蔬菜（普通白菜除外）	1
	普通白菜	5
涕灭威	麦类（小麦、大麦）	0.02
	大豆、花生仁	0.02
	花生油	0.01
	叶菜类蔬菜	0.03
	水果	0.02
克百威（呋喃丹）	糙米	0.1
	麦类、旱粮类、杂粮类	0.05
	大豆、花生仁	0.2
	叶菜类蔬菜	0.02
	水果	0.02
抗蚜威	稻谷、麦类（小麦、大麦、燕麦、黑麦）、旱粮类	0.05
	杂粮类	0.2
	大豆	0.05
	蔬菜[芸薹属类蔬菜（结球甘蓝、羽衣甘蓝、花椰菜除外）、茄果类蔬菜]	0.5
	普通白菜、叶用莴苣、结球莴苣	5
	水果（桃、油桃、杏、李子）	0.5
	瓜果类水果（甜瓜类水果除外）	1

**青菜中氨基甲酸酯类农药残留量的测定（速测卡法）
工作任务单**

分小组完成以下任务：
① 查阅氨基甲酸酯类农药残留量测定的检验标准，设计氨基甲酸酯类农药残留量测定的检测方案。
② 准备氨基甲酸酯类农药残留量的测定所需试剂材料及仪器设备。
③ 正确对样品进行预处理。
④ 正确进行样品中氨基甲酸酯类农药残留量测定。
⑤ 结果记录及分析处理。
⑥ 依据《食品安全国家标准　食品中农药最大残留限量》（GB 2763—2021），判定样品中氨基甲酸酯类农药残留量是否合格。
⑦ 出具检验报告。

【任务实施】

一、检验工作准备

① 查阅检验标准《蔬菜中有机磷和氨基甲酸酯类农药残留量的快速检测》(GB/T 5009.199—2003),设计速测卡法测定青菜中氨基甲酸酯类农药残留量的方案。

② 准备氨基甲酸酯类农药残留量的测定所需试剂材料及仪器设备。

二、任务实施步骤

1. 整体测定法

选取有代表性的蔬菜样品,擦去表面泥土,剪成边长 1cm 左右正方形碎片,取 5g 放入带盖瓶中,加入 10mL 缓冲液,振摇 50 次,静置 2min 以上。取一片农药残留快速检测卡,撕去上盖膜,用白色药片蘸取提取液,放置 10min 以上进行预反应,有条件时在 37℃恒温箱中放置 10min。预反应后的药片表面必须保持湿润。将农药残留快速检测卡对折,用手捏 3min 或恒温装置中放置 3min,使红色药片与白色药片叠合发生反应。根据白色药片的颜色变化判读结果。

每批测定应设一个缓冲液的空白对照卡。

2. 表面测定法(粗筛法)

擦去蔬菜上的泥土,滴 2~3 滴缓冲液在蔬菜表面,用另一片蔬菜在滴液处轻轻摩擦。取一片农药残留快速检测卡撕去薄膜后,将蔬菜上的液滴滴在白色药片上。放置 10min 以上进行预反应,有条件时在 37℃恒温装置中放置 10min。预反应后的药片表面必须保持湿润。将农药残留快速检测卡对折,用手捏 3min 或用恒温装置恒温 3min,使红色药片与白色药片叠合发生反应。

每批测定应设一个缓冲液的空白对照卡,以作参照。

三、数据记录与处理

结果以酶被有机磷或氨基甲酸酯类农药抑制(为阳性)、未抑制(为阴性)表示。

与空白对照卡比较,白色药片不变色或略有浅蓝色均为阳性结果。白色药片变为天蓝色或与空白对照卡相同,为阴性结果。

对阳性结果的样品,可用其他分析方法进一步确定具体农药品种和含量。

将青菜中氨基甲酸酯类农药残留量测定的原始数据填入表 4-11 中。

表 4-11 青菜中氨基甲酸酯类农药残留量测定原始记录表

样品名称	前处理方式	加样方式	现象	结果判定

检测人: 校核人:

四、任务评价

按照表 4-12 评价学生工作任务完成情况。

表 4-12　任务考核评价指标

序号	工作任务	评价指标	配分	得分
1	检测方案制订	（1）正确选用检测标准及检测方法 （2）检测方案制订合理规范	15	
2	样品处理	（1）取样操作规范 （2）搅拌静置操作正确	20	
3	仪器操作	（1）仪器组装正确 （2）检测设置规范 （3）卡片安装正确规范 （4）加样检测操作规范	30	
4	数据处理	（1）原始记录及时规范整洁 （2）结果判断正确	5	
5	其他操作	（1）工作服整洁，能够正确进行标识 （2）操作时间控制在规定时间里 （3）及时收拾清洁、回收玻璃器皿及仪器 （4）注意操作文明和操作安全	10	
6	综合素养	（1）积极主动参与工作，能吃苦耐劳，崇尚劳动光荣，弘扬工匠精神 （2）服从安排，顾全大局，积极与小组成员合作，共同完成工作任务 （3）能有效利用网络、图书资源、工作手册等快速查阅获取所需信息 （4）能发现问题、提出问题、分析问题、解决问题、创新问题	20	
		合计	100	

任务 4-4　农产品食品中拟除虫菊酯农药残留量的测定

【任务描述】

拟除虫菊酯类农药杀虫剂是一种高效、低毒、低残留、易于降解的杀虫剂。广泛应用于农业害虫、卫生害虫防治及粮食贮藏等，是杀虫剂市场中的重要类别，与烟碱类、有机磷类杀虫剂同属于目前全球杀虫剂使用"三巨头"。

某市场监督管理局组织抽检某大型超市销售的蔬菜和水果，发现售卖的菠菜中氯氰菊酯和高效氯氰菊酯检测值超标。请你作为检测人员到其蔬菜供应基地，对菠菜中的拟除虫菊酯农药残留量进行检测，并出具检测报告。

【任务目标】

[知识目标]

① 了解农产品食品中拟除虫菊酯农药的来源、危害及其在农产品食品中的限量指标。
② 掌握农产品食品中拟除虫菊酯农药残留的测定方法。
③ 掌握气相色谱法测定拟除虫菊酯农药残留量的流程及操作注意事项。

[技能目标]
① 会进行样品预处理，并能正确配制标准使用液。
② 会正确使用气相色谱仪。
③ 会用气相色谱法测定农产品食品中拟除虫菊酯农药残留量。

[职业素养目标]
① 具备探索精神、严谨求实精神。
② 树立环保意识、职业奉献意识。

【知识准备】

一、概述

1. 拟除虫菊酯农药的特点及应用

拟除虫菊酯杀虫剂就是人类利用化学手段模拟天然除虫菊素（最初发现可以防治蚊虫）的化学结构而仿生合成的一类化合物，是20世纪70年代研发成功的一种具有杀虫谱广、药效高、低残留的杀虫剂，目前与有机磷、氨基甲酸酯类农药并称为使用最广的三大杀虫农药。随着甲胺磷等5种高毒农药在2007年1月1日全面退市，拟除虫菊酯类农药以其药效高、低残留的特点被更广泛地应用。据国家统计局2007年统计数据，每年有近3000t拟除虫菊酯申请。拟除虫菊酯类农药在国际上也被广泛应用。在波兰每年使用拟除虫菊酯超过80t，美国加利福尼亚州每年使用拟除虫菊酯325t。其主要特点是：对害虫有快速击倒的功能，对哺乳动物低毒，在自然环境中容易分解，对有机磷和氨基甲酸酯类农药产生抗性的害虫有效。

2. 拟除虫菊酯类农药的结构

拟除虫菊酯类农药的一般结构如图4-4所示，通常根据分子结构分为2类。Ⅰ型不含有氰基取代基，如氯菊酯（图4-5）、胺菊酯；Ⅱ型含有 α-氰基，如溴氰菊酯、氯氰菊酯（图4-6）、氰戊菊酯、甲氰菊酯。拟除虫菊酯类农药分子中通常含有2~3个不对称碳原子（手性中心），因此会有2~4个非对映异构体。Ⅰ型拟除虫菊酯类不包含氰基，只有其环丙基环上有2个手性中心，所以Ⅰ型拟除虫菊酯类通常只有2个非对映异构体；Ⅱ型拟除虫菊酯类除了环丙基环上的2个手性中心外，还有连接氰基的 α-碳原子，因此有4个非对映异构体。但是高氰戊菊酯不具备环丙基环，只有2个非对映异构体。这2种类型拟除虫菊酯类农药在光照或加热的情况下都会引起顺式-反式异构化，而Ⅱ型拟除虫菊酯类农药在极性溶剂中因 α-质子易发生交换导致异构化，如溴氰菊酯在乙腈溶液中有30%转化成它的异构体，但是在酸性溶液中是稳定的。

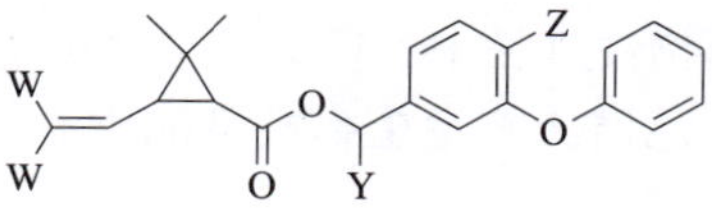

图4-4 拟除虫菊酯的一般结构

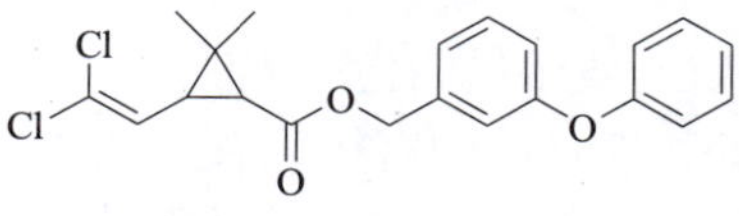

图4-5 氯菊酯（W：Cl；Y：H；Z：H）

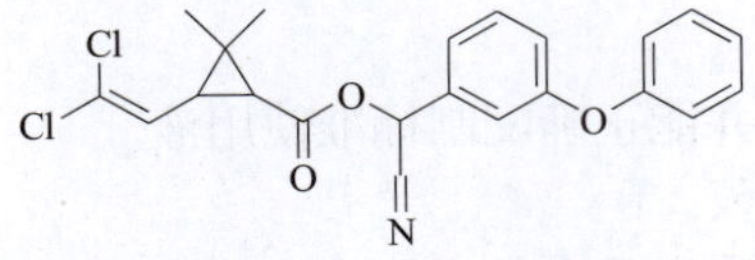

图 4-6　氯氰菊酯（W：Cl；Y：CN；Z：H）

3. 拟除虫菊酯类农药的性质

拟除虫菊酯农药除少数是黏稠液体外，大部分原药（有很多是低熔点的）是固体；而且它们在水中溶解度极低，几乎都不溶于水。可是，在芳香族溶剂中却有较大的溶解度，因此它们更适合加工成乳油。拟除虫菊酯农药首先加工的是乳油，当然在其他适合的条件下，还可以加工成可湿粉剂、水乳剂、微乳剂、悬浮剂、颗粒剂和微胶囊剂等剂型。

4. 拟除虫菊酯类农药的毒性

从拟除虫菊酯农药的 LD_{50} 数据可知其毒性属于低毒或中毒，但其杀虫效率却很高。由于拟除虫菊酯农药对水生动物有较高毒性，因而一直无法在水田中使用。对同一个拟除虫菊酯农药加工成不同剂型产品，其表现出的毒性和刺激性也是有差别的，有的还很大。例如对溴氰菊酯加工成不同的剂型产品的毒性和刺激性测定，乳油比湿粉剂和微乳剂有更高的毒性和刺激性，这种差别可能主要来源于有机溶剂作用或有机溶剂与溴氰菊酯的协同作用。研究表明拟除虫菊酯经食物链的富集进入人体内可引起头痛、头晕、恶心和皮肤有刺激性等不良反应。同时，拟除虫菊酯类农药对机体的免疫力和心血管有明显的毒害作用。近年来，拟除虫菊酯类农药在农产品中的残留问题也逐渐引起人们的重视，因此研究拟除虫菊酯农药残留技术具有重要意义。

5. 拟除虫菊酯类农药的限量标准

为保护消费者的健康安全以及进出口贸易的发展，一些组织制定了有关拟除虫菊酯类农药残留在各食品中的最大残留限量（MRL）标准。如国际食品法典委员会和欧洲联盟［欧盟农药最大残留限量法规（EC）第 839/2008］规定甲氰菊酯在苹果、葡萄、猕猴桃、百香果、石榴、番石榴中残留限量不得超过 0.01mg/kg。西班牙农业部建立了拟除虫菊酯农药的最大残留限量规定，如番茄中氯氟氰菊酯和氯菊酯的最大残留限量为 0.5mg/kg、联苯菊酯 0.2mg/kg。我国的《食品安全国家标准　食品中农药最大残留限量》（GB 2763—2021）对拟除虫菊酯类农药的最大残留限量做出新的规定（见表 4-13）。

二、农产品食品中拟除虫菊酯类农药残留量的测定方法

随着人们对健康和食品安全的重视，拟除虫菊酯类农药在食品中最大残留限量越来越低，这给拟除虫菊酯类农药检测技术提出更高的要求。

GB/T 5009.146—2008《植物性食品中有机氯和拟除虫菊酯类农药多种残留量的测定》标准中规定了毛细管柱-气相色谱法测定植物性食品中有机氯和拟除虫菊酯类农药多种残留量的检验方法。

GB 23200.85—2016《食品安全国家标准　乳及乳制品中多种拟除虫菊酯农药残留量的测定　气相色谱-质谱法》标准中规定了气相色谱-质谱法测定进出口乳及乳制品中 17 种多组分拟除虫菊酯类农药残留量的检验方法。

GB/T 5009.162—2008《动物性食品中有机氯农药和拟除虫菊酯农药多组分残留量的测定》标准中规定了气相色谱-质谱（GC-MS）法测定动物性食品中六六六、滴滴涕、六氯苯、七氯、环氧七氯、氯丹、艾氏剂、狄氏剂、异狄氏剂、灭蚁灵、五氯硝基苯、

表 4-13　部分食品中拟除虫菊酯类农药允许残留标准

农药名称	品种	最大残留限量/(mg/kg)	农药名称	品种	最大残留限量/(mg/kg)
氯氰菊酯	小麦	0.2	氰戊菊酯	小麦、全麦粉	2
	稻谷	2		玉米	0.02
	玉米	0.05		小麦粉	0.2
	小型油籽类、大型油籽类（大豆除外）	0.1		大豆、花生仁、棉籽油	0.1
	大豆	0.05		番茄、茄子、辣椒、黄瓜、西葫芦、丝瓜、南瓜	0.2
	叶菜类（菠菜、普通白菜、苋菜、茼蒿、叶用莴苣、油麦菜、茎用莴苣叶、芹菜、大白菜除外）	0.7		菠菜、普通白菜、叶用莴苣	1
	菠菜	2		洋葱、结球甘蓝、花椰菜	0.5
	瓜类蔬菜（黄瓜除外）	0.07		萝卜、胡萝卜、马铃薯、甘薯、山药	0.05
	黄瓜	0.2		蛋类	0.01
	柑橘类水果（柑、橘、橙、柠檬、柚除外）	0.3		柑橘类水果（柑、橘、橙除外）	0.2
溴氰菊酯	稻谷、麦类、成品粮（小麦粉除外）	0.5	氯菊酯	稻谷、麦类、旱粮类、杂粮类、全麦粉	2
	小麦粉	0.2		小麦粉	0.5
	大豆	0.05		大豆	2
	花生仁	0.01		花生仁	0.1
	结球甘蓝、花椰菜、青花菜、菠菜、普通白菜、大白菜、甘薯	0.5		鳞茎类蔬菜（韭葱、葱除外）、芸薹属类蔬菜（结球甘蓝、球茎甘蓝、羽衣甘蓝、花椰菜、青花菜、芥蓝、菜薹除外）、茎类蔬菜	1
	番茄、茄子、辣椒、豆类蔬菜、萝卜、胡萝卜、根芹菜	0.2		韭葱、葱	0.5
	柑橘类水果（柑、橘、橙、柠檬、柚除外）	0.02		柑橘类、仁果类、核果类、瓜果类水果	2

续表

农药名称	品种	最大残留限量/(mg/kg)	农药名称	品种	最大残留限量/(mg/kg)
甲氰菊酯	小麦	0.1	氯氟氰菊酯	小麦、燕麦、黑麦、杂粮类	0.05
	大豆	0.1		大豆	0.02
	韭菜、花椰菜、菠菜、普通白菜、芹菜、大白菜、番茄、辣椒、茎用莴苣	1		鳞茎类蔬菜（韭菜除外）、番茄、茄子、辣椒、苦瓜、豆类蔬菜	0.2
	水果（除李子和草莓）	5		花生仁	0.05
	生乳	0.01		生乳	0.2
联苯菊酯	玉米、大麦	0.05	氟氰戊菊酯	鲜食玉米	0.2
	小麦	0.5		大豆	0.05
	大豆	0.3		绿豆、赤豆	0.05
	芸薹属类蔬菜（结球甘蓝除外）	0.4		结球甘蓝、花椰菜	0.5
	番茄、辣椒、黄瓜	0.5		番茄、茄子、辣椒	0.2
	柑、橘、橙、柠檬、柚	0.05		萝卜、胡萝卜、马铃薯、山药	0.05
	苹果、梨	0.5		苹果、梨	0.5
	生乳	0.2		茶叶	20

硫丹、除螨酯、丙烯菊酯、杀螨蟥、杀螨酯、胺菊酯、甲氰菊酯、氯菊酯、氯氰菊酯、氰戊菊酯、溴氰菊酯的检验方法；气相色谱-电子捕获器（GC-ECD）法测定动物性食品中六六六、滴滴涕、五氯硝基苯、七氯、环氧七氯、艾氏剂、狄氏剂、除螨酯、杀螨酯、胺菊酯、氯菊酯、氯氰菊酯、α-氰戊菊酯、溴氰菊酯的检验方法。

**菠菜中拟除虫菊酯类农药残留量的测定（气相色谱法）
工作任务单**

分小组完成以下任务：
① 查阅拟除虫菊酯农药残留量测定的检验标准，设计拟除虫菊酯农药残留量测定的检测方案。
② 准备拟除虫菊酯农药残留量的测定所需试剂材料及仪器设备。
③ 正确对样品进行预处理。
④ 正确进行样品中拟除虫菊酯农药残留量测定。
⑤ 结果记录及分析处理。
⑥ 依据《食品安全国家标准 食品中农药最大残留限量》（GB 2763—2021），判定样品中拟除虫菊酯农药残留量是否合格。
⑦ 出具检验报告。

【任务实施】

一、检验工作准备

① 查阅检验标准《蔬菜和水果中有机磷、有机氯、拟除虫菊酯和氨基甲酸酯类农药多残留的测定》(NY/T 761—2008)，设计气相色谱法测定菠菜中拟除虫菊酯农药残留量的方案。

② 准备拟除虫菊酯农药残留量的测定所需试剂材料及仪器设备。

二、任务实施步骤

样品制备→提取→净化浓缩→样品测定→计算

1. 样品制备

取菠菜可食部分，经缩分后，将其切碎，充分混匀放入食品加工器粉碎，制成待测样。

2. 提取

准确称取 25.0g 试样放入匀浆机中，加入 50.0mL 乙腈，在匀浆机中高速匀浆 2min 后用滤纸过滤，滤液收集到装有 5～7g 氯化钠的 100mL 具塞量筒中，收集滤液 40～50mL，盖上塞子，剧烈振荡 1min，在室温下静置 30min，使乙腈相和水相分层。

3. 净化浓缩

从具塞量筒中吸取 10.00mL 乙腈溶液，放入 150mL 烧杯中，将烧杯放在 80℃水浴锅上加热，杯内缓缓通入氮气或空气流，蒸发近干，加入 2.0mL 丙酮，盖上铝箔，备用。

将上述备用液完全转移至 15mL 刻度离心管中，再用约 3mL 丙酮分三次冲洗烧杯，并转移至离心管，最后定容至 5.0mL，在旋涡混合器上混匀，分别移入两个 2mL 自动进样器样品瓶中，供色谱测定。如定容后的样品溶液过于混浊，应用 0.2μm 滤膜过滤后再进行测定。

4. 样品测定

气相色谱参考条件

① 预柱：1.0m（内径 0.53mm、脱活石英毛细管柱）；

色谱柱：50% 聚苯基甲基硅氧烷（DB-17 或 HP-50+）柱，30m×0.53mm×1.0μm。

② 进样口温度：220℃。

③ 检测器温度：250℃。

④ 柱温：150℃保持 2min，8℃/min 升至 250℃，保持 12min。

⑤ 气体及流量：载气，氮气，纯度≥99.999%，流速为 10mL/min；燃气，氢气，纯度≥99.999%，流速为 75mL/min；助燃气，空气，流速为 100mL/min。

⑥ 进样方式：不分流进样。

⑦ 色谱分析：分别吸取 1.0μL 标准混合液和净化后的样品溶液注入色谱仪中，以保留时间定性，以样品溶液峰面积与标准溶液峰面积比较定量。

5. 计算

试样中被测农药残留量以质量分数 w 计，单位以 mg/kg 表示，按公式计算。

$$w = \frac{V_1 A V_3}{V_2 A_s m} \times \rho$$

式中 ρ——标准溶液中农药的质量浓度,单位为 mg/L;
A——样品溶液中被测农药的峰面积;
A_s——农药标准溶液中被测农药的峰面积;
V_1——提取溶剂总体积,单位为 mL;
V_2——吸取出用于检测的提取溶液的体积,单位为 mL;
V_3——样品溶液定容体积,单位为 mL;
m——试样的质量,单位为 g。

计算结果保留两位有效数字。当结果大于 1mg/kg 时保留三位有效数字。

三、数据记录与处理

将菠菜中拟除虫菊酯类农药残留量测定的原始数据填入表 4-14 中。

表 4-14 菠菜中拟除虫菊酯类农药残留量测定原始记录表

工作任务		样品名称	
接样日期		检验日期	
检验依据			
仪器条件			
编号		1	2
保留时间 /min			
峰面积			
农药名称			
试样质量 m/g			
试样提取溶剂总体积 V_1/mL			
吸取出用于检测的提取溶液的体积 V_2/mL			
样品溶液定容体积 V_3/mL			
标准溶液中农药的质量浓度 ρ/(mg/L)			
农药标准溶液中被测农药的峰面积 A_s			
样品溶液中被测农药的峰面积 A			
计算公式			
试样中该农药的含量 w/(mg/kg)			
该农药残留量平均值 $\bar{w}$/(mg/kg)			
标准规定分析结果的精密度	在重复性条件下获得的两次独立测定结果的绝对差值不得超过算术平均值的 15%		
本次实验分析结果的精密度			
判定依据			
判定结果			
检验结论			
检测人:		校核人:	

四、任务评价

按照表 4-15 评价学生工作任务完成情况。

表 4-15　任务考核评价指标

序号	工作任务	评价指标	配分	得分
1	检测方案制订	（1）正确选用检测标准及检测方法 （2）检测方案制订合理规范	15	
2	样品处理	（1）称样操作规范 （2）提取试剂选择正确 （3）提取操作规范 （4）净化操作规范 （5）正确进行氮吹浓缩定容	20	
3	色谱条件选择	（1）色谱柱选择合理 （2）检测器选择合理 （3）进样口温度、检测器温度选择合理 （4）柱温选择合理 （5）载气及其流速选择合理	15	
4	样品测定（上机测量）	（1）能够正确操作仪器 （2）正确测量标样、样品液和空白	10	
5	数据处理	（1）原始记录及时规范整洁 （2）有效数字保留准确 （3）计算正确，测定结果准确，平行测定相对偏差≤20%	10	
6	其他操作	（1）工作服整洁，能够正确进行标识 （2）操作时间控制在规定时间里 （3）及时收拾清洁、回收玻璃器皿及仪器 （4）注意操作文明和操作安全	10	
7	综合素养	（1）积极主动参与工作，能吃苦耐劳，崇尚劳动光荣，弘扬工匠精神 （2）服从安排，顾全大局，积极与小组成员合作，共同完成工作任务 （3）能有效利用网络、图书资源、工作手册等快速查阅获取所需信息 （4）能发现问题、提出问题、分析问题、解决问题、创新问题	20	
	合计		100	

> 拓展资源

科普视频：
有机氯农药
中毒（食品
伙伴网）

科普视频：
有机磷农药
中毒（食品
伙伴网）

着力提升农药利用率　助力质量兴农绿色兴农

　　早在公元前 1200 年，古人就用盐和灰除草，开启了天然农药时代。19 世纪，人类进入农家现配现用的石硫合剂与波尔多液为主的无机农药时代。由于用量大，加之滥造、滥用，促使各国立法加强管理。1944 年德国拜耳公司生产第一个有机磷农药——对硫磷，标志着人类文明进入化石能源为主的有机合成农药时代。瑞士化学家 Paul Hermann Müller 还因发明农药 DDT 而获得 1948 年诺贝尔奖。实践表明，农药使用可挽回全世界农作物总产 30%～40% 的损失，可以说"没有农药，人类将面临饥饿的危险"。

　　但是，大量使用农药，尤其是不易降解的农药，使环境受到了污染、生态受到了破坏。市场上又先后出现了拟除虫菊酯杀虫剂、新烟碱杀虫剂、磺酰脲类除草剂、双酰胺类杀虫剂等高效低毒的化学农药。当前，我们正处于化学农药从高效到绿色生态跨越的关键时期。以手性农药和杂环农药为代表的高效、低毒、低残留、高选择的绿色农药成为全球应对病虫草害的主要手段或者重要手段，研发更高效、更环保、更安全的绿色农药是近年来世界农药研发领域的重点和热点。

　　我国农药工业经过 30 多年的快速发展，已经成为世界农药生产、使用第一大国，农药产品供给市场极大丰富，为农业增产、农民增收作出了积极贡献。在供给侧结构性改革的大背景下，我国大力推广应用新型高效安全的农药产品，制定农药施用限量标准，发展绿色防控技术，创制新型低风险农药，通过采取物理防控、生态调控、生物防控与精准施药相结合，积极推进农药减量控害，促进农药减量增效，取得了明显成效。

　　今后我们要大力推进质量兴农、绿色兴农，继续推动农药减量化和作物健康导向的"全程免疫"调控为特点的生态农药创新与绿色全程植保技术应用。通过绿色植保科技助力中国绿色农业发展，走出一条符合中国国情的可持续农业发展之路，让农业更绿、农村更美、农民更富。

　　（内容摘自央视网，作者为中国工程院院士、贵州大学副校长宋宝安。）

── 巩固练习

一、单选题

1. 下列不属于有机磷农药的是（　　）。
   A. 乐果　　　　B. 滴滴涕　　　　C. 敌百虫　　　　D. 马拉硫磷
2. 1993 年我国将敌敌畏等有机磷农药列入环境优先污染物"黑名单"，这表明敌敌畏（　　）。
   A. 禁止使用
   B. 可以使用，但是必须按照规定的量使用在规定的对象上
   C. 1993 年～2003 年，仍然可以使用
   D. 不是很明确

3. 在我国生产使用的有机磷农药中，70% 为（　　）农药。
   A. 高毒　　　　B. 中毒　　　　C. 低毒　　　　D. 无毒
4. 有机氯农药中毒的原理是（　　）。
   A. 肝功能受损　　　　　　　　B. 交感神经兴奋
   C. 胆碱酯酶失活　　　　　　　D. 磷酰化胆碱酯酶减少
5. 有机磷农药中毒症状不包括（　　）。
   A. 呕吐　　　　B. 腹痛　　　　C. 瞳孔缩小　　　　D. 瞳孔明显扩大
6. 对于葱、蒜、萝卜等对酶有影响的植物次生物质，速测卡法容易产生假阳性。处理这类样品时，可采取（　　）措施。
   A. 挤汁　　　　　　　　　　　B. 整株（体）浸提
   C. 切碎　　　　　　　　　　　D. 热烫
7. 氨基甲酸酯类农药易溶于（　　）。
   A. 丙酮　　　　B. 氯仿　　　　C. 水　　　　D. 二氯甲烷
8. 果蔬中的有机磷农药经（　　）提取后，净化且氮吹浓缩后，用（　　）定容。
   A. 乙腈　丙酮　　　　　　　　B. 乙腈　乙酸乙酯
   C. 二氯甲烷　丙酮　　　　　　D. 正己烷　甲醇
9. 氮气吹干时，气流量（　　）。
   A. 较小，才能不干　　　　　　B. 液体表面呈旋涡状，无飞溅，无气针污染
   C. 较大，才能快干　　　　　　D. 不需控制
10. 速测卡法测定有机磷农药，下列说法不正确的是（　　）。
    A. 白色"药片"上固化有靛酚乙酸酯，红色"药片"上固化有胆碱酯酶
    B. 可根据白色药品反应后蓝色深浅判断样品中是否残留有机磷农药
    C. 蔬菜中存在有机磷农药时会对胆碱酯酶有抑制作用
    D. 白色"药片"上固化有胆碱酯酶，红色"药片"上固化有靛酚乙酸酯

二、多选题

1. 食品中农药残留的来源主要包括（　　）。
   A. 农田施药对农作物造成的直接污染
   B. 通过食物链发生生物富集效应而污染食品
   C. 其他来源的污染
   D. 食品加工中添加
2. 农药合理使用带来的好处包括（　　）。
   A. 改善动物和人类的居住环境　　B. 减少农作物的损失
   C. 提高产量　　　　　　　　　　D. 减少虫媒传染病的发生
3. 分子结构中含有 P=O 的有机磷农药是（　　）。
   A. 甲拌磷　　　B. 甲基嘧啶磷　　　C. 敌敌畏　　　D. 氧化乐果
4. 常用于有机磷检测的 GC 检测器主要有（　　）。
   A. 氮磷检测器（NPD）　　　　　B. 火焰光度检测器（FPD）
   C. 脉冲火焰光度检测器（PFPD）　D. 电子捕获检测器（ECD）
5. 检测氨基甲酸酯农药的生物检测技术包括（　　）。
   A. 酶抑制法　　　　　　　　　　B. 免疫分析法
   C. 气相色谱法　　　　　　　　　D. 生物传感器法

三、判断题

1. 有机磷农药，毒性较大，主要是通过皮肤接触、呼吸和直接食用等方式进入人体，经血液和淋巴循环到全身各器官和组织。

2. 有机磷农药大多呈油状或结晶状，工业品呈淡黄色至棕色，除敌百虫和敌敌畏之外，大多是无味。

3. 酶抑制法对常见农药的检出限通常都低于所对应农药的最大残留限量，适合做初步定性筛选。

4. 氨基甲酸酯类农药的毒性机理和有机磷类农药相似。

5. 农作物在种植过程中农药的不合理使用是造成食品中农药残留超标的主要原因之一。

四、简答题

1. 有机蔬菜，是指在蔬菜生产过程中严格按照有机生产规程，禁止使用任何化学合成的农药、化肥、生长调节剂等化学物质，以及基因工程生物及其产物，经过有机食品认证机构鉴定认证，并颁发有机食品证书的蔬菜产品。在国内有机蔬菜还属于新兴产业，就像所有的新兴产业一样，有不良商家弄虚作假、以次充好。可是，我们仍然需要它。请你从食品安全的角度，谈谈是否有机蔬菜兴起就解决农药残留问题了，应从哪些方面做到科学合理使用农药和预防控制农药残留。

2. 氮吹仪使用的注意事项有哪些？

模块五

重金属检测

 案例引入

稻米镉污染已是影响粮食安全的重大问题。由袁隆平院士领衔研发的"低镉水稻技术体系"让饱受重金属污染之困地区的水稻平均含镉量下降90%以上,这是一个巨大突破,而且这项技术运用起来简单易行,成本不高。经过多地持续的生态试验,大面积培育"低镉稻"已有了技术条件,这为我国从根本上解决"镉大米"问题提供了现实可能。袁隆平院士真正践行了把论文写在中国的大地上的科学伦理,他的努力帮助中国人实现了"把饭碗端在自己手里"的梦想。

模块导学

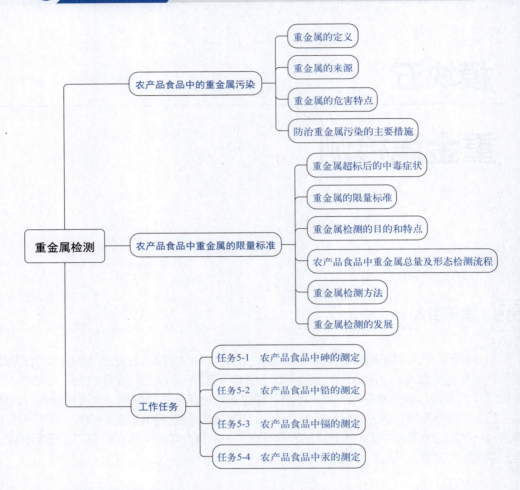

学习目标

① 了解农产品食品中重金属的来源、危害及防治措施。

② 能够查阅农产品食品中重金属的限量指标,并能够按照标准检测农产品食品中的砷、铅、镉、汞的含量。

③ 树立环保理念、生态文明理念,具备实事求是、一丝不苟的科学品质。

知识点 5-1　农产品食品中的重金属污染

一、重金属的定义

金属的物理特征是具有光泽和延展性，兼有良好的导电性和导热性。

目前，重金属尚无严格的定义，在工业上，有人根据密度把金属分成重金属和轻金属，常把密度大于 $4.5g/cm^3$ 的金属（如金、银、铜、铅、锌、镍、钴、铬、汞、镉等）称为重金属，由于生物毒性和环境毒性相似，准金属砷、硒通常被归于重金属一类；把密度小于 $4.5g/cm^3$ 的金属（如铝、镁、钾、钠、钙、钡等）称为轻金属。

另外，有人按化学特性，将重金属定义如下：在水溶液中，有些金属的离子能与外加硫化物或硫代乙酰胺试剂作用，生成不溶性硫化物沉淀，这类金属称为重金属。

在金属元素中，毒性较强的是重金属及其化合物，一般来说重金属元素具有较大的原子质量和密度。从环境污染方面来说，重金属是指汞、镉、铅、铬以及准金属砷等生物毒性显著的元素，这些重金属元素在自然环境中不易被分解。

二、重金属的来源

重金属并非都具有毒性，如锰、铜、锌等是生命活动必需的微量元素，只有在过量食用后才会危害人体健康。目前，国际上公认影响比较大、毒性较高的重金属类物质有 5 种，即汞、镉、铅、铬、砷。这些有毒重金属类物质进入人体后，不易排出或者分解，达到一定浓度后，会危害人体健康。农产品重金属含量超标的原因，主要是种植环境的污染，个别地区工矿企业环保措施不到位，长期大量排污，使土壤重金属含量严重超标，在这种土壤上种植的农产品，就有出现重金属含量超标的可能。

认识农产品中的重金属污染程度，需要具体情况具体分析。有时土壤重金属超标，但农作物中的重金属并不超标，原因是重金属元素在环境中比较稳定，难以降解，而且迁移能力较差。不同的重金属向农作物迁移的规律是不尽相同的。重金属向作物迁移的活性还受土壤性质的影响，例如在酸性土壤中，重金属的活性就会增强，重金属在农作物中的转化率也会提高。

另外，农作物对重金属的吸收富集能力也相差很大，例如水稻对重金属镉的吸附能力就明显强于番茄、辣椒等茄果类蔬菜；同种作物、不同品种之间对重金属的吸收富集能力也不尽相同，同样是水稻，长粒籼米对重金属镉的富集能力明显高于圆粳米。因此，并不是环境中的重金属含量越高，农产品中的重金属污染程度也越高，它们之间没有必然的相关性。

三、重金属的危害特点

1. 自然性

人类对于自然物质有较强的适应能力。有人分析了人体中 60 多种常见元素的分布规律，发现绝大多数元素在人体血液中的含量与它们在地壳中的含量极为相似。但是，人类对人工合成的化学物质的耐受力则要小得多,所以区别污染物的自然属性或人工属性,有助于评估它们对人类的危害程度。工业活动的发展,引起铅、镉、汞、砷等重金属在人类周围环境中的富集,这些重金属通过大气、水、食品等进入人体,在人体某些器官内积累,造成慢性中毒,危害人体健康。

2. 毒性

决定污染物毒性强弱的主要因素是其物质性质、含量和存在形态。例如铬有二价、三价和六价三种形式,其中六价铬的毒性很强,而三价铬是人体新陈代谢的重要元素之一。在天然水体中,一般重金属产生毒性的范围大约在 1~10mg/L,而汞、镉等产生毒性的范围在 0.01~0.001mg/L。

3. 时空分布性

污染物进入环境后,随着水和空气的流动被稀释扩散,可能造成点源到面源更大范围的污染,而且在不同空间的位置上,污染物的浓度和强度分布随着时间的变化而不同。

4. 活性和持久性

活性和持久性表明污染物在环境中的稳定程度。活性高的污染物质,在环境中或在处理过程中易发生化学反应,毒性可能降低,但也可能生成比原来毒性更强的污染物,构成二次污染。例如汞可转化成甲基汞,甲基汞的毒性更强。与活性相反,持久性则表示有些污染物质能长期地保持其危害性,例如重金属铅、镉等都具有毒性,而且它们在自然界难以降解,并可产生生物蓄积,长期威胁人类的健康和生存。

5. 生物累积性

生物累积性包括两个方面:一是污染物在环境中通过食物链和化学物理作用而累积。二是污染物在人体某些器官组织中由于长期摄入的累积(例如镉可在人体的肝、肾等器官组织中蓄积),造成各器官组织的损伤。又如1953~1961年,日本发生的水俣病事件,无机汞在海水中转化成甲基汞,被鱼类、贝类摄入累积,经过食物链的生物放大作用,当地居民食用后中毒。

四、防治重金属污染的主要措施

1. 加强对耕作农田的调查与治理

对耕作农田进行调查与治理,争取从源头杜绝重金属元素渗入粮食生物体系内。定期对土壤污染情况、粮食重金属含量进行测定,确定其是否适宜耕作。针对已受到污染的种植土壤采取一些措施,如改善粮食种植模式,研究表明冬种模式对消减土壤重金属污染具有一定的作用。还可利用能够强力吸收重金属的植物,如种植蜈蚣草修复重金属污染的土壤,实现清洁土壤的目的。

2. 加强对工业"三废"的整治

环保部门需要加强对工业"三废"的整治,从源头进行治理,禁止在农田保护区、生态功能区建设重金属相关项目,制定行业重金属污染物排放限量标准,加强对重金属污染区域的综合治理,为农业生产提供良好的生态环境。同时,质检部门有必要加强对重金属污染的监测力度,定期监测企业工厂附近农田及水源环境中重金属含量。

3. 严格监控粮食流通等环节

相关质检部门针对粮食的收获、储藏、运输、销售等环节实行全过程的质量跟踪与监控，防止重金属超标的粮食进入市场。在粮食流通环节，检查每次采购的粮食是否有质量卫生检验合格证，复检合格后才能入库。针对粮食储存，应尽量不用或少使用会造成重金属污染的熏蒸药剂，保证粮食的质量安全。

4. 加强对农民的技术培训和教育

当前，我国处于传统农业向现代化农业转变的关键时期，但我国农业生产粗放型格局并没有改变。农民素质与专业技能提高，才能更好地发挥现代化农业建设的中坚力量，所以政府应对农民进行宣传培训教育，正确施用化肥和农药，引导农民自觉采用保护性耕作技术，成为新型农民，确保国家粮食安全，从而实现田间的可持续发展。

为了满足人民日益增长的美好生活需要，在发展我国经济的同时，不断加强环境治理是必不可少的。重金属污染是粮食污染的重要因素之一，为防止并减小重金属污染对粮食安全的威胁，需要严格监控重金属元素，加强对工业"三废"的综合治理，确保广大群众能吃上安全的粮食，从而实现我国社会的稳定发展。

知识点 5-2　农产品食品中重金属的限量标准

一、重金属超标后的中毒症状

严重的重金属中毒，可能会导致一些急性症状，比如头痛、腹痛、恶心、呕吐、腹泻、疲劳、呼吸困难，等等。慢性重金属中毒病例中，患者可能出现皮肤灼烧感、刺痛感、慢性感染、脑雾、失眠、视觉障碍，等等。此外，重金属在体内积累太多还容易导致肝肾心损伤、自闭、痴呆、DNA 突变、前列腺问题、癌变等。

长期接触重金属，还可能会导致身体、肌肉和神经系统退化。严重时，重金属中毒症状甚至与阿尔茨海默病、帕金森病和多发性硬化症相关症状相似。

二、重金属的限量标准

农产品食品中重金属含量超标会给人体造成严重危害，随着人们对食品安全的高度重视，相关部门严格把控食品质量问题，我国食品中 5 大重金属限量标准如表 5-1 所示，针对不同的食品类别，限量标准也有不同。

表 5-1　常见食品中 5 大重金属限量指标　　　　　　　　单位：mg/kg

食品类别（名称）	镉	铅	汞	砷（以总砷计）	铬
谷物	0.1（稻谷除外）	0.2	0.02	0.5（稻谷除外）	1.0
豆类	0.2	0.2	—	—	1.0
新鲜蔬菜	0.05～0.2	0.1（芸薹类蔬菜、叶菜蔬菜、豆类蔬菜、生姜、薯类除外）	0.01	0.5	0.5
新鲜水果	0.05	0.1（蔓越莓、醋栗除外）	—	—	—
鲜蛋	0.05	0.2	0.05	—	—
禽畜肉类	0.1（畜禽内脏及其制品除外）	0.2（畜禽内脏除外）	0.05	0.5	1.0
鱼类	0.1	0.5	0.5	—	2.0

注：数据来源 GB 2762—2022《食品安全国家标准　食品中污染物限量》。

三、重金属检测的目的和特点

重金属检测是指应用现代分析技术对存在于各种农产品、食品、环境中微量、痕量以及超痕量水平的重金属进行的定性、定量测定。其目的是：

① 研究环境重金属的活性与分布、影响土壤重金属有效性的因素、重金属对作物生长发育的影响、作物对重金属的抗性以及重金属污染的治理修复等，为政府管理机构对农产品质量安全的管理提供支持；

② 检测农产品、食品中重金属的种类和含量，以确定其质量和安全性，并作为食品在国际、国内贸易中品质评价和判断的标准和依据，为政府管理机构对食品质量和安全的管理提供支持；

③ 检测环境介质（水、空气、土壤）和生态系统中生物含有的重金属种类和水平，以了解环境质量和评价生态系统的安全性，为环境监测与保护的管理提供支持。

重金属检测是分析检测中最复杂的领域之一，这是由以下几个特点所致：

ⓐ 农产品、食品中重金属含量低，一般在痕量或超痕量水平；

ⓑ 重金属检测过程中，容易受环境、器皿等污染；

ⓒ 为满足农产品、食品监管和消费的需要，对重金属分析提出了越来越高的技术适应性和要求。

四、农产品食品中重金属总量及形态检测流程

农产品中食品重金属的检测流程包括样品采集、样品制备、样品测定以及结果报告等。按检测参数来分，主要有重金属总量和形态的检测，涉及农产品食品质量安全重金属总量方面的指标通常为总砷、汞、铅、镉等，涉及农产品食品质量安全重金属形态方面的指标通常为无机砷、甲基汞等。农产品食品中重金属总量及形态检测流程见图5-1。

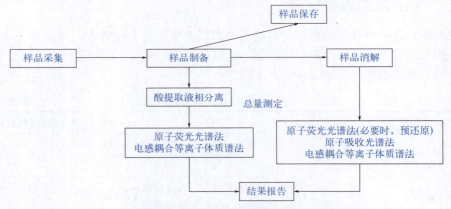

图 5-1　农产品食品中重金属总量及形态检测流程

五、重金属检测方法

能够快速、准确、简便地检测出微量甚至痕量重金属一直是仪器研发、检验检测机构关注的热点，目前用于农产品、食品样品中的重金属检测方法有很多，主要有原子吸收光谱法、原子荧光光谱法、电感耦合等离子体发射光谱法、电感耦合等离子体质谱

法、比色法、电化学分析法等,根据元素的种类和检测条件可以选用合适的方法,达到检测目的。

六、重金属检测技术的发展

20 世纪 50 年代以来,重金属检测经历了巨大的变化和发展。重金属痕量分析技术的需求推动了分析科学尤其是仪器分析的飞速发展。反之,仪器分析技术的高度发展,也是重金属检测能够达到超痕量水平的前提条件。近 20 年来,重金属检测的发展表现出以下突出的趋势:

① 总体上,重金属检测朝着安全、环保、高效、经济的方向快速发展,表现为分析样品量的小型化、溶剂用量的减少以及随着分析时效的提高和分析成本下降,实验室的重金属分析人员比过去有了更强的安全意识和环境保护意识。

② 重金属形态检测方面,样品处理出现了许多新技术,如固相提取技术、微波辅助提取技术、微波萃取技术、气质联用技术等,这些新技术集提取、净化于一体,表现了高效、快速、经济、安全、环境友好和自动化联用的发展方向。

③ 重金属检测方面,多元素同时检测方法已经成为重金属分析实验室的主要方法;溶剂用量大幅减少,分析效率得到较大的提高。

④ 快速检测技术受到市场需求的刺激而发展迅速,一些快速检测技术已进入市场,成为生产和生活实际中人们对重金属现场和即时分析要求的开端。

⑤ 重金属分析方法的标准化步伐加快,随着越来越多重金属试验室的质量控制和获得认可,重金属检测技术与结果在国际的协同化应用已成为可能,这将极大地提高重金属检测的效率。

⑥ 人们的质量和健康意识日益强烈,重金属已成为食品安全问题的重要构成,政府管理机构对重金属检测和管理正在形成完善的监控和决策体系。

 任务演练

任务 5-1　农产品食品中砷的测定

【任务描述】

在环境化学污染物中,砷是最常见、危害居民健康最严重的污染物之一。特别是随着现代工农业生产的发展,砷对环境的污染日趋严重。我国早在 1994 年就开始对大米中的各项污染物制定限量标准,当时的仪器还无法将无机砷和有机砷分开测量,标准只能定为总砷不超过 0.7mg/kg。2005 年颁布的国家标准 GB 2762《食品中污染物限量》首次明确了大米中无机砷的限量标准为 0.15mg/kg。2014 年国际食品法典委员会会议通过了由中国牵头修订的大米无机砷限量国际标准,限量值为 0.2mg/kg。这意味着,按照一个成年人每天食用 300g 大米来计算,每天摄入 0.06mg 的无机砷,对人体健康构成危害的风险已达到最低。作为全球唯一设立稻米中无机砷限量指标的国家,我国首次将食品安全国家标准转化为国际标准,充分体现了我国食品安全科技地位的提升,也标志着国家食品安全风险评估工作获得了国际认可。请你抽检附近市场销售的大米,确定其中砷含量,并出具检测报告。

【任务目标】

[知识目标]

① 了解农产品食品中砷污染的来源、危害及其在农产品食品中的限量指标。
② 掌握农产品食品中砷的测定方法。
③ 掌握氢化物发生原子荧光光谱法测定砷的流程及操作注意事项。

[技能目标]

① 会进行样品预处理，并能正确配制砷标准使用液。
② 会正确使用原子荧光光谱仪。
③ 会用原子荧光光谱法测定农产品食品中的砷。

[职业素养目标]

① 具备实事求是、精益求精的工匠精神。
② 树立法律意识、道德意识。

【知识准备】

一、概述

1. 砷的污染来源

砷是一种非金属元素，单质以灰砷、黑砷和黄砷这三种同素异形体的形式存在。砷元素广泛存在于自然界，共有数百种的砷矿物已被发现。单质砷不溶于水，故无毒，但极易氧化为剧毒的三氧化二砷，俗称砒霜。

食品中的砷以不同的化学形态存在，包括无机砷（三价砷和五价砷）以及有机砷，二者之和为总砷。砷的存在形态不同，其毒性差异很大，致毒性和致癌作用主要取决于无机砷的含量，在各种食品中，海产食品中总砷含量高，但其主要含有的是低毒的有机砷，剧毒的无机砷含量较低。

食品中砷污染的主要来源为：

（1）天然本底

几乎所有的生物体内均含有砷。自然界中的砷主要以二硫化砷（即雄黄）、三硫化砷（即雌黄）及硫砷化铁等硫化物的形式存在于岩石圈中。自然环境中的动植物可以通过食物链或以直接吸收的方式从环境中摄取砷。正常情况下动植物食品中砷含量较低。陆地植物和陆地动物中的砷主要以无机砷为主，且含量都比较低。

（2）环境中的砷对食品的污染

在环境化学污染物中，砷是最常见、危害居民健康最严重的污染物之一。有色金属熔炼、砷矿的开采冶炼，含砷化合物在工业生产中的应用，如陶器、木材、纺织、化工、油漆、制药、玻璃、制革、氮肥及纸张的生产等，特别是在我国流传广泛的土法炼砷所产生的大量含砷废水、废气和废渣等造成砷对环境的持续污染，从而造成食品的砷污染。

（3）含砷农药的使用对食品的污染

在我国砷酸钠、亚砷酸钠、砷酸钙、亚砷酸钙、砷酸铅及砷酸锰曾经是比较常用的含砷农药，由于无机砷的毒性较大、半衰期长，目前已禁止生产使用。

（4）食品加工过程的砷污染

在食品的生产加工过程中，食用色素、葡萄糖及无机酸等化合物如果质地不纯，就可能含有较高量的砷而污染食品。如生产酱油时用盐酸水解豆饼，并用碱中和，如果使用的是砷含量较高的工业盐酸，就会造成酱油含砷量增高。

2. 砷污染的危害

在环境化学污染物中，砷是最常见、危害居民健康最严重的污染物之一。特别是随着现代工农业生产的发展，砷对环境的污染日趋严重。砷的毒性顺序为砷化氢 > 三价无机砷 > 五价无机砷 > 有机砷，单质砷几乎没有毒性。

砷是巯基酶毒物，可与细胞内巯基酶结合而使其失去活性，从而影响组织的新陈代谢，引起细胞死亡，也可导致神经细胞代谢障碍，造成神经系统病变。砷对消化道有腐蚀作用，接触部位可产生急性炎症、出血与坏死；砷吸收后，可麻痹血管运动中枢，可直接作用于毛细血管，使脏器的微血管发生麻痹、扩张和充血，以致血压下降。人体吸收的砷，部分贮留于肝，引起肝细胞退行性病变和糖原消失；砷进入肠道，可引起腹泻，并可使心脏及脑组织缺血引起虚脱，意识消失及痉挛等；砷在体内排出很慢，易在人体内蓄积。随着砷毒理学的研究进展，砷及其化合物已被国际癌症研究机构确认为致癌物。由于砷会分布在身体的各个器官系统，因此身体各部位都可能发生病变，研究显示，除了乌脚病、心脏病、糖尿病、高血压、中风及各种癌症外，慢性砷中毒也可能引起白内障、慢性支气管炎、神经行为发展迟滞等病变。

3. 农产品食品中砷的限量指标

我国食品中砷的允许量现行标准为《食品安全国家标准　食品中污染物限量》（GB 2762—2022），其中对农产品如谷物、蔬菜、水果、食用菌、肉类、水产品等允许的最大砷含量水平做了规定；FAO/WHO 食品添加剂联合专家委员会（JECFA）建议的总砷每日最大耐受摄入量（TDMI）为每千克体重 50μg。

目前，国际上均以无机砷的形式进行食品卫生学评价。1988 年 JECFA 推荐无机砷的暂定每人每周允许摄入量（PTWI）为每千克体重 0.015mg，即以体重 60kg 计，每人每日允许摄入量（ADI）为 0.129 mg。表 5-2 为部分食品中砷元素的限量。

表 5-2　部分食品中砷元素的限量（GB 2762—2022）

食品类别（名称）	砷（以 As 计）/（mg/kg） 总砷	砷（以 As 计）/（mg/kg） 无机砷	食品类别（名称）	砷（以 As 计）/（mg/kg） 总砷	砷（以 As 计）/（mg/kg） 无机砷
谷物及其制品 谷物（稻谷[①]除外）	0.5	—	乳及乳制品 生乳、巴氏杀菌乳、灭菌乳、调制乳、发酵乳	0.1	—
稻谷[①]	—	0.35			
谷物碾磨加工品［糙米、大米（粉）除外］	0.5	—			
糙米	—	0.35	乳粉和调制乳粉	0.5	—
大米（粉）	—	0.2			
水产动物及其制品（鱼类及其制品除外）	—	0.5	油脂及其制品（鱼油及其制品、磷虾油及其制品除外）	0.1	—
鱼类及其制品	—	0.1	鱼油及其制品、磷虾油及其制品	—	0.1
新鲜蔬菜	0.5	—	肉及肉制品	0.5	—

① 稻谷以糙米计。

二、农产品食品中砷的测定方法

依据 GB 5009.11—2014《食品安全国家标准 食品中总砷及无机砷的测定》,食品中总砷测定方法主要有电感耦合等离子体质谱法、氢化物发生原子荧光光谱法和银盐法。

食品中无机砷的测定方法主要有液相色谱-原子荧光光谱法、液相色谱-电感耦合等离子体质谱法。食品中总砷及无机砷的测定可扫描二维码观看操作视频。

食品中总砷及无机砷的测定 第二法 氢化物发生原子荧光光谱法-总砷

大米中总砷的测定(氢化物发生原子荧光光谱法) 工作任务单
分小组完成以下任务: ① 查阅砷的测定检验标准,设计砷的测定检测方案。 ② 准备砷的测定所需试剂材料及仪器设备。 ③ 正确对样品进行预处理。 ④ 正确进行样品中砷的测定。 ⑤ 结果记录及分析处理。 ⑥ 依据《食品安全国家标准 食品中污染物限量》(GB 2762—2022),判定样品中砷含量是否合格。 ⑦ 出具检验报告。

【任务实施】

一、检验工作准备

① 查阅检验标准《食品安全国家标准 食品中总砷及无机砷的测定》(GB 5009.11—2014),设计原子荧光光谱法测定大米中总砷的含量方案。

② 准备砷的测定所需试剂材料及仪器设备。

二、任务实施步骤

试样制备→试样湿法消解→仪器参数设置→标准曲线制作→样品测定→计算

1. 试样制备

将大米搅碎成均匀的样品。

2. 试样湿法消解

称取 1.0~2.5g 大米(精确至 0.001g),置于 50~100mL 锥形瓶中,同时做两份试剂空白。加硝酸 20mL、高氯酸 4mL、硫酸 1.25mL,放置过夜。次日置于电热板上加热消解。消解完后,再持续蒸发至高氯酸的白烟散尽,硫酸的白烟开始冒出。冷却,加水 25mL,再蒸发至冒硫酸白烟。冷却,用水将内溶物转入 25mL 容量瓶或比色管中,加入硫脲+抗坏血酸溶液 2mL,补加水至刻度,混匀,放置 30min,待测,按同一操作方法作空白试验。

3. 仪器参数设置

根据所用仪器型号将仪器调至最佳状态。

4. 上机测定

(1) 标准曲线制作

取 25mL 容量瓶或比色管 6 支,依次准确加入 1.00mg/L 砷标准使用液 0.00mL、0.10mL、0.25mL、0.50mL、1.5mL 和 3.0mL(分别相当于砷浓度 0.0ng/mL、4.0ng/mL、

10ng/mL、20ng/mL、60ng/mL、120ng/mL），各加硫酸溶液（1+9）12.5mL，硫脲+抗坏血酸2mL，补加水至刻度，混匀后放置30min后测定。

仪器预热稳定后，将实际空白、标准系列溶液依次引入仪器进行原子荧光强度的测定。以原子荧光强度为纵坐标，砷浓度为横坐标绘制标准曲线，得到回归方程。

（2）样品测定

相同条件下，将试样溶液和空白溶液分别引入仪器进行测定。根据回归方程计算出样品中砷元素的浓度。

5. 计算

$$X = \frac{(c - c_0) \times V \times 1000}{m \times 1000 \times 1000}$$

式中　X——试样中砷的含量，单位为 mg/kg 或 mg/L；

　　　c——试样被测液中砷的测定浓度，单位为 ng/mL；

　　　c_0——试样空白消化液中砷的测定浓度，单位为 ng/mL；

　　　V——试样消化液总体积，单位为 mL；

　　　m——试样质量，单位为 g 或 mL；

　　　1000——换算系数。

计算结果保留两位有效数字。

在重复性条件下获得的两次独立测定结果的绝对差值不得超过算术平均值的 20%。

三、数据记录与处理

将大米中砷的测定原始数据填入表 5-3 中。

表 5-3　大米中砷的测定原始记录表

工作任务							样品名称		
接样日期							检验日期		
检验依据									
标准曲线制作	砷标准使用液浓度/(mg/L)								
	编号	1	2	3	4	5	6		
	取标液体积/mL								
	相当于砷浓度/(ng/mL)								
	228.8nm 测定吸光度								
标准曲线方程及相关系数									
样品质量 m/g									
试样消化液的总体积 V/mL									
试样消解液中砷的浓度 C_1/(ng/mL)									
空白消解液中砷的浓度 C_0/(ng/mL)									
计算公式									

续表

试样中砷的含量 X/(mg/kg)	
试样中砷含量平均值 $\overline{X}$/(mg/kg)	
标准规定分析结果的精密度	
本次实验分析结果的精密度	
判定依据	
判定结果	
检验结论	

检测人：　　　　　　　　　　　　　校核人：

四、任务评价

按照表 5-4 评价学生工作任务完成情况。

表 5-4　任务考核评价指标

序号	工作任务	评价指标	配分	得分
1	检测方案制订	（1）正确选用检测标准及检测方法 （2）检测方案制订合理规范	15	
2	试样称取	正确使用电子天平进行称重	5	
3	试样湿法消解	（1）能正确进行湿法消解 （2）正确使用容量瓶进行定容	10	
4	标准系列溶液制备	（1）正确使用移液管 （2）正确配制标准系列溶液，标液不得污染	10	
5	标准曲线制作	（1）正确绘制标准曲线 （2）正确求出吸光度值与砷的浓度关系的一元线性回归方程	10	
6	样品测定（上机测量）	（1）能够正确操作仪器 （2）正确测量标样、样品液和空白	10	
7	数据处理	（1）原始记录及时规范整洁 （2）有效数字保留准确 （3）标准曲线相关系数高 （4）计算正确，测定结果准确，平行测定相对偏差≤20%	10	
8	其他操作	（1）工作服整洁，能够正确进行标识 （2）操作时间控制在规定时间里 （3）及时收拾清洁、回收玻璃器皿及仪器 （4）注意操作文明和操作安全	10	

续表

序号	工作任务	评价指标	配分	得分
9	综合素养	（1）积极主动参与工作，能吃苦耐劳，崇尚劳动光荣，弘扬工匠精神 （2）服从安排，顾全大局，积极与小组成员合作，共同完成工作任务 （3）能有效利用网络、图书资源、工作手册等快速查阅获取所需信息 （4）能发现问题、提出问题、分析问题、解决问题、创新问题	20	
	合计		100	

任务 5-2　农产品食品中铅的测定

【任务描述】

中国茶历史悠久，形成于唐，兴盛于宋，过渡于元，变革于明，发展于清。到如今，饮茶已然成为多数人的一种生活习惯。市售茶叶抽检不合格的原因之一就是重金属铅含量超标，长期饮用对身体绝对是有害无益的。大学生小 M 和朋友晚上相约到一家大排档吃夜宵，刚落座，服务员马上拿来一壶免费茶水，不过小王刚喝一口，就感觉味道怪怪的，不仅灰尘味很重，而且还有沉淀物，他了解到餐厅赠送的茶水可能是茶场陈茶翻新时筛下的"垃圾茶"，那么这个免费茶水是否存在质量问题呢？请你抽检该茶叶样品，确定其中重金属铅的含量，并出具检测报告。

【任务目标】

[知识目标]

① 了解农产品食品中铅污染的来源、危害及其在农产品食品中的限量指标。
② 掌握农产品食品中铅的测定方法。
③ 掌握火焰原子吸收光谱法测定铅的流程及操作注意事项。

[技能目标]

① 会进行样品预处理，并能正确配制铅标准使用液。
② 会正确使用原子吸收光谱仪。
③ 会用火焰原子吸收光谱法测定农产品食品中铅的含量。

[职业素养目标]

① 具备实事求是、一丝不苟的科学品质。
② 树立绿色环保理念。

【知识准备】

一、概述

1. 铅的污染来源

铅为带蓝色的银白色重金属，是人类最早使用的金属之一，在自然界中大多以化合物的形式存在。食品中铅的来源主要通过以下几方面：①食品加工、贮存、运输过程中使用的含铅器皿（如铅合金、搪瓷、陶瓷以及马口铁食具的焊锡、锡酒壶等）的污染；②含铅农药（如砷酸铅等）的使用；③工业排放的"三废"（废气、废水、废渣），污染附近生长的农作物；④含铅尘的大气、废气，受铅污染的水源，剥落的油漆等。

2. 铅污染的危害

许多化学品在环境中滞留一段时间后可能降解为无害的最终化合物，但是铅无法再降解，一旦排入环境很长时间仍然保持其可用性。由于铅在环境中的长期持久性，又对许多生命组织有较强的潜在性毒性，所以铅一直被列为强污染物范围。在重金属类食品污染名单中，易造成铅污染的皮蛋尤为严重，其中铅平均含量超过国家标准限量值的1.2～8.0倍。制作加工原料中使用的铅丹（氧化铅）是导致皮蛋中铅含量过高的主要原因。

铅是一种具有蓄积性、多亲和性的毒物，对生物体内许多器官组织都具有不同程度的损害作用，尤其是对造血系统、神经系统和肾脏的损害尤为明显，还损害人体的免疫系统，使机体抵抗力下降。食品铅污染所致的中毒主要是慢性损害作用，临床上表现为贫血、神经衰弱、神经炎和消化系统症状。

3. 农产品食品中铅的限量指标

我国食品中铅的允许量现行标准为《食品安全国家标准 食品中污染物限量》（GB 2762—2022），该标准对农产品如谷物、蔬菜、水果、食用菌、肉及肉制品、水产品等做了铅含量的规定（见表5-5）；JECFA规定铅的每月耐受摄入量（PTMI）为每千克体重25μg。

表5-5 部分食品中铅元素的限量（GB 2762—2022）

食品类别（名称）	铅（以Pb计）/（mg/kg）	食品类别（名称）	铅（以Pb计）/（mg/kg）
谷物及其制品①［麦片、面筋、粥类罐头、带馅（料）面米制品除外］	0.2	豆类及其制品	
		豆类	0.2
		豆类制品（豆浆除外）	0.3
麦片、面筋、粥类罐头、带馅（料）面米制品	0.5	豆浆	0.05
蔬菜及其制品		水果及其制品	
新鲜蔬菜（芸薹类蔬菜、叶菜蔬菜、豆类蔬菜、生姜、薯类除外）	0.1	新鲜水果（蔓越莓、醋栗除外）	0.1
		蔓越莓、醋栗	0.2
叶菜蔬菜	0.3	水果制品［果酱（泥）、蜜饯、水果干类除外］	0.2
芸薹类蔬菜、豆类蔬菜、生姜、薯类	0.2		
		果酱（泥）	0.4
蔬菜制品（酱腌菜、干制蔬菜除外）	0.3	蜜饯	0.8
		水果干类	0.5
酱腌菜	0.5		
干制蔬菜	0.8		

续表

食品类别（名称）	铅（以 Pb 计）/（mg/kg）	食品类别（名称）	铅（以 Pb 计）/（mg/kg）
肉及肉制品 　肉类（畜禽内脏除外） 　畜禽内脏 　肉制品（畜禽内脏制品除外） 　畜禽内脏制品	 0.2 0.5 0.3 0.5	乳及乳制品（生乳、巴氏杀菌乳、灭菌乳、调制乳、发酵乳除外） 　生乳、巴氏杀菌乳、灭菌乳 　调制乳、发酵乳	0.2 0.02 0.04
蛋及其蛋制品	0.2	油脂及其制品	0.08

① 稻谷以糙米计。

二、农产品食品中铅的测定方法

食中铅的测定方法有很多，依据 GB 5009.12—2023《食品安全国家标准　食品中铅的测定》，食品中铅的测定方法主要有石墨炉原子吸收光谱法、电感耦合等离子体质谱法、火焰原子吸收光谱法。食品中铅的测定（火焰原子吸收光谱法）可扫描二维码观看操作视频。

食品中铅的测定　第三法　火焰原子吸收光谱法

茶叶中铅的测定（火焰原子吸收光谱法） 工作任务单
分小组完成以下任务： ① 查阅铅测定的检验标准，设计铅的测定检测方案。 ② 准备铅的测定所需试剂材料及仪器设备。 ③ 正确对样品进行预处理。 ④ 正确进行样品中铅的测定。 ⑤ 结果记录及分析处理。 ⑥ 依据《食品安全国家标准　食品中污染物限量》（GB 2762—2022），判定样品中铅含量是否合格。 ⑦ 出具检验报告。

【任务实施】

一、检验工作准备

① 查阅检验标准《食品安全国家标准　食品中铅的测定》（GB 5009.12—2023），设计火焰原子吸收光谱法测定茶叶中铅的方案。

② 准备铅的测定所需试剂材料及仪器设备。

二、任务实施步骤

试样制备→试样湿法消解→萃取分离→仪器参数设置→标准曲线制作→样品测定→计算

1. 试样制备

将茶叶研碎成均匀的样品。

2. 试样湿法消解

称取研碎的茶叶试样 0.2~3g（精确至 0.001g）于带刻度消化管中，加入 10mL 硝酸和 0.5mL 高氯酸，放数粒玻璃珠，在可调式电热炉上消解（参考条件：120℃/0.5h～1h；升至 180℃/2h～4h，升至 200～220℃）。待消化液呈无色透明或略带黄色，取出消化管，冷却后用水定容至 10.00mL，混匀备用。同时做试剂空白试验。

3. 萃取分离

（1）试样萃取分离

将试样消化液及试剂空白溶液分别置于 125mL 分液漏斗中，补加水至 60mL。加 2mL 柠檬酸铵溶液（250g/L），溴百里酚蓝水溶液（1g/L）3～5 滴，用氨水溶液（1+1）调 pH 至溶液由黄变蓝，加硫酸铵溶液（300g/L）10.00mL，二乙基二硫代氨基甲酸钠（DDTC）溶液（50g/L）10.00mL，摇匀。放置 5min 左右，加入 10.00mL 甲基异丁基酮（MIBK），剧烈振摇提取 1min，静置分层后，弃去水层，将 MIBK 层放入 10mL 带塞刻度管中，得到试样溶液和空白溶液。

（2）标准溶液萃取分离

分别吸取铅标准使用液（10.0mg/L）0mL、0.250mL、0.500mL、1.00mL、1.50mL 和 2.00mL（相当 0μg、2.50μg、5.00μg、10.0μg、15.0μg 和 20.0μg 铅）于 125mL 分液漏斗中，补加水至 60mL。与试样相同方法进行萃取。

4. 仪器参数设置

根据所用仪器型号将仪器调至最佳状态。

5. 上机测定

（1）标准曲线制作

将标准系列溶液按质量由低到高的顺序分别导入火焰原子化器，原子化后测其吸光度值，以铅的质量为横坐标，吸光度值为纵坐标，制作标准曲线。

（2）样品测定

将试样溶液和空白溶液分别导入火焰原子化器，原子化后测其吸光度值，与标准系列比较定量。

6. 计算

$$X = \frac{m_1 - m_0}{m_2}$$

式中 X——试样中铅的含量，单位为 mg/kg 或 mg/L；

m_1——试样溶液中铅的质量，单位为 μg；

m_0——空白溶液中铅的质量，单位为 μg；

m_2——试样称样量或移取体积，单位为 g 或 mL。

当铅含量 ≥ 10.0mg/kg（或 mg/L）时，计算结果保留三位有效数字；当铅含量 <10.0mg/kg（或 mg/L）时，计算结果保留两位有效数字。

在重复性条件下获得的两次独立测定结果的绝对差值不得超过算术平均值的 10%。

三、数据记录与处理

将茶叶中铅的测定原始数据填入表 5-6 中。

四、任务评价

按照表 5-7 评价学生工作任务完成情况。

表 5-6 茶叶中铅的测定原始记录表

工作任务								样品名称	
接样日期								检验日期	
检验依据									
标准曲线制作	铅标准使用液浓度 /(mg/L)								
	编号	1	2	3	4	5	6		
	取标液体积 /mL								
	相当于铅的量 /μg								
	283.3nm 测定吸光度								
标准曲线方程及相关系数									
样品质量 m/g									
试样溶液中铅的质量 m_1/μg									
空白溶液中铅的质量 m_0/μg									
计算公式									
试样中铅的含量 X/(mg/kg)									
试样中铅含量平均值 $\overline{X}$/(mg/kg)									
标准规定分析结果的精密度									
本次实验分析结果的精密度									
判定依据									
判定结果									
检验结论									

检测人：　　　　　　　　　　　　　　校核人：

表 5-7 任务考核评价指标

序号	工作任务	评价指标	配分	得分
1	检测方案制订	（1）正确选用检测标准及检测方法 （2）检测方案制订合理规范	15	
2	试样称取	正确使用电子天平进行称重	5	
3	试样湿法消解	（1）能正确进行湿法消解 （2）正确使用容量瓶进行定容	5	
4	标准系列溶液制备	（1）正确使用移液管 （2）正确配制标准系列溶液，标液不得污染	10	
5	萃取分离	（1）正确使用分液漏斗 （2）正确进行振摇，并放气，操作过程中不得污染试剂	5	

续表

序号	工作任务	评价指标	配分	得分
6	标准曲线制作	（1）正确绘制标准曲线 （2）正确求出吸光度值与铅的质量关系的一元线性回归方程	5	
7	样品测定（上机测量）	（1）能够正确操作仪器 （2）正确开关气体和点火 （3）正确测量标样、样品液和空白	10	
8	数据处理	（1）原始记录及时规范整洁 （2）有效数字保留准确 （3）标准曲线相关系数高 （4）计算正确，测定结果准确，平行测定相对偏差≤20%	15	
9	其他操作	（1）工作服整洁，能够正确进行标识 （2）操作时间控制在规定时间里 （3）及时收拾清洁、回收玻璃器皿及仪器 （4）注意操作文明和操作安全	10	
10	综合素养	（1）积极主动参与工作，能吃苦耐劳，崇尚劳动光荣，弘扬工匠精神 （2）服从安排，顾全大局，积极与小组成员合作，共同完成工作任务 （3）能有效利用网络、图书资源、工作手册等快速查阅获取所需信息 （4）能发现问题、提出问题、分析问题、解决问题、创新问题	20	
	合计		100	

任务 5-3　农产品食品中镉的测定

【任务描述】

水稻由于自身独特的金属离子转运蛋白基因序列组，可以对镉离子进行吸收和储存，使其更容易在污染的土地上吸收土壤里的镉离子。要降低大米镉含量，则需要采用包括转基因技术在内的现代生物技术与传统育种手段相结合的策略，聚合大量有利基因，培育水稻新品种，做"少打农药、少施化肥，节水抗旱，优质高产，保护环境"的绿色超级稻。请你抽检超市大米样品，检测其镉含量，并出具检测报告。

【任务目标】

[知识目标]

① 了解农产品食品中镉污染的来源、危害及其在农产品食品中的限量指标。
② 掌握农产品食品中镉的测定方法。

③ 掌握石墨炉原子吸收光谱法测定镉的流程及操作注意事项。

[技能目标]
① 会进行样品预处理，并能正确配制镉标准使用液。
② 会正确使用原子吸收光谱仪。
③ 会用石墨炉原子吸收光谱法测定农产品食品中的镉。

[职业素养目标]
① 具备法律意识、标准意识。
② 具备生态文明意识。

【知识准备】

一、概述

1. 镉的污染来源

镉是银白色有光泽的金属，广泛应用于电镀工业、化学工业、电子业和核工业等领域。镉污染源主要是铅锌矿，以及有色金属冶炼、电镀和用镉化合物作原料或触媒的工厂。相当数量的镉通过废气、废水、废渣排入环境，造成污染。

镉广泛地存在于自然界，但是自然本底值较低，因此食品中的镉含量一般不高。但是，通过食物链的生物富集作用，可以在食品中检出镉。不同食品被镉污染的程度差异很大，海产品、动物内脏，特别是肝和肾，食盐、油类、脂肪和烟叶中的镉含量平均浓度比蔬菜、水果高；海产品中尤其以贝类含镉量较高，有报道称，海产贝类的浓集系数可达 $10^5 \sim 2 \times 10^6$；植物性食品中含镉量相对较低，其中甜菜、洋葱、豆类、萝卜最易受污染，大麦、番茄稍差，谷类能蓄积较多的镉。日本某镉污染区稻米中镉含量为 0.36～4.17mg/kg，我国曾受镉污染的地区有 11 个省份 25 个地区，受镉污染的耕地面积达 14 万亩❶左右，所产稻米含镉量为 1.32～5.43 mg/kg。此外，有些食品容器和包装材料，特别是金属容器，也可能在与食品接触中造成镉污染。

2. 镉污染的危害

镉是人体非必需元素，在自然界中常以化合物状态存在，一般含量很低，正常环境状态下，不会影响人体健康。但当环境受到镉污染后，镉可通过食物、水和空气而进入体内蓄积下来，并有选择性地蓄积于肾、肝中。长期食用遭到镉污染的食品会造成肾损伤，镉对人体主要的危害是引起肾近曲小管上皮细胞的损害，临床上出现高钙尿、蛋白尿、糖尿、氨基酸尿，最后导致负钙平衡，引起骨质疏松症。

1968 年日本将"痛痛病"列为镉危害引起的公害病，"痛痛病"事件是指 1955 年至 1972 年发生在日本富县神通川流域的公害事件。1955 年，在神通川流域河岸出现了一种怪病，症状初始是腰、背、手、脚等各关节疼痛，随后遍及全身，有针刺般痛感，数年后骨骼严重畸形，骨脆易折，甚至轻微活动或咳嗽，都能引起多发性病理骨折，最后衰弱疼痛而死，因此被称为"痛痛病"。经调查分析，"痛痛病"是河岸的锌、铅冶炼厂等排放的含镉废水污染了水体，使稻米含镉。而当地居民长期饮用受镉污染的河水，以及食用含镉稻米，致使镉在体内蓄积而中毒致病。截至 1968 年 5 月，共确诊患者 258 例，其中死亡 128 例，到 1977 年 12 月又死亡 79 例。

"痛痛病"事件后，镉的安全摄入量问题引起世界各国的关注，食物是人体摄入镉

---

❶ 1 亩 =666.7m²。

的主要来源，监测各类食品中的镉含量是控制人体镉摄入量的重要预防措施。

3. 农产品食品中镉的限量指标

我国食品中镉的允许量现行标准为《食品安全国家标准 食品中污染物限量》（GB 2762—2022），该标准对农产品如谷物、蔬菜、水果、食用菌、肉类、水产品等允许的最大镉含量水平做了规定（见表5-8）；JECFA规定镉的每月耐受摄入量（PTMI）为每千克体重25μg。

表 5-8 部分食品中镉的限量（GB 2762—2022）

食品类别（名称）品名	限量（以Cd计）/（mg/kg）
谷物及其制品	
谷物（稻谷[①]除外）	0.1
谷物碾磨加工品[糙米、大米（粉）除外]	0.1
稻谷、糙米、大米（粉）	0.2
蔬菜及其制品	
新鲜蔬菜（叶菜蔬菜、豆类蔬菜、块根和块茎蔬菜、茎类蔬菜、黄花菜除外）	0.05
叶菜蔬菜	0.2
豆类蔬菜、块根和块茎蔬菜、茎类蔬菜（芹菜除外）	0.1
芹菜、黄花菜	0.2
豆类及其制品	
豆类	0.2
坚果及籽类	
花生	0.5

① 稻谷以糙米计。

二、农产品食品中镉的测定方法

依据GB 5009.15—2023《食品安全国家标准 食品中镉的测定》，食品中镉的测定主要是石墨炉原子吸收光谱测定法和电感耦合等离子体质谱测定方法。

大米中镉的测定（石墨炉原子吸收光谱法）
工作任务单

分小组完成以下任务：
① 查阅镉的测定检验标准，设计镉的测定检测方案。
② 准备镉的测定所需试剂材料及仪器设备。
③ 正确对样品进行预处理。
④ 正确进行样品中镉的测定。
⑤ 结果记录及分析处理。
⑥ 依据《食品安全国家标准 食品中污染物限量》GB 2762—2022，判定样品中镉含量是否合格。
⑦ 出具检验报告。

【任务实施】

一、检验工作准备

① 查阅检验标准《食品安全国家标准 食品中镉的测定》（GB 5009.15—2023），设计石墨炉原子吸收光谱法测定大米中镉的含量方案。

② 准备镉的测定所需试剂材料及仪器设备。

二、任务实施步骤

试样制备→微波消解→镉标准系列工作溶液配制→仪器参数设置→标准曲线制作→试样溶液的测定→计算

1. 试样制备

将大米用高速粉碎机粉碎均匀。

2. 微波消解

称取试样 0.2~0.5g（精确至 0.001g）于微波消解罐中，加入 5~10mL 硝酸，按照微波消解的操作步骤消解试样。冷却后取出消解罐，于 140~160℃赶酸至 1mL 左右。消解罐放冷后，将消化液转移至 10mL 或 25mL 容量瓶中，用少量水洗涤消解罐 2~3 次，合并洗涤液于容量瓶中并用水定容至刻度，混匀备用。同时做空白试验。

3. 镉标准系列工作溶液配制

分别准确吸取镉标准中间液（100μg/L）0mL、0.200mL、0.500mL、1.00mL、2.00mL 和 4.00mL 于 100mL 容量瓶中，加硝酸溶液（5+95）至刻度，混匀。此系列溶液镉的质量浓度分别为 0μg/L、0.200μg/L、0.500μg/L、1.00μg/L、2.00μg/L 和 4.00μg/L。临用现配。

4. 仪器参数设置

根据所用仪器型号将仪器调至最佳状态。

5. 标准曲线制作

按质量浓度由低到高的顺序分别取 10μL 标准系列溶液、5μL 磷酸二氢铵-硝酸钯混合溶液（可根据使用仪器选择最佳进样量），同时注入石墨管，原子化后测其吸光度值，以质量浓度为横坐标，吸光度值为纵坐标，绘制标准曲线。

6. 试样溶液的测定

在测定标准曲线相同的试验条件下，吸取 10μL 空白溶液或试样消化液、5μL 磷酸二氢铵-硝酸钯混合溶液（可根据使用仪器选择最佳进样量），同时注入石墨管，原子化后测其吸光度值。根据标准曲线得到待测液中镉的质量浓度。若测定结果超出标准曲线范围，用硝酸溶液（5+95）稀释后测定。

7. 计算

$$X = \frac{(\rho - \rho_0) \times f \times V}{m \times 1000}$$

式中　X——试样中镉含量，单位为 mg/kg 或 mg/L；
　　　ρ——试样消化液中镉的质量浓度，单位为 μg/L；
　　　ρ_0——空白溶液中镉的质量浓度，单位为 μg/L；
　　　f——稀释倍数；
　　　V——试样消化液定容体积，单位为 mL；
　　　m——试样质量或体积，单位为 g 或 mL；
　　　1000——换算系数。

当镉含量≥0.1mg/kg（mg/L）时，计算结果保留 3 位有效数字，当镉含量<0.1mg/kg（mg/L）时，计算结果保留位有效数字。

试样中镉含量 >1mg/kg（mg/L）时，在重复性条件下获得的 2 次独立测定结果的绝对差值不得超过算术平均值的 10%；0.1mg/kg（mg/L）≤试样中镉含量≤ 1mg/kg（mg/L）时，在重复性条件下获得的 2 次独立测定结果的绝对差值不得超过算术平均值的 15%；试样中镉含量≤ 0.1mg/kg（mg/L）时，在重复性条件下获得的 2 次独立测定结果的绝对差值不得超过算术平均值的 20%。

三、数据记录与处理

将大米中镉的测定原始数据填入表 5-9 中。

表 5-9　大米中镉的测定原始记录表

工作任务								样品名称	
接样日期								检验日期	
检验依据									
标准曲线制作	镉标准使用液浓度 /（mg/L）								
	编号	1	2	3	4	5	6		
	取标液体积 /mL								
	相当于铅的量 /μg								
	228.8nm 测定吸光度								
标准曲线方程及相关系数									
样品质量 m/g									
试样消化液的总体积 V/mL									
试样消解液中镉的质量浓度 ρ/(ng/mL)									
空白消解液中镉的质量浓度 ρ_0/(ng/mL)									
计算公式									
试样中镉的含量 X/(μg/kg)									
试样中镉含量平均值 $\overline{X}$/(μg/kg)									
标准规定分析结果的精密度									
本次实验分析结果的精密度									
判定依据									
判定结果									
检验结论									
检测人：								校核人：	

四、任务评价

按照表 5-10 评价学生工作任务完成情况。

表 5-10　任务考核评价指标

序号	工作任务	评价指标	配分	得分
1	检测方案制订	（1）正确选用检测标准及检测方法 （2）检测方案制订合理规范	15	

续表

序号	工作任务	评价指标	配分	得分
2	试样称取	正确使用电子天平进行称重	5	
3	试样湿法消解	（1）能正确进行湿法消解 （2）正确使用容量瓶进行定容	10	
4	标准系列溶液制备	（1）正确使用移液管 （2）正确配制标准系列溶液，标液不得污染	10	
5	标准曲线制作	（1）正确绘制标准曲线 （2）正确求出吸光度值与浓度关系的一元线性回归方程	10	
6	样品测定（上机测量）	（1）能够正确操作仪器 （2）正确测量标样、样品液和空白	10	
7	数据处理	（1）原始记录及时规范整洁 （2）有效数字保留准确 （3）标准曲线相关系数高 （4）计算正确，测定结果准确，平行测定相对偏差≤20%	10	
8	其他操作	（1）工作服整洁，能够正确进行标识 （2）操作时间控制在规定时间里 （3）及时收拾清洁、回收玻璃器皿及仪器	10	
9	综合素养	（1）积极主动参与工作，能吃苦耐劳，崇尚劳动光荣，弘扬工匠精神 （2）服从安排，顾全大局，积极与小组成员合作，共同完成工作任务 （3）能有效利用网络、图书资源、工作手册等快速查阅获取所需信息 （4）能发现问题、提出问题、分析问题、解决问题、创新问题	20	
		合计	100	

任务 5-4　农产品食品中汞的测定

【任务描述】

历史上曾发生过多次汞中毒事件，其中影响最大的是 1953 年发生在日本熊本县的水俣病，这是一种由有机汞慢性中毒引起的神经系统障碍疾病，患者病症表现为手足不协调、运动及言语障碍，重者意识不清、神经错乱甚至死亡，该事件造成 1000 多人死亡，10000 多人患病。经调查确认，该病是由甲基汞污染当地居民经常食用的水产品所致。

我国作为全球最大的水稻生产和消费国，大米的安全问题对我国居民的身体健康举足轻重。近年来我国大米中汞含量的下降不仅是对我国过去十几年间节能减排政策执行效果的反映，也是对于我国近年来执行《关于汞的水俣公约》的肯定。请你抽检不同产地的大米样品，通过检测比较其汞含量，并出具检测报告。

【任务目标】

[知识目标]

① 了解农产品食品中汞污染的来源、危害及其在农产品食品中的限量指标。
② 掌握农产品食品中汞的测定方法。
③ 掌握原子荧光光谱法测定总汞的流程及操作注意事项。

[技能目标]

① 会进行样品预处理,并能正确配制汞标准使用液。
② 会正确使用原子荧光光谱仪。
③ 会用原子荧光光谱法测定食品中的总汞。

[职业素养目标]

① 筑牢职业底线,树立责任担当。
② 具备质量意识、工匠精神。

【知识准备】

一、概述

1. 汞的污染来源

汞是常温下唯一呈液态的金属元素,广泛分布于地壳表层,是世界公认的最危险的无机污染物之一。汞以各种化学形态排入环境,污染空气、水质和土壤,导致对农产品和水产品的污染。

食品中的汞污染主要来自于某些地区特殊自然环境中的高本底含量对食品的污染,环境污染导致的汞元素对食品的污染,以及自然界食物链的富集放大作用。此外,食品包装材料上印刷油墨中的重金属汞也有可能随食物进入人体中。

20世纪50年代后期,人类在农业上使用含汞杀虫剂或使用有机汞拌种,使得汞对土壤、水系、大气的污染日益严重。有机汞化合物的施用,导致灌溉农作物根系从土壤中吸收并富集重金属而使农产品受到污染,而被汞污染的食品原料即使经过加工,也不能完全将汞除净。另外,农田中对农药和化肥的不合理使用,造成重金属元素进入土壤并随之积累,使一部分汞散落在土壤、大气和水等环境中,残留的农药又直接通过植物、水、果实等途径到达人、畜体内,或通过环境食物链最终传给人、畜。

早年未经处理的工业废水的排放,也是汞及其化合物间接造成食品污染的主要渠道之一。20世纪,工业上含汞废水主要来自氯碱化工厂(水银法)、有色金属冶炼厂(烟气洗涤)、农药厂、造纸工业(杀菌剂、黏稠剂和絮凝去除剂等)、电器和电子工业、石油化工及塑料工业以及度量仪表、温度计、压力计生产及医药行业等。

汞的蓄积性很强,且主要在动物体内蓄积。动物产品中,汞污染主要来源于自然界生物链的富集作用,例如水生生物极易富集水体中的甲基汞,其甲基汞浓度比水中高上万倍。甲基汞在体内代谢缓慢可引起蓄积中毒。进入人体的汞主要来自被污染的鱼类,汞经被动吸收作用渗透入浮游生物,鱼类通过摄食浮游生物摄入汞,主要蓄积于鱼体脂肪中,人们在进食鱼尤其是深海鱼类时,汞及其化合物很容易溶解在其脂肪类物质中,从而摄入人体,吸收后造成人体内汞的蓄积。

2. 汞污染的危害

在各类食品中,水产品中的汞主要以甲基汞形式存在,而植物性食品中的汞则以无机汞为主。在常见含汞化合物中，甲基汞的毒性最强。因为甲基汞有脂溶性，可穿过细胞膜到达细胞内部，同时相比无机汞、单质汞等其他形态，甲基汞在人体内较稳定，很难通过新陈代谢排出体外。

鱼体中的汞主要以甲基汞的形式存在，甲基汞所占鱼体总汞含量的80%～100%。汞的毒性与汞的化学存在形式、汞化合物的吸收程度有很大的关系，无机汞不容易被吸收，毒性小，而有机汞毒性大，容易被吸收，尤其是甲基汞，90%～100%被吸收。微量的汞在人体不致引起危害，可经尿、粪和汗液等排出体外，如摄入汞超过一定量，尤其是甲基汞，它属于蓄积性毒物，在体内蓄积到一定量时，将损害人体健康。根据日本水俣病患者所摄入有毒鱼贝的汞浓度和估计摄取量，推算出人体内100mg的蓄积量为中毒剂量。甲基汞还可通过胎盘进入胎儿体内，危害下一代。

食品一旦被汞污染，就难以被彻底除净，无论使用碾磨加工还是采用不同的烹调方法，如烘、炒、蒸或煮等都无济于事。试验表明，用冷冻、盐腌、蒸煮、油炸、干燥等方法均无法将鱼体内的甲基汞去掉。

3. 农产品食品中汞的限量指标

我国食品中汞的允许量现行标准为《食品安全国家标准 食品中污染物限量》（GB 2762—2022），该标准对农产品如谷物、蔬菜、水果、食用菌、肉类、蛋等允许的最大汞含量水平做了规定（见表5-11）；世界卫生组织（WHO）将汞列为首位重要考虑的环境污染物，建议成人每周容许摄入量不得超过0.3mg；日本规定了水产品中总汞量不得超过0.4mg/kg，美国、加拿大规定鱼中总汞量不得超过0.5mg/kg；瑞典规定水产品中汞小于1mg/kg并限每周吃一次；澳大利亚规定蔬菜、水果中总汞量不得超过0.1mg/kg；新西兰规定蔬菜、水果中总汞量不得超过0.05mg/kg；荷兰规定蔬菜、水果中汞不得超过0.03mg/kg；德国规定蔬菜、水果中不得含有汞。

表5-11 部分食品中汞的限量（GB 2762—2022）

食品类别（名称）	汞（以Hg计）/（mg/kg） 总汞	汞（以Hg计）/（mg/kg） 甲基汞[①]	食品类别（名称）	汞（以Hg计）/（mg/kg） 总汞	汞（以Hg计）/（mg/kg） 甲基汞
谷物及其制品 稻谷[②]、糙米、大米（粉）、玉米、玉米粉、玉米糁（渣）、小麦、小麦粉	0.02	—	乳及乳制品 生乳、巴氏杀菌乳、灭菌乳、调制乳、发酵乳	0.01	—
水产动物及其制品（肉食性鱼类及其制品除外）	—	0.5	食用菌及其制品（木耳及其制品、银耳及其制品除外）	0.1	—
肉食性鱼类及其制品（金枪鱼、金目鲷、枪鱼、鲨鱼及以上鱼类的制品除外）	—	1.0	木耳及其制品、银耳及其制品除外	—	0.1（干重计）
金枪鱼及其制品	—	1.2	肉类	0.05	—
金目鲷及其制品	—	1.5	新鲜蔬菜	0.01	—
枪鱼及其制品	—	1.7	鲜蛋	0.05	—
鲨鱼及其制品	—	1.6			

① 对于制定甲基汞限量的食品可先测定总汞，当总汞含量不超过甲基汞限量时，可判定符合限量要求而不必测定甲基汞；否则，需测定甲基汞含量再作判定。

② 稻谷以糙米计。

许多国家和国际组织对甲基汞毒性与人体健康效应之间的关系开展了深入的研究，并设立了甲基汞暴露健康风险评价指标，其中美国环境保护署（EPA）建立的甲基汞参考剂量以及 FAO/WHO 组织和联合国粮食与农业组织联合制定的甲基汞临时性周可承受摄入量是两个国际公认的甲基汞暴露定量衡量指标。EPA 建议甲基汞的允许摄入量为每天 0.1μg/kg，FAO/WHO 制定甲基汞的暂定每人每周允许摄入量（PTWI）为每千克体重 1.6μg。

食品中汞的测定 - 原子荧光光谱法

二、农产品食品中汞的测定方法

依据 GB 5009.17—2021《食品安全国家标准　食品中总汞及有机汞的测定》，食品中总汞的测定方法主要有原子荧光光谱法、直接进样测汞法、电感耦合等离子体质谱法、冷原子吸收光谱法。

食品中甲基汞的测定方法是液相色谱 - 原子荧光光谱联用法、液相色谱 - 电感耦合等离子体质谱联用法。食品中汞的测定（原子荧光光谱法）可扫描二维码观看操作视频。

大米中总汞的测定（原子荧光光谱法） 工作任务单
分小组完成以下任务： ① 查阅总汞的测定检验标准，设计总汞的测定检测方案。 ② 准备总汞的测定所需试剂材料及仪器设备。 ③ 正确对样品进行预处理。 ④ 正确进行样品中总汞的测定。 ⑤ 结果记录及分析处理。 ⑥ 依据《食品安全国家标准　食品中污染物限量》(GB 2762—2022)，判定样品中总汞含量是否合格。 ⑦ 出具检验报告。

【任务实施】

一、检验工作准备

① 查阅检验标准《食品安全国家标准　食品中总汞及有机汞的测定》（GB 5009.17—2021），设计原子荧光光谱法测定大米中总汞的含量方案。

② 准备总汞的测定所需试剂材料及仪器设备。

二、任务实施步骤

试样制备→试样湿法消解→标准系列溶液制备→仪器参数设置→标准曲线制作→样品测定→计算

1. 试样制备

将大米粉碎均匀，装入洁净聚乙烯瓶中，密封保存备用。

2. 试样湿法消解

称取大米试样 0.2～0.5g（精确到 0.001g，含水分较多的样品可适当增加取样量至 0.8g），置于消解罐中，加入 5～8mL 硝酸，加盖放置 1h，旋紧罐盖，按照微波消解仪的标准操作步骤进行消解（微波消化程序可以根据仪器型号调至最佳条件）。冷却后取出，缓慢打开罐盖排气，用少量水冲洗内盖，将消解罐放在控温电热板上或超声水浴箱中，80℃下加热或超声脱气 3～6min 赶去棕色气体，取出消解内罐，将消化液转移至 25mL 容量瓶中，用少量水分 3 次洗涤内罐，洗涤液合并于容量瓶中并定容至刻度，混匀备用；同时做空白试验。

3. 标准系列溶液制备

分别吸取汞标准使用液（50.0μg/L）0.00mL、0.20mL、0.50mL、1.00mL、1.50mL、2.00mL、2.50mL 于 50mL 容量瓶中，用硝酸溶液（1+9）稀释并定容至刻度，混匀，相当于汞浓度为 0.00μg/L、0.20μg/L、0.50μg/L、1.00μg/L、1.50μg/L、2.00μg/L、2.50μg/L 的标准系列溶液。

4. 仪器参数设置

根据所用仪器型号将仪器调至最佳状态。光电倍增管负高压：240V；汞空心阴极灯电流：30mA；原子化器温度：200℃；载气流速：500mL/min；屏蔽气流速：1000mL/min。

5. 标准曲线制作

连续用硝酸溶液（1+9）进样，待读数稳定之后，转入标准系列溶液测量，由低到高浓度顺序测定标准溶液的荧光强度，以汞的质量浓度为横坐标，荧光强度为纵坐标，绘制标准曲线。

6. 样品测定

转入试样测量，先用硝酸溶液（1+9）进样，使读数基本回零，再分别测定处理好的试样空白和试样溶液。

7. 计算

$$X = \frac{(\rho - \rho_0) \times V \times 1000}{m \times 1000 \times 1000}$$

式中　X——试样中汞的含量，单位为 mg/kg；
　　　ρ——试样溶液中汞含量，单位为 μg/L；
　　　ρ_0——空白液中汞含量，单位为 μg/L；
　　　V——试样消化液定容总体积，单位为 mL；
　　　m——试样称样量，单位为 g；
　1000——换算系数。

当汞含量 ≥ 1.00mg/kg 时，计算结果保留三位有效数字；当汞含量 <1.00mg/kg 时，计算结果保留两位有效数字。

样品中汞含量大于 1mg/kg 时，在重复性条件下获得的两次独立测定结果的绝对差值不得超过算术平均值的 10%；小于或等于 1mg/kg 且大于 0.1mg/kg 时，在重复性条件下获得的两次独立测定结果的绝对差值不得超过算术平均值的 15%；小于或等于 0.1mg/kg 时，在重复性条件下获得的两次独立测定结果的绝对差值不得超过算术平均值的 20%。

三、数据记录与处理

将大米中总汞的测定原始数据填入表 5-12 中。

表 5-12　大米中总汞的测定原始记录表

工作任务				样品名称			
接样日期				检验日期			
检验依据							
标准曲线制作	汞标准使用液浓度 /（μg/L）						
	编号	1	2	3	4	5	6

续表

标准曲线制作	取标液体积 /mL				
	相当于汞浓度 /(μg/L)				
	测定荧光值				

标准曲线方程及相关系数	
样品质量 m/g	
试样消化液的总体积 V/mL	
试样溶液中汞含量 ρ/(μg/L)	
空白液中汞含量 ρ_0/(μg/L)	
计算公式	
试样中汞的含量 X/(mg/kg)	
试样中砷含量平均值 $\overline{X}$/(mg/kg)	
标准规定分析结果的精密度	
本次实验分析结果的精密度	
判定依据	
判定结果	
检验结论	

检测人：　　　　　　　　　　　　　　　校核人：

四、任务评价

按照表 5-13 评价学生工作任务完成情况。

表 5-13　任务考核评价指标

序号	工作任务	评价指标	配分	得分
1	检测方案制订	（1）正确选用检测标准及检测方法 （2）检测方案制订合理规范	15	
2	试样称取	正确使用电子天平进行称重	5	
3	试样湿法消解	（1）能正确进行湿法消解 （2）正确使用容量瓶进行定容	10	
4	标准系列溶液制备	（1）正确使用移液管 （2）正确配制标准系列溶液，标液不得污染	10	
5	标准曲线制作	（1）正确绘制标准曲线 （2）正确求出荧光强度与汞的质量浓度关系的一元线性回归方程	10	
6	样品测定（上机测量）	（1）能够正确操作仪器 （2）正确测量标样、样品液和空白	10	
7	数据处理	（1）原始记录及时规范整洁 （2）有效数字保留准确 （3）标准曲线相关系数高 （4）计算正确，测定结果准确，平行测定相对偏差 ≤ 20%	10	

续表

序号	工作任务	评价指标	配分	得分
8	其他操作	（1）工作服整洁，能够正确进行标识 （2）操作时间控制在规定时间里 （3）及时收拾清洁、回收玻璃器皿及仪器 （4）注意操作文明和操作安全	10	
9	综合素养	（1）积极主动参与工作，能吃苦耐劳，崇尚劳动光荣，弘扬工匠精神 （2）服从安排，顾全大局，积极与小组成员合作，共同完成工作任务 （3）能有效利用网络、图书资源、工作手册等快速查阅获取所需信息 （4）能发现问题、提出问题、分析问题、解决问题、创新问题	20	
	合计		100	

  拓展资源

饮食是人们摄入重金属的主要途径之一，不同的食物可能具有不同的重金属含量，通过多样化的饮食可以避免过多摄入某一种食物中的重金属。因此合理搭配饮食，避免过度依赖某一种食物，可以降低重金属暴露的风险。

科普视频：
食品汞污染会带来哪些危害？（食品伙伴网）

 巩固练习

一、单选题

1. 水俣病是由于长期摄入被（　　）污染的食品引起的中毒。
   A. 砷　　　B. 甲基汞　　　C. 金属汞　　　D. 铅
2. 痛痛病是由于环境（　　）污染通过食物链而引起的人体慢性中毒。
   A. 铅　　　B. 汞　　　C. 镉　　　D. 砷
3. 对有毒金属铅最敏感的人群是（　　）。
   A. 儿童　　　B. 女性　　　C. 老人　　　D. 男性
4. 我国发生地方性砷中毒最严重的地区是（　　）。
   A. 新疆奎屯　　　B. 湖北恩施　　　C. 四川甘孜　　　D. 重庆万州
5. 急性（　　）中毒主要危害是胃肠炎症状，严重者可导致中枢神经系统麻痹而死亡。
   A. 铅　　　B. 镉　　　C. 砷　　　D. 汞
6. 食品中有毒有害元素主要有铅、镉、（　　）和砷等。
   A. 铬　　　B. 铜　　　C. 银　　　D. 汞
7. 食品中总汞的测定可采用的方法是（　　）。
   A. 巴布科克法　　　　B. 冷原子吸收光谱法
   C. 康威氏扩散皿法　　　D. 双硫腙比色法

8. 下列测定方法中不能用于食品中铅的测定的是（　　）。
   A. 石墨炉原子吸收光谱法　　　B. 2,6-二氯靛酚滴定法
   C. 火焰原子吸收光谱法　　　　D. 双硫腙光度法
9. 下列测定方法不属于食品中砷的测定方法有（　　）。
   A. 硼氢化物还原光度法　　　　B. 钼黄光度法
   C. 砷斑法　　　　　　　　　　D. 银盐法
10. 食品中重金属测定时，排除干扰的方法有（　　）。
    A. 加入掩蔽剂　　　　　　　　B. 调节体系的pH值
    C. 改变被测原子的化合价　　　D. 改变体系的氧化能力

二、多选题

1. 含铅量易超标的食物有（　　）。
   A. 变蛋　　　B. 蜂蜜　　　C. 奶粉　　　D. 爆米花
2. 石墨炉原子吸收法的升温程序主要包括（　　）。
   A. 原子化　　B. 灰化　　　C. 干燥　　　D. 离子化
3. 影响有毒金属毒性强度大小的因素包含（　　）。
   A. 不同金属元素间的相互作用　　B. 机体的健康状况
   C. 金属元素的存在形式　　　　　D. 食物中某些营养素的含量和平衡状况
4. 甲基汞被人体吸收后主要分布到机体的器官组织有（　　）。
   A. 肝脏　　　B. 心脏　　　C. 肾脏　　　D. 脑组织
5. 镉中毒主要损害的器官组织是（　　）。
   A. 大脑　　　B. 骨骼　　　C. 肾脏　　　D. 消化系统
6. 铅中毒主要损害的器官组织是（　　）。
   A. 造血系统　B. 神经系统　C. 肾脏　　　D. 心脏
7. 食品中有毒金属污染的毒性特征包括（　　）。
   A. 半衰期较长，进入人体排出较缓慢
   B. 在生物体内和人体内达到较高的浓度
   C. 可以通过食物链发生生物富集的效应
   D. 对人体危害通常以慢性危害为主

三、判断题

1. 食品中汞的测定一般采用银盐法。
2. 测定贝类中汞的含量可用干法消化的方法，通过缩短消化时间来防止汞的挥发。
3. 金属元素即使在较低剂量摄入情况下，也可以干扰人体正常的生理功能，并且可以产生明显的毒性作用。
4. 三价砷的毒性低于五价砷。
5. 膳食中增加摄入富含铁的食物，能够对膳食中的铅起到干扰吸收的作用。
6. 工业"三废"的排放是导致食品受到有毒金属污染的最主要原因。
7. 环境中的某些微生物可将无机汞转化为甲基汞等有机汞。
8. 无机汞在肠道容易吸收，而有机汞则不容易吸收。

四、简答题

1. 在我们生活中可能导致食物发生重金属污染的途径有哪些？
2. 预防食品受到有毒金属污染的措施包括哪些方面？

模块六

矿物质元素检测

案例引入

健康是民生福祉的重要组成部分，共同富裕的路上健康不能缺位。要按照习近平总书记的要求，撸起袖子加油干，持续推进健康中国建设，把保障人民健康放在优先发展的战略位置。

矿物质，虽然是分量上的配角，但是在功能作用上却是我们身体里不可或缺的主角。它们的含量左右着我们身体各项机能的健康运行，也影响着食品的安全性。但是很多情况下，我们对一些矿物质元素的摄入是不足的，所以现在社会上出现了很多营养强化食品，里面加入了例如钙、铁等的营养强化剂。我们应该如何检测判断食品中的矿物质是否足够满足我们人体的需求而又不会过量呢？

模块导学

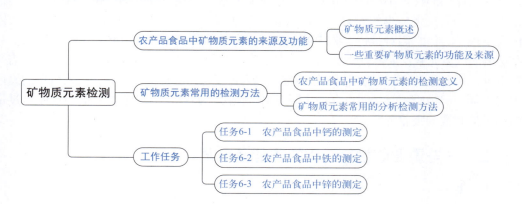

学习目标

① 了解矿物质元素的功能和来源。

② 能够查阅相关标准,并按照标准检测农产品食品中的钙、铁、锌等元素的含量。

③ 培养家国情怀和使命意识,增强营养意识,培养良好的职业道德和社会责任感,形成正确的职业价值观。

任务资讯

知识点 6-1 农产品食品中矿物质元素的来源及功能

一、矿物质元素概述

除了碳、氢、氧、氮这几种元素主要以有机化合物的形式存在外,农产品食品中的其余各种元素不论含量多少或存在形式如何,都称为矿物质或无机盐。由于农产品食品的种类和培育、加工条件不同,其矿物质元素含量差异很大。例如:粮食籽粒中的矿物质元素主要集中于其皮层中,在胚中的含量也较高,但在加工中,因大多数操作需要将粮食籽粒的皮层去除,故造成矿物质元素含量会降低。

虽然矿物质在人体内的总量不及体重的 5%,可由于它们不能在人体内合成,需要由外界供给,且对人的生命活动有各种重要的生理作用,我们需要重视矿物质的补充摄入。

矿物质元素按其在人体内的含量可分为两类:常量元素、微量元素。常量元素,又称宏量元素,是指在人体内的含量大于 0.01% 体重的矿物质元素,如钾、钠、钙、镁、氯、硫、磷,这七种元素也是人体日均需要量较大的元素。微量元素,又称痕量元素,是指在人体内的含量小于体重 0.01% 的矿物质元素,如铁、锌、铜、碘、锰等,它们也是人体日均需要量较少的元素。每种微量元素都有其特殊的生理功能。尽管它们在人体内含量极小,但它们对维持人体中的一些决定性的新陈代谢却十分必要。一旦缺少了某些必需的微量元素,人体就会出现疾病,甚至危及生命。另外,某些微量元素在体内需要量很少,其生理剂量与中毒剂量范围较窄,摄入过多易产生毒性作用,如摄入过量的硒可引起中毒。矿物质相互之间也存在协同或拮抗作用,如过量的锌会影响铜的代谢、过量的铜可抑制铁的吸收等。

二、一些重要矿物质元素的功能及来源

1. 磷

磷是人体必需常量元素之一,也是人体含量较多的元素,成年人体内含磷 600~

900g，约占体重的1%。有85%左右的磷与钙一起构成骨骼和牙齿，其余的以磷脂、磷蛋白及磷酸盐的形式存在于细胞和血液中。

磷的功能：构成人体骨骼、牙齿和核酸，参与多种酶系的辅酶或辅基组成，几乎所有类型的磷脂在生物膜中均有发现。糖、脂肪的代谢都离不开含磷化合物，磷以高能磷酸键形式直接参与能量的储存和释放。可维持机体酸碱平衡，以保证人体新陈代谢正常进行。磷酸盐在食品加工中还可作为食品酸味剂、持水剂。

磷缺乏与过量的危害：很少发生营养性磷缺乏，一般也不会因膳食的原因引起磷过量。

食物来源：磷在食物中分布很广，动植物性食物都含有丰富的磷，瘦肉、蛋、奶及动物肝、肾含磷量都很高，水产品、花生、豆类、坚果等均含磷。

2. 钾

钾是人体必需常量元素之一。

钾的功能：参与糖、蛋白质正常代谢，维持细胞正常的渗透压和酸碱平衡，维持神经肌肉的应激性，维持心肌的正常功能。研究证实，钾对预防高血压等慢性病具有重要作用。

钾缺乏与过量的危害：钾摄入不足常见于长期禁食、少食、偏食或厌食等。人体内钾总量减少可引起神经肌肉、消化系统、心血管、泌尿系统、中枢神经系统等发生功能性或病理性改变，如肌肉无力、心跳减慢、低血压等。一般摄入富含钾的食物不会导致钾过多，但对于肾功能不全者则可发生钾过多。血钾浓度高时，可导致血管收缩、心跳加快等。

食物来源：大部分食物都含有钾，尤其植物性食物中含量丰富。蔬菜和水果是钾最好的来源。

3. 钠

钠是人体必需常量元素之一，是机体重要的电解质。

钠的功能：钠对细胞外液的容量和渗透压的维持具有重要的作用。钠通过调节细胞外液的容量，维持正常血压。体液中钠离子、钾离子、钙离子、镁离子等离子保持一定的浓度和适当的比例，是维持神经肌肉应激性所必需的。钠与能量代谢、ATP（三磷酸腺苷）的生成和利用有关。钠有助于维持酸碱平衡。

钠缺乏与过量的危害：在一般情况下人体内不易缺乏钠。体内钠含量若低于正常含量时，会导致细胞的水分、渗透压、应激性、分泌及排泄等受到影响，如大量出汗之后应及时补充淡盐水，否则可能出现腿部抽筋、虚脱、神志不清等。钠的代谢和高血压密切相关。适当地减少食盐的摄入，对高血压患者而言可降低其血压，而对非高血压患者而言可预防高血压发生，有益于心血管疾病的预防。儿童限盐对预防成年高血压也具有重要意义。

食物来源：人体钠元素的主要来源为食盐、含钠调味品（如酱油、味精等）、盐渍或腌制肉、酱咸菜、咸味零食等。

4. 镁

镁是人体必需常量元素之一，成年人体内含镁约20~25g。

镁的功能：参与生化反应，如作酶激活剂，参与核酸、糖、脂肪和蛋白质的代谢。参与神经肌肉传导，增强肌肉的灵敏度。维持心肌的正常结构和功能。

镁缺乏与过量的危害：缺乏时可能引起肌肉抽搐、心律失常、虚弱等。但缺乏镁的情况很罕见，一般糖尿病患者、吸收不良症候群患者和某些肾脏疾病患者体内储存的镁较少。严重腹泻时，体内的镁也会减少。过量则对神经系统有较大损害。

食物来源：镁广泛分布于植物中，肉和脏器中含量也很丰富，但是奶中较少。绿叶蔬菜、坚果类、海产品中镁的含量都较高。

5. 硒

硒是人体必需微量元素之一。人体内的硒约有80%都以硒氨基酸，即硒甲硫氨酸和硒半胱氨酸的形式存在于蛋白质中，多分布于指甲、头发、肾脏和肝脏，肌肉和血液中较少。

硒的功能：硒通过硒蛋白发挥抗氧化、提高免疫力、调节甲状腺激素等作用，又可通过其代谢产物（特别是甲基化硒化物）起到抗癌、抑菌、拮抗重金属毒性等作用，硒对公共健康的影响相当重要。

硒缺乏与过量的危害：缺硒是导致克山病的重要原因。克山病是一种以多发性灶状心肌坏死为主要病变的心肌病，其症状有心脏扩大、心功能失常、心律失常等。大骨节病也与缺硒有关，其主要表现是骨端软骨细胞变性坏死、肌肉萎缩、发育障碍。过量的硒可引起中毒，中毒症状有头发和指甲的脱落、皮肤损伤及神经系统异常，如肢端麻木、抽搐等，严重者可致死亡。

食物来源：食物中硒的含量因地区而异，特别是植物性食物的硒含量与地表土壤层中硒含量有关。水产品和动物内脏是硒的良好食物来源，葱蒜类和十字花科蔬菜中含有的硒甲基化合物，因其抑癌活性而备受关注。膳食补充剂中主要是硒酸盐、亚硒酸盐。

6. 碘

碘为人体必需的微量元素之一，是合成甲状腺激素的主要原料。

碘的功能：碘是甲状腺发挥正常功能的要素，可以促进生长发育，促进蛋白质的合成和维生素的吸收利用，激活体内许多重要的酶。参与脑发育，调节新陈代谢以及对其他器官系统功能的影响。

碘缺乏与过量的危害：膳食和饮水中碘供给不足时，甲状腺细胞体积增大，代偿性地从血液吸收更多的碘，而出现甲状腺肿大。缺碘还会导致精神疲惫、四肢无力。婴幼儿缺碘会导致发育迟缓、智力低下，引起呆小症。碘过多可引发碘致甲状腺功能亢进症等。

食物来源：中国为改善人群碘缺乏的状况，在全国范围内采取食盐加碘的防治措施。含碘高的食物为水产品，如海带、紫菜、鲜海鱼、蚶干、蛤干、干贝、海蜇、海虾等，经常食用可预防甲状腺肿。豆腐干、畜禽类也含碘较高，谷物、果蔬含碘少。

7. 铜

铜是人体必需微量元素之一。人体各器官均含有铜，以肝、脑、心、肾较多，肝是铜储存的仓库。

铜的功能：铜构成含铜酶与铜结合蛋白，在机体内的生化功能主要是催化作用。铜可维持正常造血功能，促进结缔组织形成，维护中枢神经系统的健康，参与黑色素形成及维护毛发正常结构，保护机体细胞免受超氧阴离子的损伤。

铜缺乏与过量的危害：铜能促进铁的吸收，缺铜时血红蛋白合成减少，可导致贫血。长期缺铜或铜营养不足可导致心血管损伤和胆固醇代谢异常，影响结缔组织机能和骨骼健康。婴儿缺铜会引起中枢神经系统的广泛损害，发生铜代谢紊乱。铜对于大多数哺乳动物是相对无毒的。人体急性铜中毒主要是由于误食铜盐或食用与铜容器或铜管接触的食物或饮料。慢性铜中毒主要见于肝豆状核变性。

食物来源：铜广泛存在于各种食物中，牡蛎、动物肝、坚果类含铜丰富。在普通膳食中，天然食物如谷类、畜禽类和水产品可以提供 50% 的铜摄入量。

知识点 6-2　矿物质元素常用的检测方法

一、农产品食品中矿物质元素的检测意义

通过测定矿物质元素的含量，可以评价食品的营养价值，指导开发新产品或生产营养强化食品，也有利于改进食品加工工艺和提高食品的质量，同时可以了解食品受污染的情况并查清和控制污染源。

二、矿物质元素常用的分析检测方法

目前矿物质元素检测时可应用的方法较多，以下简介一些常用方法：

1. 原子荧光光谱法

原子荧光光谱法是依据每种元素原子荧光的强度都是特定的原理来进行检测的方法。这种检测方法检测的灵敏度极高，而且在实施过程中很少受到外界的干扰，检测的结果比较准确。此外，还具有较宽的线性范围，检测人员可以将多种不同元素放在一起同时进行检测。

2. 原子吸收分光光度法

原子吸收分光光度法是利用原子对特征光聚集的原理来检验食品样品中呈原子状态的元素的检测方法，具有分析范围广、选择性强、精密度高、灵敏度高和准确度高等显著的优点。在实际生活中，原子吸收分光光度法是检验食品矿物质元素最常用的一种方法。火焰原子化系统、石墨炉原子化系统与氢化物发生器是 3 种原子化检验仪器装置组成部分，这些检验仪器能将食品样品中的矿物质元素气化为蒸气。在实际运用中，食品样品中的矿物质元素基态原子会吸收穿过原子化待测食品样品蒸气的元素灯发出的特征光谱，在这个过程中，检测人员根据对辐射光强度减弱的程度来测量，就可以计算出食品样品中待测元素的含量。

3. 电感耦合等离子体原子发射光谱法

电感耦合等离子体原子发射光谱法的工作原理是运用喷雾器雾化待分析的样品溶液，将其引入高频等离子体的火焰中，从而激发样品，促使其发光，当样品散发出光线后，这些光线会射入到分光器中形成光谱，从而帮助检测人员获得待检测元素的光谱线，将光转换为电流，并转入到测光装置当中，然后依据电流的强度在仪器上显示出相应的数值，帮助检测人员了解样品中各种元素的成分及含量。

4. 电化学分析法

电化学分析法也是食品矿物质元素检测常用的一种方法。在实际运用中，检测人员可以根据离子选择电极法和极谱法进行操作。这种检测的方法准确度高、操作简便、分析速度快且灵敏度高。

在实际运用中，检测人员可以根据不同的检测项目，灵活选用不同的检测方法，来提高检测结果的准确性。

 任务演练

任务 6-1　农产品食品中钙的测定

【任务描述】

高钙饼干、高钙豆奶、高钙肉松、高钙海苔……眼下，超市里标着"高钙"字样的食品渐渐多了起来。但是，这些食品的含钙量真的有那么高吗？

我们发现，超市里标注着"高钙"字样的产品比同类普通产品的价钱高出一大截。1000g 某品牌高钙饼干的售价为 14.8 元，而没有标注"高钙"字样的同质量饼干售价为 9.6 元；500g 某高钙豆奶粉售价为 10.9 元，同质量没标注高钙的豆奶粉售价为 7.9 元。

据了解，国家出台的《食品安全国家标准　预包装食品营养标签通则》（GB 28050—2011）规定：矿物质（不包括钠）含量声称"高，或富含 ×"对应的含量要求应为每 100g 中 ≥ 30%NRV，每 100mL 中 ≥ 15%NRV 或每 420kJ 中 ≥ 10%NRV 才可标注。如果按钙营养素参考值（NRV）800mg 计算，那能标注"高钙"字样的产品，其钙含量应为每 100g 中 ≥ 240mg，或每 100mL 中 ≥ 120mg 才可以。

请你检测市场上不同款高钙牛奶中钙的含量，并出具检测报告。

【任务目标】

[知识目标]

① 了解农产品食品中钙的来源和功能作用。
② 了解农产品食品中钙的常用测定方法。
③ 掌握 EDTA（乙二胺四乙酸）法测定钙含量的流程及操作注意事项。

[技能目标]

① 会进行样品预处理，并能正确配制标准溶液。
② 会正确使用滴定管完成滴定操作，会判断终点。
③ 会用 EDTA 法测定农产品食品中钙的含量。

[职业素养目标]

① 具备实事求是、精益求精的工匠精神。
② 树立法律法规意识、道德意识。

【知识准备】

一、钙的来源和功能

钙是人体必需常量元素之一，是构成人体的重要组分，约占体重的 1.5%~2.0%。其中约 99% 的钙存在于骨骼和牙齿中，剩余 1% 的钙以游离或结合状态存在于软组织、细胞外液及血液中，这部分钙统称为"混溶钙池"。

钙的功能：钙是人体骨骼和牙齿的主要组成成分，并维持骨骼密度。钙还具有许多生理功能。如参与调节生物膜的完整性和通透性，对维持细胞功能、激活酶等都起着重要作用。钙参与调节多种激素和神经递质的释放。作为辅助因子，参与血液凝固过程，有助于止血与伤口的愈合。钙与调节血压、铁的跨膜转运等生理功能有关。含钙物质在食品中也具有重要的功能性质，如作为沉淀剂、凝固剂等。

钙缺乏与过量的危害：缺钙会导致骨骼钙化不良与骨质疏松。若儿童长期缺钙可导致生长迟缓、新骨结构异常，严重者出现骨骼变形和佝偻病。成年人钙缺乏可导致骨质疏松，骨骼承重能力降低，在正常外力作用下易骨折。中老年缺钙易出现抽筋、受伤流血不止等。流行病学研究显示，缺钙还可能与糖尿病、心血管病、高血压、结肠/直肠癌等慢性疾病及牙周病等相关。钙摄入过量会导致高血钙、高尿钙、软组织钙化与肾结石等问题，可增加患心血管病的风险。过量钙的摄入还会降低铁、镁、锌等矿物质的生物利用率。

食物来源：乳及乳制品是膳食钙的最好来源，大豆及其制品也是钙的良好来源。水产品（如虾皮）含钙量也较高。植物性食品中的钙吸收率较低，主要是很多植物中草酸、植酸等含量较高，会降低钙的吸收。

二、食品中钙的测定方法

依据 GB 5009.92—2016《食品安全国家标准　食品中钙的测定》，主要包括火焰原子吸收光谱法、滴定法、电感耦合等离子体发射光谱法和电感耦合等离子体质谱法。

EDTA 法测定某高钙奶中钙的含量
工作任务单

分小组完成以下任务：
① 查阅食品中钙的测定检验标准，设计测定检测方案。
② 准备实验所需试剂材料及仪器设备。
③ 正确对样品进行预处理。
④ 正确对样品中钙的含量进行测定。
⑤ 结果记录及分析处理。
⑥ 依据 GB 28050—2011《食品安全国家标准　预包装食品营养标签通则》，判定样品中钙含量是否符合高钙要求。
⑦ 出具检验报告。

【任务实施】

一、检验工作准备

① 查阅检验标准 GB 5009.92—2016《食品安全国家标准　食品中钙的测定》，设计 EDTA 滴定法测定某高钙食品中钙含量测定方案。
② 准备测定所需试剂材料及仪器设备。

二、任务实施步骤

样品制备处理→待测液制备→滴定度测定→待测液及空白液测定→计算

1. 样品制备处理

准确移取一定体积（如 100mL）的牛奶样品，加热浓缩至黏稠态。

2. 待测液制备

应用干法灰化对样品进行预处理，操作方法可参考国标。将灰化后的样品用适量盐酸溶液（1+1）溶解转移至容量瓶中，用水定容。同时做试剂空白试验。

3. 滴定度测定

吸取 0.50mL 钙标准储备液（100.0mg/L）于试管中，加 1 滴硫化钠溶液（10g/L）和 0.1mL 柠檬酸钠溶液（0.05mol/L），加 1.5mL 氢氧化钾溶液（1.25mol/L），加 3 滴钙红指示剂，立即以稀释 10 倍的 EDTA 溶液（参考国标）滴定，至指示剂由紫红色变蓝色为止，记录所消耗的稀释 10 倍的 EDTA 溶液的体积。根据滴定结果计算出每毫升稀释 10 倍的 EDTA 溶液相当于钙的质量（mg），即滴定度（T）。

4. 待测液及空白液测定

分别吸取 0.10～1.00mL（根据钙的含量而定）试样消化液及空白液于试管中，加 1 滴硫化钠溶液（10g/L）和 0.1mL 柠檬酸钠溶液（0.05mol/L），加 1.5mL 氢氧化钾溶液（1.25mol/L），加 3 滴钙红指示剂，立即以稀释 10 倍的 EDTA 溶液滴定，至指示剂由紫红色变蓝色为止，记录所消耗的稀释 10 倍的 EDTA 溶液的体积。

5. 计算

牛奶中钙的含量按下式计算：

$$X = \frac{T(V_1 - V_0)V_2 \times 1000}{mV_3}$$

式中　X——试样中钙的含量，单位为 mg/L；
　　　T——EDTA 滴定度，单位为 mg/mL；
　　　V_1——滴定试样溶液时所消耗的稀释 10 倍的 EDTA 溶液的体积，单位为 mL；
　　　V_0——滴定空白溶液时所消耗的稀释 10 倍的 EDTA 溶液的体积，单位为 mL；
　　　V_2——试样消化液的定容体积，单位为 mL；
　　1000——换算系数；
　　　m——试样移取体积，单位为 mL；
　　　V_3——滴定用试样待测液的体积，单位为 mL。

计算结果保留 3 位有效数字。

三、数据记录与处理

将 EDTA 法测定高钙奶中钙的含量的原始数据填入表 6-1 中。

表 6-1　EDTA 法测定高钙奶中钙的含量原始记录表

工作任务		样品名称	
接样日期		检验日期	
检验依据			
使用仪器			
编号	1		2
试样移取体积 m/mL			
滴定空白溶液时所消耗的稀释后 EDTA 溶液体积 V_0/mL			
滴定试样溶液时所消耗的稀释后 EDTA 溶液体积 V_1/mL			
试样消化液定容体积 V_2/mL			

续表

滴定用试样待测液体积 V_3/mL		
试样中钙的含量 /(mg/L)		
试样中钙的含量平均值 /(mg/L)		
滴定度 T/(mg/mL)		
本次实验分析结果的精密度		
判定依据		
判定结果		
检验结论		

检测人：　　　　　　　　　　　　　　　校核人：

四、考核评价

按照表6-2评价学生工作任务完成情况。

表6-2　任务考核评价指标

序号	工作任务	评价指标	配分	得分
1	检测方案制订	（1）正确选用检测标准及检测方法 （2）检测方案制订合理规范	15	
2	试样移取	正确使用移液管移取样品	5	
3	试样处理制备	（1）能正确制备样品 （2）正确使用容量瓶进行定容	10	
4	测定滴定度 T	（1）按顺序加入各种试剂 （2）终点颜色判断正确 （3）准确读取EDTA消耗的体积	15	
5	样品和空白液测定	（1）按顺序加入各种试剂 （2）终点颜色判断正确 （3）准确读取EDTA消耗的体积	15	
6	数据处理	（1）原始记录及时规范整洁 （2）有效数字保留准确 （3）计算正确，测定结果准确	10	
7	其他操作	（1）工作服整洁，能够正确进行标识 （2）操作时间控制在规定时间里 （3）及时收拾清洁、回收玻璃器皿及仪器 （4）注意操作文明和操作安全	10	
8	综合素养	（1）积极主动参与工作，能吃苦耐劳，崇尚劳动光荣，弘扬工匠精神 （2）服从安排，顾全大局，积极与小组成员合作，共同完成工作任务 （3）能有效利用网络、图书资源、工作手册等快速查阅获取所需信息 （4）能发现问题、提出问题、分析问题、解决问题	20	
		合计	100	

五、注意事项

在用 EDTA 滴定前,一定要按规定的顺序操作:吸取钙标准溶液或试液,加硫化钠溶液,加柠檬酸钠溶液,加氢氧化钾溶液,加钙红指示剂。否则干扰离子与指示剂络合而封闭指示剂或钙离子及干扰离子水解产生沉淀。

任务 6-2　农产品食品中铁的测定

【任务描述】

为了对铁缺乏和贫血进行有效干预,卫生部于 2003 年 9 月启动了"铁强化酱油控制和干预我国铁缺乏和贫血"项目,该项目由中国疾病预防控制中心组织实施。

铁强化酱油项目实施以来,各省(自治区、直辖市)陆续启动了铁强化酱油推动工作。在国家及各省(自治区、直辖市)疾病预防控制中心、卫生监督部门、中国调味品协会和铁强化酱油定点生产企业的共同努力下,项目工作已取得显著成效。

据专家介绍,目前市场上有几十家铁强化酱油定点生产企业生产的百余品种的铁强化酱油供应,可以满足不同层次的消费需求。市场监测显示,铁强化酱油市场覆盖率显著增长。

2010 年 10 月 21 日,中国疾控中心食物强化办公室启动了"铁强化酱油"项目二期。

目前,铁营养强化食品得到广泛重视,但如果任意使用铁添加或过度开发铁营养强化食品,也会造成食品铁过量。

小 C 的妈妈从超市买了一瓶正在搞促销活动的铁强化酱油,这款酱油中铁的含量真的比普通酱油中的铁含量高吗?请你帮他检测该款铁强化酱油中的铁含量,并出具检测报告。

【任务目标】

[知识目标]

① 了解农产品食品中铁的功能及来源。
② 了解食品中铁的常用测定方法。
③ 掌握火焰原子吸收光谱法测定铁含量的流程及操作注意事项。

[技能目标]

① 会进行样品预处理,并能正确配制标准使用液。
② 会正确使用原子吸收光谱仪。
③ 会用火焰原子吸收光谱法测定农产品食品中铁的含量。

[职业素养目标]

① 具备实事求是、精益求精的工匠精神。
② 树立法律意识、道德意识。

【知识准备】

一、铁的功能与来源

铁是人体必需微量元素之一,其营养水平对维持人体健康、抵御疾病起着重要的作用。铁是血红蛋白、肌红蛋白和多种酶的组成成分。

铁的功能:铁参与体内氧的运送和组织呼吸过程。铁是血红细胞形成的因子,维持正常的造血功能。含有 Fe-S 基团的铁硫蛋白参与一系列的生化反应。铁可催化 β- 胡萝卜素转化为维生素 A、参与嘌呤与胶原合成、抗体产生、脂类在血液中转运等。

铁缺乏与过量的危害：铁缺乏可出现食欲低下，严重者发生渗出性肠病变及吸收不良综合征等。铁缺乏的儿童易烦躁，对周围不感兴趣，成年人则冷漠呆板。2 岁以下儿童的铁缺乏可损害其认知能力，即使补充铁后也难以恢复。婴儿期的铁缺乏更可导致不可逆的神经发育损伤，甚至影响可持续至成年。长期铁缺乏会降低身体耐力及运动能力，还可影响免疫功能，导致机体抗感染能力降低。缺铁是造成缺铁性贫血的主要原因。缺铁性贫血常可引起成年人出现疲劳乏力、头晕、心悸、工作能力下降等。儿童和青少年则多出现身体发育受阻，体力下降，注意力与记忆力调节过程障碍，学习能力降低，易患感染性疾病等。铁过量可导致腹泻等胃肠道不良反应。引起体内铁过量积累的原因较多，如长期服用铁制剂、从食物中摄入铁过多等。铁急性中毒常见于儿童误服过量铁剂，主要症状为消化道出血。

食物来源：铁广泛存在于各种动植物食物中，如动物血、猪肝、黑木耳、紫菜、芝麻酱、豆类等，瘦肉、蛋黄、猪肾、干果、绿色蔬菜也是铁的良好来源。动物性食品中的铁比植物性食品中的铁易于吸收。若膳食中获取的铁量达不到要求，则应在指导下额外补充铁剂，以预防缺铁性贫血。口服补铁制剂主要有硫酸亚铁、葡萄糖酸亚铁等。

二、农产品食品中铁的测定方法

依据 GB 5009.90—2016《食品安全国家标准　食品中铁的测定》，食品中铁的测定方法有火焰原子吸收光谱法、电感耦合等离子体发射光谱法、电感耦合等离子体质谱法。

酱油中铁含量的测定（火焰原子吸收光谱法）
工作任务单

分小组完成以下任务：
① 查阅食品中铁的测定检验标准，设计测定检测方案。
② 准备实验所需试剂材料及仪器设备。
③ 正确对样品进行预处理。
④ 正确对样品中铁含量进行测定。
⑤ 结果记录及分析处理。
⑥ 依据《食品安全国家标准　食品营养强化剂使用标准》（GB 14880—2012），判定样品中铁的含量是否合格。
⑦ 出具检验报告。

【任务实施】

一、检验工作准备

① 查阅检验标准 GB 5009.90—2016《食品安全国家标准　食品中铁的测定》，设计火焰原子吸收光谱法测定酱油中铁含量测定方案。
② 准备测定所需试剂材料及仪器设备。

二、任务实施步骤

样品制备处理、标准溶液配制→仪器参数设置→标准曲线制作→样品测定→计算

1. 样品制备处理、标准溶液配制

① 测定前，先将酱油样品摇匀，然后进行试样消解（可按照国标，结合自身实验条件选择合适的消解方法）。需要同时做试剂空白试验。

② 标准溶液的配制：配制铁标准系列溶液，具体可参考国标。

2. 仪器参数设置

根据所用仪器型号将仪器调至最佳状态，以下是参考条件。

测定波长：248.3nm；火焰：空气-乙炔；狭缝：0.2nm；燃烧头高度：3mm；空气流量：9L/min；乙炔流量：2L/min；灯电流：5～15mA。

3. 标准曲线制作

按国标要求将系列工作液从低浓度到高浓度，分别导入火焰原子化器中，测定吸光值。以标准系列溶液中铁的质量浓度为横坐标，相应的吸光度值为纵坐标，制作标准曲线。

4. 样品测定

在上述相同的条件下，将样品液和空白液分别导入原子化器中，测定吸光度值，与标准系列比较定量。

5. 计算

样品中铁的含量按下式计算：

$$X = \frac{(\rho - \rho_0)V}{m}$$

式中　X——试样中铁的含量，单位为 mg/L；

　　　ρ——测定样液中铁的质量浓度，单位为 mg/L；

　　　ρ_0——空白液中铁的质量浓度，单位为 mg/L；

　　　V——试样消化液的定容体积，单位为 mL；

　　　m——试样移取体积，单位为 mL。

在重复性条件下获得的两次独立测定结果的绝对差值不得超过算术平均值的 10%。

在国家标准中，铁作为营养强化剂在一些常见食品中有使用限量，见表6-3。

表 6-3　食品营养强化剂铁在各种食品中的使用量限制

营养强化剂	食品分类号	食品类别（名称）	使用量 /(mg/kg)
铁	01.01.03	调制乳	10～20
	01.03.02	调制乳粉（儿童用乳粉和孕产妇用乳粉除外）	60～200
		调制乳粉（仅限儿童用乳粉）	25～135
		调制乳粉（仅限孕产妇用乳粉）	50～280
	04.04.01.07	豆粉、豆浆粉	46～80
	05.02.02	除胶基糖果以外的其他糖果	600～1200
	06.02	大米及其制品	14～26
	06.03	小麦粉及其制品	14～26
	06.04	杂粮粉及其制品	14～26
	06.06	即食谷物，包括碾轧燕麦片	35～80
	07.01	面包	14～26
	07.02.02	西式糕点	40～60
	07.03	饼干	40～80
	07.05	其他焙烤食品	50～200
	12.04	酱油	180～260

三、数据记录与处理

将酱油中铁含量的测定原始数据填入表 6-4 中。

表 6-4　酱油中铁含量测定原始记录表

工作任务		样品名称	
接样日期		检验日期	
检验依据			
仪器条件			
编号	1		2
试样移取体积 m/mL			
样液消化液定容体积 V/mL			
测定样液中铁的质量浓度 ρ/(mg/L)			
空白液中铁的质量浓度 ρ_0/(mg/L)			
试样中铁的含量/(mg/L)			
试样中铁的含量平均值/(mg/L)			
本次实验分析结果的精密度			
判定依据			
判定结果			
检验结论			
检测人：		校核人：	

四、任务评价

按照表 6-5 评价学生工作任务完成情况。

表 6-5　任务考核评价指标

序号	工作任务	评价指标	配分	得分
1	检测方案制订	（1）正确选用检测标准及检测方法 （2）检测方案制订合理规范	15	
2	试样移取	正确使用移液管移取样品	5	
3	试样处理制备	（1）能正确制备样品 （2）正确使用容量瓶进行定容	10	
4	标准系列溶液制备	（1）正确使用移液管 （2）正确配制标准系列溶液，标液不得污染	10	
5	标准曲线制作	正确绘制标准曲线	10	
6	样品测定（上机测量）	（1）能够正确操作仪器 （2）正确测量标样、样品	10	
7	数据处理	（1）原始记录及时规范整洁 （2）有效数字保留准确 （3）标准曲线相关系数高 （4）计算正确，测定结果准确	10	

续表

序号	工作任务	评价指标	配分	得分
8	其他操作	（1）工作服整洁，能够正确进行标识 （2）操作时间控制在规定时间里 （3）及时收拾清洁、回收玻璃器皿及仪器 （4）注意操作文明和操作安全	10	
9	综合素养	（1）积极主动参与工作，能吃苦耐劳，崇尚劳动光荣，弘扬工匠精神 （2）服从安排，顾全大局，积极与小组成员合作，共同完成工作任务 （3）能有效利用网络、图书资源、工作手册等快速查阅获取所需信息 （4）能发现问题、提出问题、分析问题、解决问题	20	
		合计	100	

五、注意事项

① 使用标准曲线法定量时，应确保在标准曲线线性范围内试液测定无任何干扰。

② 配制铁标准溶液时，可依据仪器的灵敏度、样品中铁的估计含量，确定铁标准系列溶液的质量浓度范围，制作的标准曲线应呈直线关系。

任务 6-3　农产品食品中锌的测定

【任务描述】

锌是人体必需的微量元素，缺锌可引起一系列代谢紊乱，各种含锌酶活性受到抑制，免疫反应降低，生长发育受阻。但是摄入过多的含锌食物也会引起锌中毒，症状主要表现为胃肠道的呕吐、肠功能失调及腹泻等。目前，因工业"三废"污染，使得一些含锌的污水流入农田，对农作物尤其是小麦的生长影响很大。锌还会通过富集作用进入食物链，而影响到人类的健康。

某面粉厂生产了一批含锌量较高的多功能小麦粉以满足市场需要，假设你是该面粉厂的检验员，请你检测该批小麦中锌的含量，并出具检测报告。

【任务目标】

[知识目标]

① 了解农产品食品中锌的功能及来源。

② 了解食品中锌的常用测定方法。

③ 掌握二硫腙比色法测定锌含量的流程及操作注意事项。

[技能目标]

① 会进行样品预处理，并能正确配制标准使用液。

② 会正确使用分光光度计。

③ 会用二硫腙比色法测定农产品食品中锌的含量。

[职业素养目标]
① 具备实事求是、精益求精的工匠精神。
② 树立法律意识、道德意识。

【知识准备】

一、锌的功能及来源

锌是人体必需的微量元素之一，主要分布在骨骼肌、骨骼、皮肤和肝脏中，通常皮肤、头发和指甲中的锌含量水平可反映其营养状况。

锌的功能：锌是儿童生长发育必需的元素，参与调节细胞的分化和基因表达。锌是金属酶的组成成分或酶的激活剂。锌有助于皮肤健康，可维持生物膜结构和功能。锌还影响味觉，有助于改善食欲。锌参与免疫功能，并对激素有重要影响。

锌缺乏与过量的危害：人体缺乏锌时，表现为食欲不振或异食癖，生长停滞，认知行为改变，性成熟延迟，皮肤疾患、胃肠道疾患（腹泻），免疫功能降低等。人体不易发生锌中毒，但过量的锌可干扰铜、铁等的吸收利用，损害免疫功能。

食物来源：动物性食物如生蚝、海蛎肉等贝壳类水产品，牛羊肉等红肉，动物内脏类都是锌的极好来源；干果类、谷类胚芽和麦麸也富含锌，蔬菜和水果中含锌量较低。

二、农产品食品中锌的测定方法

依据 GB 5009.14—2017《食品安全国家标准 食品中锌的测定》。食品中锌的测定方法有火焰原子吸收光谱法、电感耦合等离子体发射光谱法、电感耦合等离子体质谱法和二硫腙比色法。该标准适用于各类食品中锌含量的测定。

小麦中锌含量的测定（二硫腙比色法） 工作任务单
分小组完成以下任务： ① 查阅食品中锌的测定检验标准，设计测定检测方案。 ② 准备实验所需试剂材料及仪器设备。 ③ 正确对样品进行预处理。 ④ 正确对样品中锌含量进行测定。 ⑤ 结果记录及分析处理。 ⑥ 依据《粮食（含谷物、豆类、薯类）及制品中铅、镉、铬、汞、硒、砷、铜、锌等八种元素限量》（NY 861—2004），判定样品中锌含量是否合格。 ⑦ 出具检验报告。

【任务实施】

一、检验工作准备

① 查阅检验标准 GB 5009.14—2017《食品安全国家标准 食品中锌的测定》，设计二硫腙比色法测定粮食中锌含量测定方案。
② 准备测定所需试剂材料及仪器设备。

二、任务实施步骤

样品制备处理、标准溶液配制→仪器参数设置→标准曲线制作→样品测定→计算

1. 样品制备处理、标准溶液配制

（1）将粮食样品去除杂物后，粉碎，储于塑料瓶中。

（2）结合自身实验条件，可取 5.00g 样品选择湿法消解或者干法灰化处理样品，同时做空白实验。

（3）标准溶液的配制，可参考国标。

2. 仪器参数设置

根据所用仪器型号将仪器调至最佳状态。分光光度计测定波长 530nm，1cm 比色杯。

3. 标准曲线制作

准确吸取 0mL、1.00mL、2.00mL、3.00mL、4.00mL 和 5.00mL 锌标准使用液（相当 0μg、1.00μg、2.00μg、3.00μg、4.00μg 和 5.00μg 锌），分别置于 125mL 分液漏斗中，各加盐酸溶液（0.02mol/L）至 20mL。于各分液漏斗中，各加 10mL 乙酸-乙酸盐缓冲液、1mL 硫代硫酸钠溶液（250g/L），摇匀，再各加入 10mL 二硫腙使用液，剧烈振摇 2min。静置分层后，经脱脂棉将四氯化碳层滤入 1cm 比色杯中，以四氯化碳调节分光光度计零点，于波长 530nm 处测吸光度，以标准使用液中锌的质量为横坐标，吸光度值为纵坐标，制作标准曲线。

4. 样品测定

准确吸取 5.00mL 试样消化液和相同体积的空白消化液，分别置于 125mL 分液漏斗中，加 5mL 水、0.5mL 盐酸羟胺溶液（200g/L），摇匀，再加 2 滴酚红指示液（1g/L），用氨水溶液（1+1）调节至红色，再多加 2 滴，再加 5mL 二硫腙-四氯化碳溶液（0.1g/L），剧烈振摇 2 min，静置分层。将四氯化碳层移入另一分液漏斗中，水层再用少量二硫腙-四氯化碳溶液（0.1g/L）振摇提取，每次 2~3mL，直至二硫腙-四氯化碳溶液（0.1g/L）绿色不变为止。合并提取液，用 5mL 水洗涤，四氯化碳层用盐酸溶液（0.02mol/L）提取 2 次，每次 10mL，提取时剧烈振摇 2min，合并盐酸溶液（0.02mol/L）提取液，并用少量四氯化碳洗去残留的二硫腙。

将上述试样提取液和空白液移入 125mL 分液漏斗中，各加 10mL 乙酸-乙酸盐缓冲液、1mL 硫代硫酸钠溶液（250g/L），摇匀，再各加入 10mL 二硫腙使用液，剧烈振摇 2min。静置分层后，经脱脂棉将四氯化碳层滤入 1cm 比色杯中，以四氯化碳调节零点，于波长 530nm 处测定吸光度，与标准曲线比较定量。

5. 计算

样品中锌的含量按下式计算：

$$X = \frac{(m_1 - m_0) \times V_1}{m_2 \times V_2}$$

式中 X——试品中锌的含量，单位为 mg/kg；

m_1——测定用试样溶液中锌的质量，单位为 μg；

m_0——空白溶液中锌的质量，单位为 μg；

m_2——试样称样量，单位为 g；

V_1——试样消化液的定容体积，单位为 mL；

V_2——测定用试样消化液的体积，单位为 mL。

计算结果保留三位有效数字。

在重复性条件下获得的两次独立测定结果的绝对差值不得超过算术平均值的 10%。

表 6-6 为粮食及其制品中锌的限量要求。

表 6-6　粮食及其制品中锌的限量要求

项目	谷物及制品	豆类及制品	鲜薯类（甘薯、马铃薯）	薯类制品
铜（以 Cu 计）/(mg/kg)	≤ 10	≤ 20	≤ 6	≤ 20
锌（以 Zn 计）/(mg/kg)	≤ 50	≤ 100	≤ 15	≤ 50

三、数据记录与处理

将粮食中锌含量的测定原始数据填入表 6-7 中。

表 6-7　小麦中锌含量测定原始记录表

工作任务		样品名称	
接样日期		检验日期	
检验依据			
仪器名称及条件			
编号	1	2	
试样称样量 m_2/g			
测定用试样溶液中锌的质量 m_1/μg			
空白溶液中锌的质量 m_0/μg			
试样消化液的定容体积 V_1/mL			
测定用试样消化液的体积 V_2/mL			
试样中锌的含量 X/(mg/kg)			
试样中锌的含量平均值 $\overline{X}$/(mg/kg)			
本次实验分析结果精密度			
判定依据			
判定结果			
检验结论			
检测人：		校核人：	

四、任务评价

按照表 6-8 评价学生工作任务完成情况。

表 6-8　任务考核评价指标

序号	工作任务	评价指标	配分	得分
1	检测方案制订	（1）正确选用检测标准及检测方法 （2）检测方案制订合理规范	15	
2	试样称取	正确使用电子天平进行称重	5	
3	试样处理制备	（1）能正确制备样品 （2）正确使用容量瓶进行定容	10	

续表

序号	工作任务	评价指标	配分	得分
4	标准系列溶液制备	（1）正确使用移液管 （2）正确配制标准系列溶液，标液不得污染	10	
5	标准曲线制作	正确绘制标准曲线	10	
6	样品测定（上机测量）	（1）能够正确操作仪器 （2）正确测量标样、样品	10	
7	数据处理	（1）原始记录及时规范整洁 （2）有效数字保留准确 （3）标准曲线相关系数高 （4）计算正确，测定结果准确	10	
8	其他操作	（1）工作服整洁，能够正确进行标识 （2）操作时间控制在规定时间里 （3）及时收拾清洁、回收玻璃器皿及仪器 （4）注意操作文明和操作安全	10	
9	综合素养	（1）积极主动参与工作，能吃苦耐劳，崇尚劳动光荣，弘扬工匠精神 （2）服从安排，顾全大局，积极与小组成员合作，共同完成工作任务 （3）能有效利用网络、图书资源、工作手册等快速查阅获取所需信息 （4）能发现问题、提出问题、分析问题、解决问题	20	
		合计	100	

五、注意事项

① 二硫腙是一种广谱络合剂，能与20多种离子络合。各种离子与二硫腙络合时的最佳pH不同，不同价态的离子与二硫腙络合有选择性。因此可控制络合反应时的pH、改变干扰离子的价态，从而改变二硫腙的络合选择性。必要时，需要掩蔽剂消除干扰。

② 试样消化液中残留的高氯酸、硝酸和氮氧化物等氧化性杂质，可能氧化二硫腙对比色产生干扰。加盐酸羟胺的目的，是消除氧化性杂质，避免二硫腙被氧化。

③ 硫代硫酸钠既可作为还原剂，也可作为金属离子络合剂，能有效掩蔽汞离子、银离子、铜离子、铅离子等。

科普视频：再不补钙都过年了（食品伙伴网）

拓展资源

钙、铁、锌都是人体必需的营养元素，在日常生活中，如何科学地补充这些营养物质呢？我们可以扫一下左侧二维码观看科普视频，了解一下。

科普视频：补锌应该吃什么？（食品伙伴网）

巩固练习

一、多选题

1. 下列属于微量元素的矿物质元素有（　　）。
   A. 钙　　　　B. 铁　　　　C. 锌　　　　D. 钠
2. 测定食品中的锌可用（　　）。
   A. 火焰原子吸收光谱法　　　　B. 二硫腙比色法
   C. 电感耦合等离子体发射光谱法　　D. 电感耦合等离子体质谱法
3. 食品中铁的测定国标中用于试样消解的方法有（　　）。
   A. 干法灰化　　B. 湿法消解　　C. 微波消解　　D. 压力罐消解

二、问答题

1. 原子吸收光谱法测定矿物质元素的原理是什么？
2. EDTA 法测定钙的原理是什么？

模块七

食品添加剂检测

案例引入

某短视频博主曾发布的所谓"用食品添加剂合成食物"的视频引发不少关注。视频中，这位博主用一些所谓的"食品添加剂"炮制出几种人们常吃的食品，过程相当具有冲击力，更是引发了无数网友对于食品添加剂的担心。食品添加剂都有哪些？会对身体有害，甚至是有毒吗？食品中为什么要加入添加剂？老百姓对食品添加剂的认知存在哪些误区？有些人谈食品添加剂色变，这真的有必要吗？有专家曾给大家做过科普：合法使用食品添加剂是安全的，食品添加剂要规范使用就不会对人体健康造成危害。在我国，对人体健康造成危害的食品安全事件没有一件是合法使用食品添加剂造成的。使用食品添加剂是改善食品品质、食品防腐、食品保鲜、食品加工工艺、改善食品色香味及食品发明创造的客观需要。合理使用食品添加剂是科学技术进步而不是落后的表现，正确合法使用食品添加剂有益无害，正确合法使用食品添加剂必将会使我们未来的生活更美好。但是食品添加剂一定要监管好，绝对不能滥用，违法使用、超量、超范围使用都有可能带来风险，因为食品添加剂本身跟很多技术一样，都是"双刃剑"。

模块导学

食品添加剂检测
- 食品添加剂的定义与用途
  - 食品添加剂的定义与分类
  - 食品添加剂的用途
- 食品添加剂的安全性与使用原则
  - 食品添加剂的安全性
  - 我国食品添加剂的使用原则
  - 食品添加剂常用分析检测方法
- 工作任务
  - 任务7-1　农产品食品中防腐剂的测定
  - 任务7-2　农产品食品中抗氧化剂的测定

学习目标

① 了解食品添加剂的用途、安全隐患和使用原则。

② 能够查阅相关标准,并按照标准检测农产品食品中的防腐剂、抗氧化剂等的含量。

③ 正确认识食品添加剂和食品工业的关系,培养家国情怀和使命意识,增强法律意识,培养良好的职业道德和社会责任感,形成正确的职业价值观。

任务资讯

知识点 7-1 食品添加剂的定义与用途

一、食品添加剂的定义与分类

《食品安全国家标准 食品添加剂使用标准》(GB 2760—2014)中规定:食品添加剂是为改善食品品质和色、香、味,以及为防腐、保鲜和加工工艺的需要而加入食品中的人工合成或者天然物质。食品用香料、胶基糖果中基础剂物质、食品工业用加工助剂也包括在内。

按照功能不同,GB 2760—2014 将食品添加剂分成以下类别:

① 酸度调节剂:用以维持或改变食品酸碱度的物质。

② 抗结剂:用于防止颗粒或粉状食品聚集结块,保持其松散或自由流动的物质。

③ 消泡剂:在食品加工过程中降低表面张力,消除泡沫的物质。

④ 抗氧化剂:能防止或延缓油脂或食品成分氧化分解、变质,提高食品稳定性的物质。

⑤ 漂白剂:能够破坏、抑制食品的发色因素,使其褪色或使食品免于褐变的物质。

⑥ 膨松剂:在食品加工过程中加入的,能使产品发起形成致密多孔组织,从而使制品具有膨松、柔软或酥脆的物质。

⑦ 胶基糖果中基础剂物质:赋予胶基糖果起泡、增塑、耐咀嚼等作用的物质。

⑧ 着色剂:使食品赋予色泽和改善食品色泽的物质。

⑨ 护色剂:能与肉及肉制品中呈色物质作用,使之在食品加工、保藏等过程中不致分解、破坏,呈现良好色泽的物质。

⑩ 乳化剂:能改善乳化体中各种构成相之间的表面张力,形成均匀分散体或乳化体的物质。

⑪ 酶制剂:由动物或植物的可食或非可食部分直接提取,或由传统或通过基因修

饰的微生物（包括但不限于细菌、放线菌、真菌菌种）发酵、提取制得，用于食品加工，具有特殊催化功能的生物制品。

⑫ 增味剂：补充或增强食品原有风味的物质。

⑬ 面粉处理剂：促进面粉的熟化和提高制品质量的物质。

⑭ 被膜剂：涂抹于食品外表，起保质、保鲜、上光、防止水分蒸发等作用的物质。

⑮ 水分保持剂：有助于保持食品中水分而加入的物质。

⑯ 防腐剂：防止食品腐败变质、延长食品储存期的物质。

⑰ 稳定剂和凝固剂：使食品结构稳定或使食品组织结构不变，增强黏性固形物的物质。

⑱ 甜味剂：赋予食品甜味的物质。

⑲ 增稠剂：可以提高食品的黏稠度或形成凝胶，从而改变食品的物理性状，赋予食品黏润、适宜的口感，并兼有乳化、稳定或使呈悬浮状态作用的物质。

⑳ 食品用香料：能够用于调配食品香精，并使食品增香的物质。

㉑ 食品工业用加工助剂：有助于食品加工能顺利进行的各种物质，与食品本身无关。如助滤、澄清、吸附、脱模、脱色、脱皮、提取溶剂、发酵用营养物质等。

㉒ 其他：上述功能类别中不能涵盖的其他功能。

世界各国都很重视食品添加剂的使用和管理，但由于各自理解和体系管理不同，对食品添加剂的定义和分类也有区别。

联合国粮农组织（FAO）和世界卫生组织（WHO）曾联合规定："食品添加剂是指本身不作为食品消费，也不是食品特有成分的任何物质，而不管其有无营养价值。它们在食品的生产、加工、调制、处理、装填、包装、运输、储存等过程中，由于技术（包括感官）目的，有意加入食品中或者预期这些物质或其副产物会成为（直接或间接）食品中的一部分，或者改善食品的性质。它不包括污染物或者为保持、提高食品营养价值而加入食品中的物质。"

在欧盟，依据（EC）No 1333/2008《食品添加剂（除食用酶制剂和香料以外）》规定，食品添加剂是指本身不作为食品使用，也不是正常食品的某种特征成分，不论其是否具有营养价值，为了某种技术目的，在食品制造、加工、配制、处理、包装、运输和储存过程中人为加入食品中，会导致或者可以预期该食品添加剂或其副产物会直接或间接成为食品一部分的物质。因此，（EC）No 1333/2008 不包括我国 GB 2760—2014 中所列举的营养强化剂、加工助剂（包括酶制剂）和香精香料。

二、食品添加剂的用途

1. 保持或提高食品本身的营养价值

食品在生产加工过程中经常会有营养成分的损失，在生产加工中适当添加某些营养强化剂可以补充或加强营养；通过使用防腐剂、抗氧化剂、保鲜剂等也可防止营养被破坏；某些酶制剂也可以提高食品的营养价值。

2. 作为某些特殊膳食用食品的必要配料或成分

食品应能满足各种需求的人群需要，尤其一些对饮食需要严格控制的患者及亚健康人群的需求。糖尿病患者应严格控制糖的摄入，日常可用升糖指数较低的甜味剂来代糖；对于缺乏某些矿物质的地区，可以提供营养强化剂加入食品中；近年来功能性食品发展迅速，这些食品中加入的添加剂有很多也具有特殊的保健功能。

3. 提高食品的质量和稳定性，改进其感官特性

食品的颜色、香味、口味、形态和质地是食品重要的感官质量指标。但是在食品加工、贮存等过程中，往往会因为各种原因导致这些指标发生变化，造成食品品质下降。而且有的时候我们想要食品呈现出一定的性状，如薄饼酥脆的口感，饮料均一稳定、不分层，这都需要适当使用一些食品添加剂才能达成。食品添加剂可以明显改善食品的风味，提高食品的感官性状和质量。如乳化剂可帮助水油体系混溶，品质改良剂可以改进食品质地。

4. 便于食品的生产、加工、包装、运输或者贮藏

绝大多数食品原料来源于动、植物，这些生鲜原料非常容易腐败变质，如水果腐烂、油脂氧化变质、粮食发霉等。一旦发生腐烂变质，不仅会使其失去原有的加工、食用价值，还会产生有毒有害成分，造成资源的浪费，带来很多经济损失和食用安全威胁。若想要食品尽可能保持较长时间的品质，可以适当使用如防腐剂、抗氧化剂等食品添加剂。防腐剂可以阻止微生物生长繁殖导致的食品腐败变质，预防微生物污染造成的食物中毒情况；抗氧化剂能抑制油脂的氧化变质，延缓食品因为氧化发生的变色、变味等现象。

在食品加工过程中使用酶制剂、消泡剂、抗结剂等，可促进食品的加工利用。如淀粉酶在面制品生产中可加速发酵、降低面团黏结性；食品发酵过程中使用消泡剂可防止因产生气泡而影响操作；对粉末状食品如奶粉、果粉使用抗结剂可防止食品集聚、结块，保持较为松散的状态。

知识点 7-2　食品添加剂的安全性与使用原则

一、食品添加剂的安全性

食品安全是全体国民一直关注的问题。世界各国都加强了食品添加剂的立法和管理，由于研究的深入，很多食品添加剂的慢性毒害和蓄积性毒害作用不断被发现，近些年来有许多以前被批准使用的食品添加剂被国家禁用。目前食品添加剂都必须经过严格的安全性评价，从生产工艺、理化性质、质量标准、使用效果、使用范围、添加量等方面采用毒理学检验评估其安全性。毒理学试验通常分为四个阶段：①急性毒性试验；②遗传毒性试验、传统致畸试验和短期喂养试验；③亚慢性毒性试验；④慢性毒性试验（包括致癌试验）。

急性毒性试验是指投予一次较大剂量后，对其产生的作用所作的研究。急性毒性试验可以考查摄入该物质后在短时间内所呈现的毒性，从而判定对动物的致死量（LD）或半数致死量（LD_{50}，半数致死量通常用来粗略衡量急性毒性高低，是指能使一群试验动物中毒死亡一半所需的最低剂量，其单位是 mg/kg）。通常试验观察期为1周，重点观察 24~48h 内的反应性状，如果有迟发性中毒效应者，则要延长观察期至 2~4 周。

遗传毒性试验主要指对致突变作用进行测试的试验。传统致畸试验是检查受试物质能否使动物子代胎儿发生畸形的试验。短期喂养试验是对只需进行一、二阶段毒性试验的受试物质，在急性毒性试验的基础上，通过 30 日的喂养试验，进一步了解其毒性，初步估计最大无作用剂量。若受试物质需进行第三、四阶段毒性试验，可不进行此试验。

亚慢性毒性试验是观察受试物质以不同剂量水平经较长期喂养后对动物的毒性作用和靶器官，初步确定最大无作用剂量。包括 90 日亚慢性毒性试验和繁殖试验。

慢性毒性试验是研究在少量受试物质长期慢性作用下所呈现的毒性，可确定受试物质的最大无作用量和中毒阈剂量。最大无作用量（MNL），又称最大无效量、最大耐受量或最大安全量，是指长期摄入该受试物质仍无任何中毒表现的每日最大摄入剂量，单位是 mg/kg。

对某一种或某一组食品添加剂来说，一般会结合人体膳食调查、各种食品每日摄食量等，通过动物毒性试验—动物最大无作用量（MNL）—人体每日允许摄入量（ADI）—人体每日允许摄入总量的流程获知该种或该组食品添加剂在每种食品中的最高允许量。

每日允许摄入量（ADI）是以体重为基础来表示的人体每日允许摄入量，就是能够从每日膳食中摄取的量，此量根据现有已知的事实，即使终身持续摄入，也不会表现出值得重视的危害。每日允许摄入量以 mg/kg 为单位。

通过安全性评价，对目前允许使用的食品添加剂的使用范围、最大使用量和残留量进行严格规定。基于保障食品安全的原则，很多食品添加剂需限量使用。食品添加剂的安全性评价以及使用限量标准，是建立在风险评估和毒理学评价的基础上。由于食品添加剂品种众多，有的在国际上已有诸如 FAO/WHO 等权威组织机构做过毒理学评价实验，所以我国规定，除了我国创新的新化学物质需要经过全部四个阶段的毒理学检验外，其他食品添加剂可参考国际上的评价结果分别进行不同阶段的试验。

大量研究表明，致病性微生物引起的食源性疾病是影响食品安全的主要问题，然后还有营养过剩/缺乏的食品营养问题，由污染导致的有毒有害食品以及食品中的天然毒素问题。食品添加剂引发的问题主要是由于食品制造商出现超范围使用或超量使用食品添加剂，或使用未被批准使用的非法添加物和已禁用的物质而产生的。

国内外发生过一些因为食品生产者为销售产品、谋取更多经济利益而使用非食品添加剂（非法添加物）的事件，或使用食品添加剂掩盖质量低劣或腐败变质的食品的事件。比如众所周知的三聚氰胺、苏丹红、吊白块等，这些物质本身都不属于食品添加剂，但是有很多消费者缺乏对食品添加剂的了解，误认为这些是食品添加剂。其实，我国对食品添加剂采取了非常严格的监管措施，目前使用国家标准 GB 2760—2014，明确标示出了哪些物质属于合法的食品添加剂及其使用范围、限量。专家介绍，迄今为止我国发生的对人体健康造成危害的食品安全事件，没有一起是由于合法使用食品添加剂造成的。超范围、超限量使用食品添加剂和添加非食用物质等违法行为，才是导致问题发生的主要原因。

为了保障食品安全，我国会根据安全性、工艺必要性等方面的信息，对正在使用中的食品添加剂实行动态跟踪评价，不断调整使用范围和用量，并对食品添加剂的使用采取严格的审批制度，只有经过风险评估，安全可靠的食品添加剂才会被批准使用。开展食品安全风险评估工作时，会考虑不同年龄、不同地区、不同性别人群，一天吃多种食品，且食品中都含有同一种食品添加剂，且长期食用的情况，并据此对食品添加剂的使用作出规定。因此，食品添加剂只要在规定的范围和用量下使用，就不会对健康产生危害。

食品添加剂的研究、发展对应着国家食品工业的科技水平，是国家现代化发展的标志之一。中国现在允许使用的食品添加剂品种和数量与世界上食品科技发展水平较高的国家还有一定的差距。我国应该加大食品添加剂方面的研究开发速度，重视新品种的开发，尤其具有中国食品特色的食品添加剂的开发。

食品添加剂是食品储存、加工、制造中的重要配料，为食品工业发展提供了强有力的支撑，它的安全性也是社会关注的热点。我国未来在食品添加剂发展过程中应进一步健全法规、标准的设置，加强对品种应用范围、用量、残留量等方面的深入研究，做好食品添加剂的管理、监督和科普教育，让食品添加剂的使用更规范、信息更透明，让人民群众能正确看待和科学使用食品添加剂。

二、我国食品添加剂的使用原则

1. 我国对食品添加剂的使用要求

① 不应对人体产生任何健康危害；
② 不应掩盖食品腐败变质；
③ 不应掩盖食品本身或加工过程中的质量缺陷或以掺杂、掺假、伪造为目的而使用食品添加剂；
④ 不应降低食品本身的营养价值；
⑤ 在达到预期效果的前提下尽可能降低在食品中的使用量。

2. 我国食品添加剂的带入原则

在下列情况下食品添加剂可以通过食品配料（含食品添加剂）带入食品中：
① 根据国家标准，食品配料中允许使用该食品添加剂；
② 食品配料中该添加剂的用量不应超过允许的最大使用量；
③ 应在正常生产工艺条件下使用这些配料，并且食品中该添加剂的含量不应超过由配料带入的水平；
④ 由配料带入食品中的该添加剂的含量应明显低于直接将其添加到该食品中通常所需要的水平。

当某食品配料作为特定终产品的原料时，批准用于上述特定终产品的添加剂允许添加到这些食品配料中，同时该添加剂在终产品中的量应符合国家标准的要求。在所述特定食品配料的标签上应明确标示该食品配料用于上述特定食品的生产。

三、食品添加剂常用分析检测方法

食品添加剂的分析方法较一般食品成分的分析方法繁杂，一般要求检测仪器有较高的灵敏度。而且为了得到较准确的结果，样品还要经过复杂的前处理，如样品制备和提取等过程。检测时经常采用气相色谱（GC）、高效液相色谱（HPLC）、气相色谱-质谱联用（GC-MS）、液相色谱-质谱联用（LC-MS）等现代分析技术。

与农药残留分析方法类似，食品添加剂检测在具体的操作过程中需要针对待分析物质的结构和理化性质，选择合适的方法将其从食品中提取出来。检测食品添加剂的方法主要包括滴定法、比色法、仪器分析法。因为具备灵敏度高、重复性好等特点，目前最主要应用的是仪器分析法。所谓仪器分析方法是指借助精密仪器，通过测量物质的某些理化性质以确定其化学组成、含量及化学结构的分析方法。

几种常用的检测方法介绍如下：

1. 分光光度法

分光光度法是基于物质对光的选择性吸收而建立的分析方法。此方法简单易行、无需昂贵的仪器设备。例如：护色剂亚硝酸盐的测定、食品中甜味剂环己基氨基磺酸钠的测定、蔬菜水果及其制品中总抗坏血酸的测定等。

2. 色谱分析法

色谱分析法是利用不同的分析组分在固定相和流动相间分配系数的差异而实现分离、分析的方法。色谱法的种类很多。在食品添加剂的检测中，主要应用液相色谱法（HPLC）、气相色谱法（GC）和毛细管电泳法（CE）进行定性定量的检测和同时检测多种食品添加剂。

HPLC 是食品分析检测的重要方法，特别是在食品组分及部分外来物分析中，有着其他方法无法替代的优势。目前 HPLC 在食品添加剂分析中的应用主要集中在防腐剂、甜味剂、着色剂、抗氧化剂等的检测。例如，采用 HPLC 可以同时检测食品中的苯甲酸、山梨酸等防腐剂。此法不仅灵敏度高，还能减少共存物的干扰。

随着食品检测技术的发展，食品添加剂的检验方法越来越多，同一种食品添加剂在同一种食品中有时也可采用多种分析方法。因此，对于食品添加剂的检测，应依据实验室条件和对实验结果的要求，选择适合的分析检测方法。

任务演练

任务 7-1　农产品食品中防腐剂的测定

【任务描述】

酱油是我们生活中必不可少的一种调味品，市面上比较知名的酱油品牌配料表里一般包含：水、黄豆、小麦、食用盐、白砂糖、谷氨酸钠、酵母抽提物、苯甲酸钠等物质。其中，苯甲酸钠属于防腐剂。防腐剂能抑制微生物活动，防止食品腐败变质。要使食品有一定的保藏期，就必须采用一定的措施来防止微生物的感染和繁殖。实践证明，采用防腐剂是最经济、有效和简捷的办法之一。我国对防腐剂使用有严格的规定，但有少量食品生产企业可能会存在违规、违法乱用、滥用食品防腐剂的现象。作为酱油生产企业的检验人员，请你检测酱油中的防腐剂含量，并出具检测报告。

【任务目标】

［知识目标］

① 了解农产品食品中常用的防腐剂。

② 了解食品中防腐剂的常用测定方法。

③ 掌握气相色谱法测定苯甲酸、山梨酸含量的流程及操作注意事项。

［技能目标］

① 会进行样品预处理，并能正确配制标准使用液。

② 会正确使用气相色谱仪。

③ 会用气相色谱法测定农产品食品中苯甲酸和山梨酸的含量。

［职业素养目标］

① 具备实事求是、精益求精的工匠精神。

② 树立法律意识、道德意识。

【知识准备】

一、防腐剂概述

食品防腐剂是一类用于保护食品原有性质和营养价值的食品添加剂,能防止食品在储存、流通过程中由微生物繁殖导致的腐败、变质,延长食品保存期和食用价值。防腐剂在农产品食品的原料及加工制品的储藏中,起到了非常重要的作用。大部分防腐剂并不能在较短时间内杀死微生物,其主要是抑制微生物的生长繁殖。食品防腐剂通常具备以下特征:性质稳定,在一定时间内有效;使用过程中或分解后无毒,不阻碍胃肠道酶类的正常作用,也不影响有益的肠道正常菌群的活动;较低浓度即有抑菌作用;本身无异味或刺激性味道;使用便捷。

食品防腐剂对食品防腐的原理一般是抑制或延缓微生物增殖,从而有效地防止食品的腐败或延缓食品的腐败时间。例如食品防腐剂对细菌的抑制作用可以通过影响细胞的亚结构(包括细胞壁、细胞膜,与代谢有关的酶、蛋白质合成系统及遗传物质)而实现。由于每个亚结构对于菌体而言都是必需的,因此食品防腐剂只要作用于其中一个亚结构便可达到抑菌的目的。防腐剂的作用机理可以概述为以下四个方面:①对微生物细胞壁和细胞膜产生一定的效应。如乳酸链球菌素作为阳离子表面活性剂影响细菌胞膜和抑制革兰氏阳性细菌的胞壁质合成。对营养细胞的作用点是细胞质膜,它可以使细胞质膜中巯基失活,可使最重要的细胞物质,如三磷酸腺苷渗出,更严重时可导致细胞溶解。②对细胞原生质部分的遗传机制产生效应。③使细胞中蛋白质变性。如亚硫酸盐能使蛋白质中的二硫键断裂,从而导致细胞蛋白质产生变性。④干扰细胞中酶的活力。如亚硫酸盐可以抑制磷酸吡哆醛、焦磷酸硫胺素等物质中的辅酶。

按来源,可将防腐剂分为天然防腐剂和合成防腐剂。随着食品添加剂的不断开发和研究,添加剂的种类及使用范围也在不断进行调整。有些过去使用的防腐剂如硼砂、水杨酸等已不再列入食品添加剂的名单中,并被禁止在食品加工中使用。目前,我国允许在一定量内使用的防腐剂有 30 多种,其中经常使用的食品防腐剂有:苯甲酸及其盐类、山梨酸及其盐类、对羟基苯甲酸酯类、丙酸及其盐类等有机防腐剂;亚硫酸及其盐类、亚硝酸盐类等无机防腐剂;乳酸链球菌素、纳他霉素等生物防腐剂。

二、常见的食品防腐剂简介

苯甲酸,又名安息香酸,分子式为 $C_7H_6O_2$,分子量为 122.12。其为白色有丝光的鳞片状结晶或针状结晶,无味或微有安息香或苯甲醛的气味。溶于热水、乙醇、氯仿、乙醚、丙酮等。苯甲酸在酱油、清凉饮料中与对羟基苯甲酸酯类一起使用效果更好。由于苯甲酸在水中溶解度低,实际使用时主要应用苯甲酸钠。在较强酸性的食品中,苯甲酸钠的防腐效果好。表 7-1 为苯甲酸在部分食品中的最大使用量。

苯甲酸

山梨酸,又名花楸酸,分子式 $C_6H_8O_2$,分子量 112.13。其为无色针状结晶或白色晶体粉末,无臭或微带刺激性臭味。耐光、耐热性好,难溶于水,溶于乙醇、乙醚、丙二醇、甘油、冰醋酸、丙酮等。山梨酸是使用最多的防腐剂,具有良好的防霉性能。山梨酸为酸型防腐剂,在酸性介质中对微生物有良好的抑制作用,随 pH 增大,防腐效果降低,

表 7-1　国标中苯甲酸在部分食品中的最大使用量

食品分类号	食品名称	最大使用量/（g/kg）	备注
03.03	风味冰、冰棍类	1.0	以苯甲酸计
04.01.02.05	果酱（罐头除外）	1.0	以苯甲酸计
04.01.02.08	蜜饯凉果	0.5	以苯甲酸计
04.02.02.03	腌渍的蔬菜	1.0	以苯甲酸计
05.02.01	胶基糖果	1.5	以苯甲酸计
05.02.02	除胶基糖果以外的其他糖果	0.8	以苯甲酸计
11.05	调味糖浆	1.0	以苯甲酸计
12.03	醋	1.0	以苯甲酸计
12.04	酱油	1.0	以苯甲酸计
12.05	酱及酱制品	1.0	以苯甲酸计
12.10	复合调味料	0.6	以苯甲酸计

pH 为 8 时丧失防腐作用，适用于 pH 在 5.5 以下的食品防腐。山梨酸钾有很强的抑制腐败菌和霉菌的作用，其毒性远低于其他防腐剂，是目前广泛使用的防腐剂。

$$H_3C-CH=CH-CH=CH-COOH$$
山梨酸

表 7-2 为山梨酸及其钾盐在部分食品中的最大使用量。

表 7-2　国标中山梨酸及其钾盐在部分食品中的最大使用量

食品分类号	食品名称	最大使用量/（g/kg）	备注
02.02.01.02	人造黄油（人造奶油）及其类似制品（如黄油和人造黄油混合品）	1.0	以山梨酸计
03.03	风味冰、冰棍类	0.5	以山梨酸计
04.01.01.02	经表面处理的鲜水果	0.5	以山梨酸计
04.01.02.05	果酱	1.0	以山梨酸计
04.01.02.08	蜜饯凉果	0.5	以山梨酸计
04.02.01.02	经表面处理的新鲜蔬菜	0.5	以山梨酸计
04.02.02.03	腌渍的蔬菜	1.0	以山梨酸计
04.03.02	加工食用菌和藻类	0.5	以山梨酸计
04.04.01.03	豆干再制品	1.0	以山梨酸计
04.04.01.05	新型豆制品（大豆蛋白及其膨化食品、大豆素肉等）	1.0	以山梨酸计
05.02.01	胶基糖果	1.5	以山梨酸计
05.02.02	除胶基糖果以外的其他糖果	1.0	以山梨酸计

续表

食品分类号	食品名称	最大使用量/（g/kg）	备注
06.04.02.02	其他杂粮制品（仅限杂粮灌肠制品）	1.5	以山梨酸计
06.07	方便米面制品（仅限米面灌肠制品）	1.5	以山梨酸计
07.01	面包	1.0	以山梨酸计
07.02	糕点	1.0	以山梨酸计
07.04	焙烤食品馅料及表面用挂浆	1.0	以山梨酸计
08.03	熟肉制品	0.075	以山梨酸计

对羟基苯甲酸酯类又称尼泊金酯类。用于食品防腐剂的对羟基苯甲酸酯类有：对羟基苯甲酸甲酯钠、对羟基苯甲酸乙酯及其钠盐等。为了改进其水溶性，有时使用其钠盐，如对羟基苯甲酸甲酯钠、对羟基苯甲酸乙酯钠等。对羟基苯甲酸酯类对霉菌、酵母菌与细菌有广泛的抗菌作用，但对细菌特别是革兰氏阴性杆菌及乳酸菌的作用较差，一般认为其抗菌作用较苯甲酸和山梨酸要强。对羟基苯甲酸酯的烷基碳链越长，亲油性越强，菌体对它的吸附量也越大，因而抗菌活性也越大。

表 7-3 为对羟基苯甲酸酯类及其钠盐在部分食品中的最大使用量。

表 7-3 国标中对羟基苯甲酸酯类及其钠盐在部分食品中的最大使用量

食品分类号	食品名称	最大使用量/（g/kg）	备注
04.01.01.02	经表面处理的鲜水果	0.012	以对羟基苯甲酸计
04.01.02.05	果酱（罐头除外）	0.25	以对羟基苯甲酸计
04.02.01.02	经表面处理的新鲜蔬菜	0.012	以对羟基苯甲酸计
07.04	焙烤食品馅料及表面用挂浆（仅限糕点馅）	0.5	以对羟基苯甲酸计
10.03.02	热凝固蛋制品（如蛋黄酪、松花蛋肠）	0.2	以对羟基苯甲酸计
12.03	醋	0.25	以对羟基苯甲酸计
12.04	酱油	0.25	以对羟基苯甲酸计
12.05	酱及酱制品	0.25	以对羟基苯甲酸计
12.10.03.04	蚝油、虾油、鱼露等	0.25	以对羟基苯甲酸计
14.02.03	果蔬汁（浆）类饮料	0.25	以对羟基苯甲酸计，固体饮料按稀释倍数增加使用量
14.04	碳酸饮料	0.2	以对羟基苯甲酸计，固体饮料按稀释倍数增加使用量
14.08	风味饮料（仅限果味饮料）	0.25	以对羟基苯甲酸计，固体饮料按稀释倍数增加使用量

丙酸及丙酸盐是食品和饲料中最广泛应用的防腐剂之一。丙酸盐主要是指丙酸钙、丙酸钠等。丙酸钠盐对霉菌有良好的效能，而对细菌抑制作用较小，对枯草杆菌、八叠球菌、变形杆菌等杆菌仍有一定的效果，能延迟它们的发育，对酵母菌则无作用。丙酸

盐不受食品中其他成分的影响，适于长期贮存。且由于丙酸盐不具有熏蒸作用，因此对粮食类食品的混合均匀度要求较高。丙酸是人体正常代谢的中间产物，完全可被代谢和利用，所以其ADI不作限制性规定。表7-4为丙酸及其盐类在部分食品中的最大使用量。

表7-4　国标中丙酸及其盐类在部分食品中的最大使用量

食品分类号	食品名称	最大使用量/（g/kg）	备注
04.04	豆类制品	2.5	以丙酸计
06.01	原粮	1.8	以丙酸计
06.03.02.01	生湿面制品（如面条、饺子皮、馄饨皮、烧麦皮）	0.25	以丙酸计
07.01	面包	2.5	以丙酸计
07.02	糕点	2.5	以丙酸计
12.03	醋	2.5	以丙酸计
12.04	酱油	2.5	以丙酸计
16.07	其他（杨梅罐头加工工艺）	50.0	以丙酸计

三、农产品食品中常用防腐剂的测定方法

依据 GB 5009.28—2016《食品安全国家标准　食品中苯甲酸、山梨酸和糖精钠的测定》，液相色谱法适用于食品中苯甲酸、山梨酸的测定，气相色谱法适用于酱油、水果汁、果酱中苯甲酸、山梨酸的测定。

依据 GB 5009.31—2016《食品安全国家标准　食品中对羟基苯甲酸酯类的测定》，使用气相色谱法测定对羟基苯甲酸酯类。方法适用于酱油、醋、饮料及果酱中的对羟基苯甲酸酯类的测定。

食品中苯甲酸、山梨酸和糖精钠的测定（高效液相色谱法）

> 酱油中山梨酸和苯甲酸含量的测定（气相色谱法）
> 工作任务单
>
> 分小组完成以下任务：
> ① 查阅山梨酸和苯甲酸的测定检验标准，设计测定检测方案。
> ② 准备实验所需试剂材料及仪器设备。
> ③ 正确对样品进行预处理。
> ④ 正确对样品中山梨酸和苯甲酸含量进行测定。
> ⑤ 结果记录及分析处理。
> ⑥ 依据《食品安全国家标准　食品添加剂使用标准》（GB 2760—2014），判定样品中苯甲酸和山梨酸含量是否合格。
> ⑦ 出具检验报告。

【任务实施】

一、检验工作准备

① 查阅检验标准 GB 5009.28—2016《食品安全国家标准　食品中苯甲酸、山梨酸和糖精钠的测定》，设计气相色谱法测定酱油中苯甲酸、山梨酸含量测定方案。
② 准备测定所需试剂材料及仪器设备。

二、任务实施步骤

样品制备处理→仪器参数设置→标准曲线制作→样品测定→计算

1. 样品制备处理

① 准确称取约 2.5g（精确到 0.001g）酱油样品，置于 50mL 离心管中，加 0.5g 氯化钠、0.5mL 盐酸溶液（1+1）和 0.5mL 乙醇。

② 以 15mL 和 10mL 乙醚分两次对样品进行提取，每次振摇 1min，于 8000r/min 离心 3min。每次将上层乙醚提取液通过无水硫酸钠滤入 25mL 容量瓶中。加乙醚清洗无水硫酸钠层并收集至约 25mL 刻度，最后用乙醚定容，混匀。

③ 准确吸取 5mL 乙醚提取液于带塞刻度试管中，于 35℃氮吹至干，加入 2mL 正己烷-乙酸乙酯（1+1）混合溶液溶解残渣，待气相色谱测定。

2. 仪器参数设置

根据所用仪器型号将仪器调至最佳状态。

参考色谱条件：色谱柱为聚乙二醇毛细管柱（内径 320μm，长 30m，膜厚度为 0.25μm）；载气为氮气，流速为 3mL/min；柱温升温程序，初始为 80℃保持 2min，以 15℃/min 速度升温至 250℃，保持 5min。

3. 标准曲线制作

按国标要求配制混合标准系列工作液，分别进样至气相色谱仪中，以质量浓度为横坐标，峰面积为纵坐标，绘制标准曲线。

4. 样品测定

① 在上述相同的色谱条件下，将试样溶液进样至气相色谱仪中，得色谱图。

② 依据标准曲线比较，得到待测液中苯甲酸、山梨酸的浓度。

5. 计算

酱油中苯甲酸、山梨酸的含量按下式计算：

$$X = \frac{\rho V \times 25}{m \times 5 \times 1000}$$

式中　X——试样中苯甲酸/山梨酸含量，单位为 g/kg；

　　　ρ——由标准曲线得出的试样液中待测物的质量浓度，单位为 mg/L；

　　　V——加入正己烷-乙酸乙酯（1+1）混合溶剂的体积，单位为 mL；

　　　25——试样乙醚提取液的总体积，单位为 mL；

　　　m——试样质量，单位为 g；

　　　5——测定时吸取乙醚提取液的体积，单位为 mL；

　　1000——由 mg/kg 转换为 g/kg 的换算因子。

结果保留 3 位有效数字。

三、数据记录与处理

将酱油中山梨酸/苯甲酸含量测定原始数据填入表 7-5 中。

四、任务评价

按照表 7-6 评价学生工作任务完成情况。

表 7-5　酱油中山梨酸/苯甲酸含量测定原始记录表

工作任务		样品名称	
接样日期		检验日期	
检验依据			
仪器条件			
编号	1		2
试样质量 m/g			
加入混合溶剂的体积 V/mL			
由标准曲线得出的试样液中待测物的质量浓度 $\rho/(mg/L)$			
计算公式			
试样中防腐剂的含量 $/(g/kg)$			
试样中防腐剂的含量平均值 $/(g/kg)$			
本次实验分析结果的精密度			
判定依据			
判定结果			
检验结论			
检测人：		校核人：	

表 7-6　任务考核评价指标

序号	工作任务	评价指标	配分	得分
1	检测方案制订	（1）正确选用检测标准及检测方法 （2）检测方案制订合理规范	15	
2	试样称取	正确使用电子天平进行称重	5	
3	试样处理制备	（1）能正确制备样品 （2）正确使用容量瓶进行定容	10	
4	标准系列溶液制备	（1）正确使用移液管 （2）正确配制标准系列溶液，标液不得污染	10	
5	标准曲线制作	正确绘制标准曲线	10	
6	样品测定（上机测量）	（1）能够正确操作仪器 （2）正确测量标样、样品	5	
7	数据处理	（1）原始记录及时规范整洁 （2）有效数字保留准确 （3）标准曲线相关系数高 （4）计算正确，测定结果准确	10	

续表

序号	工作任务	评价指标	配分	得分
8	其他操作	（1）工作服整洁，能够正确进行标识 （2）操作时间控制在规定时间里 （3）及时收拾清洁、回收玻璃器皿及仪器 （4）注意操作文明和操作安全	10	
9	综合素养	（1）积极主动参与工作，能吃苦耐劳，崇尚劳动光荣，弘扬工匠精神 （2）服从安排，顾全大局，积极与小组成员合作，共同完成工作任务 （3）能有效利用网络、图书资源、工作手册等快速查阅获取所需信息 （4）能发现问题、提出问题、分析问题、解决问题	20	
	合计		100	

五、注意事项

① 实验步骤中的色谱条件仅作参考，在实验中，应根据仪器的种类和实验条件进行调整。

② 乙醚是挥发性很强的试剂，因此操作过程应在通风橱中进行。

③ 在重复性条件下获得的两次独立测定结果的绝对差值不得超过算术平均值的10%，否则应该调整实验条件进行重做。

任务 7-2　农产品食品中抗氧化剂的测定

【任务描述】

对于老百姓来说，食用油是家庭生活必不可少的物质，但是如果食用油放久了或者储存不当，则可能产生一股刺鼻难闻的味道，俗称"哈喇味"。"哈喇味"其实说明食用油被氧化发生了变质。我们日常食用的很多食品都富含油脂，比如坚果、麻花等，这些物质都容易被氧化，而引起变质。食品被氧化，除了会使油脂变质，也会使食品褪色、变色和破坏维生素等，降低产品的感官品质和营养价值，甚至产生有毒有害物质。为了防止因氧化而引起的食品变质，食品生产过程中可以按照国家标准规定，在食品中添加可延缓氧化作用的物质，即抗氧化剂。抗氧化剂有天然抗氧化剂和合成抗氧化剂，目前工业上多用化学合成抗氧化剂，其安全性也受到越来越多人的关注。诸多合成抗氧化剂中，特丁基对苯二酚（TBHQ）的抗氧化性能较好，二丁基羟基甲苯（BHT）的价格较低，化学性质稳定，可以与TBHQ互补使用。在实际使用过程中，TBHQ和BHT往往单一或者联合用于油脂制品的抗氧化。请你帮助小A检测家中食用油脂中抗氧化剂TBHQ和BHT的含量，并出具检测报告。

【任务目标】

[知识目标]

① 了解农产品食品中常用的抗氧化剂。

② 了解食品中抗氧化剂的常用测定方法。
③ 掌握高效液相色谱法测定 TBHQ 和 BHT 含量的流程及操作注意事项。

[技能目标]
① 会进行样品预处理，并能正确配制标准使用液。
② 会正确使用高效液相色谱仪。
③ 会用高效液相色谱法测定农产品食品中 TBHQ 和 BHT 的含量。

[职业素养目标]
① 具备实事求是、精益求精的工匠精神。
② 树立法律意识、道德意识。

【知识准备】

一、抗氧化剂概述

1. 抗氧化剂的定义与分类

抗氧化剂是指能防止或延缓食品氧化，提高食品的稳定性和延长贮存期的食品添加剂。食品的变质除了受微生物的影响外，还和氧化反应有关。氧化会导致食品中的油脂酸败、褐变、褪色、风味降低、维生素破坏等，甚至产生有害物质，降低食品的质量和营养价值，甚至危及人体健康。目前防止食品氧化的方法有物理法和化学法。物理方法主要针对农产品食品原料、加工环节、成品等采用低温、避光、隔氧或充氮包装。化学方法主要指在食品中添加抗氧化剂。

抗氧化剂按来源分类，可分为天然抗氧化剂和人工合成抗氧化剂。天然抗氧化剂一般是从天然动物、植物或其代谢物中提取的具有抗氧化能力的物质。它们都具有较好的抗氧化能力，安全无毒，如生育酚、植酸等。人工合成抗氧化剂指人工化学合成具有抗氧化能力的物质。这类抗氧化剂一般具有较好的抗氧化能力，使用时需按国家颁布的相关标准掌握用量，如丁基羟基茴香醚（BHA）、BHT等。按照抗氧化剂的作用机理可将其分为自由基吸收剂、金属离子螯合剂、氧清除剂、氢过氧化物分解剂、酶抗氧化剂等。

2. 抗氧化剂的作用机理

抗氧化剂种类较多，发挥抗氧化作用的原因比较复杂，归纳起来大致有以下几种：①抗氧化剂释放出氢原子与油脂自动氧化反应产生的过氧化物结合，中断链式反应，从而阻止氧化过程的进行。如 BHT 等酚类化合物就能提供氢原子与油脂自动氧化所产生的游离基结合，终止链式反应的传递。②通过抗氧化剂的还原反应，降低食品内部及其周围的氧含量。有些抗氧化剂如抗坏血酸与异抗坏血酸本身极易被氧化，能使食品中的氧首先与其反应，从而避免了油脂的氧化。③通过破坏、减弱氧化酶的活性，使其不能催化氧化反应的进行。④将能催化及引起氧化反应的物质封闭，如络合能催化氧化反应的金属离子等。

3. 抗氧化剂使用注意事项

（1）选择合适的抗氧化剂

了解不同抗氧化剂对食品的抗氧化效果，在充分了解抗氧化剂性能的基础上，选择最适宜的抗氧化剂使用。

（2）正确掌握抗氧化剂的添加时机

抗氧化剂应在农产品食品处于新鲜状态和未发生氧化变质之前使用，才能充分发挥抗氧化的作用，尤其是油脂类相关产品。

（3）抗氧化剂及增效剂、稳定剂的复配使用

在油溶性抗氧化剂使用时，往往是两种或两种以上的抗氧化剂复配使用，或者是抗氧化剂与柠檬酸、抗坏血酸等增效剂复配使用，这样会大大增加抗氧化效果。使用抗氧化剂时如能与食品稳定剂同时使用也会取得良好的效果。

（4）选择合适的添加量

使用抗氧化剂的浓度要适当。由于抗氧化剂的溶解度、毒性等问题，油溶性抗氧化剂的使用浓度一般不超过 0.02%，如果浓度过大，除了造成使用困难外，还会引起不良作用。水溶性抗氧化剂的使用浓度相对较高，一般不超过 0.1%。

（5）控制影响抗氧化效果的因素

影响抗氧化作用效果的因素主要有光、热、氧气、金属离子及抗氧化剂在食品中的分散性。

光和热能使抗氧化剂分解挥发而失效，如 BHA、BHT 和没食子酸丙酯（PG）经加热，特别是在油炸等高温下很容易分解。氧气除了是导致食品氧化变质的主要因素外，也是导致抗氧化剂失效的主要因素。若食品内部或食品周围氧气浓度大，会使抗氧化剂迅速氧化而失去作用，故在使用抗氧化剂的同时，还应采用充氮或真空密封包装，来降低氧气的浓度和隔绝氧气，使抗氧化剂更长效。铜离子、铁离子等金属离子是氧化作用的催化剂，它们会促进抗氧化剂被氧化而失去作用，故在食品加工中应尽量避免这些金属离子混入食品，或同时使用螯合这些金属离子的增效剂。一般，抗氧化剂的使用剂量都很少，在使用时必须使之均匀地分散在食品中，才能充分发挥其抗氧化作用。

二、常见的食品抗氧化剂简介

1. 丁基羟基茴香醚（BHA）

又名叔丁基 -4- 羟基茴香醚、丁基大茴香醚，分子式 $C_{11}H_{16}O_2$，分子量 180.24。

3-叔丁基-4-羟基茴香醚　　2-叔丁基-4-羟基茴香醚

丁基羟基茴香醚的抗氧化作用是由它释放出氢原子阻断油脂自动氧化而实现的。BHA 对动物脂肪的抗氧化性较强，对不饱和植物油的抗氧化性较弱。BHA 用量为 0.02% 时，较用量为 0.01% 的抗氧化效果增高 10%。但用量超过 0.02% 时，其抗氧化效果反而下降。BHA 广泛应用于低脂食品如谷物食品特别是早餐谷物、面包等。BHA 还具有一定的熏蒸性，可以将其加到食品包装材料中或将其乳浊液撒到食品包装上而对食品起抗氧化作用。BHA 还具有较强的抗菌能力，用 0.015% 的 BHA 可抑制金黄色葡萄球菌，用 0.02% 的 BHA 可阻止寄生曲霉孢子的生长和阻碍黄曲霉毒素的生成。3-BHA 的抗氧化效果比 2-BHA 高 1.5～2 倍。BHA 可单独使用，也可与其他抗氧化剂共同使用。表 7-7 为国标中 BHA 在部分食品中的最大使用量。

2. 二丁基羟基甲苯（BHT）

又名 2,6- 二叔丁基对甲酚，分子式 $C_{15}H_{24}O$，分子量 220.36。

表 7-7　国标中 BHA 在部分食品中的最大使用量

食品分类号	食品名称	最大使用量/（g/kg）	备注
02.0	脂肪，油和乳化脂肪制品	0.2	以油脂中的含量计
02.01	基本不含水的脂肪和油	0.2	
04.05.02.01	熟制坚果与籽类（仅限油炸坚果与籽类）	0.2	以油脂中的含量计
04.05.02.03	坚果与籽类罐头	0.2	以油脂中的含量计
05.02.01	胶基糖果	0.4	
06.03.02.05	油炸面制品	0.2	以油脂中的含量计
06.04.01	杂粮粉	0.2	以油脂中的含量计

2,6-二叔丁基对甲酚

　　二丁基羟基甲苯的抗氧化作用是其自身发生自动氧化而实现的。BHT 稳定性高，抗氧化能力强，其应用与 BHA 基本相同，但其抗氧化能力不如 BHA。BHT 与柠檬酸、抗坏血酸或 BHA 复配使用，能提高抗氧化效果。BHT 与 BHA 或 TBHQ 混合使用，其效果超过单独使用。BHT 能有效延缓植物油的氧化酸败，改善油煎快餐食品的贮藏期。BHT 无最适宜浓度，随 BHT 浓度增高，油脂的稳定性也提高。但浓度达 0.02% 以上时，会引入酚气味。BHT 价格低廉，为 BHA 的 1/8～1/5，是我国生产量最大的抗氧化剂之一。

表 7-8 为国标中 BHT 在部分食品中的最大使用量。

表 7-8　国标中 BHT 在部分食品中的最大使用量

食品分类号	食品名称	最大使用量/（g/kg）	备注
04.05.02.01	熟制坚果与籽类（仅限油炸坚果与籽类）	0.2	以油脂中的含量计
04.05.02.03	坚果与籽类罐头	0.2	以油脂中的含量计
05.02.01	胶基糖果	0.4	
06.03.02.05	油炸面制品	0.2	以油脂中的含量计
06.06	即食谷物，包括碾轧燕麦（片）	0.2	以油脂中的含量计
06.07	方便米面制品	0.2	以油脂中的含量计
07.03	饼干	0.2	以油脂中的含量计
08.02.02	腌腊肉制品类（如咸肉、腊肉、板鸭、中式火腿、腊肠）	0.2	以油脂中的含量计
09.03.04	风干、烘干、压干等水产品	0.2	以油脂中的含量计
16.06	膨化食品	0.2	以油脂中的含量计

3. 特丁基对苯二酚（TBHQ）

又名叔丁基氢醌，分子式为 $C_{10}H_{14}O_2$，分子量为 166.22。

特丁基对苯二酚

TBHQ 有较强的抗氧化能力。针对植物油脂，抗氧化剂的抗氧化能力强弱为 TBHQ>PG>BHT>BHA；针对动物油脂，抗氧化能力强弱为 TBHQ>PG>BHA>BHT。TBHQ 对稳定油脂的颜色和气味没有作用，但对其他抗氧化剂和螯合剂有增效作用，在其他酚类抗氧化剂都不起作用的油脂中，它也是有效的。加入柠檬酸可增强其抗氧化活性。在植物油和动物油脂中，TBHQ 一般与柠檬酸结合使用。TBHQ 还有一定的抗菌作用，NaCl 对其抗菌作用有增效作用。在酸性条件下，TBHQ 的抑菌作用较强。表 7-9 为国标中 TBHQ 在部分食品中的最大使用量。

表 7-9　国标中 TBHQ 在部分食品中的最大使用量

食品分类号	食品名称	最大使用量/（g/kg）	备注
02.0	脂肪，油和乳化脂肪制品	0.2	以油脂中的含量计
02.01	基本不含水的脂肪和油	0.2	
04.05.02.01	熟制坚果与籽类	0.2	以油脂中的含量计
04.05.02.03	坚果与籽类罐头	0.2	以油脂中的含量计
06.03.02.05	油炸面制品	0.2	以油脂中的含量计
06.07	方便米面制品	0.2	以油脂中的含量计
07.02.03	月饼	0.2	以油脂中的含量计
07.03	饼干	0.2	以油脂中的含量计
07.04	焙烤食品馅料及表面用挂浆	0.2	以油脂中的含量计
08.02.02	腌腊肉制品类（如咸肉、腊肉、板鸭、中式火腿、腊肠）	0.2	以油脂中的含量计
09.03.04	风干、烘干、压干等水产品	0.2	以油脂中的含量计
16.06	膨化食品	0.2	以油脂中的含量计

4. 没食子酸丙酯（PG）

分子式 $C_{10}H_{12}O_5$，分子量 212.20。

没食子酸丙酯

没食子酸丙酯对植物油的抗氧化效果良好，与 BHA、维生素 E、TBHQ、抗坏血酸、柠檬酸等混合使用时，均能使抗氧化能力增强。对猪油的抗氧化作用比 BHA 或 BHT 强。PG 与柠檬酸增效使用时，其抗氧化作用更强，但不如 PG 与 BHA、BHT 混合使用时的抗氧化作用强。PG 可与铁离子生成紫色的配合物，而引起食物变色，故没食子酸丙酯要与一种金属螯合剂（如柠檬酸）配合使用，可防止变色。表 7-10 为国标中 PG 在部分食品中的最大使用量。

表 7-10 国标中 PG 在部分食品中的最大使用量

食品分类号	食品名称	最大使用量 /（g/kg）	备注
02.0	脂肪，油和乳化脂肪制品	0.1	以油脂中的含量计
02.01	基本不含水的脂肪和油	0.1	
04.05.02.01	熟制坚果与籽类（仅限油炸坚果与籽类）	0.1	以油脂中的含量计
04.05.02.03	坚果与籽类罐头	0.1	以油脂中的含量计
05.02.01	胶基糖果	0.4	
06.03.02.05	油炸面制品	0.1	以油脂中的含量计
06.07	方便米面制品	0.1	以油脂中的含量计
07.03	饼干	0.1	以油脂中的含量计
08.02.02	腌腊肉制品类（如咸肉、腊肉、板鸭、中式火腿、腊肠）	0.1	以油脂中的含量计
09.03.04	风干、烘干、压干等水产品	0.1	以油脂中的含量计
12.10.01	固体复合调味料（仅限鸡肉粉）	0.1	以油脂中的含量计
16.06	膨化食品	0.1	以油脂中的含量计

5. 抗坏血酸

又名维生素 C，分子式 $C_6H_8O_6$，分子量 176.13，具有强还原性，常用作啤酒、果汁的抗氧化剂，能防止因氧化导致的品质裂变现象，如变色、变味等，它还可以抑制水果蔬菜的褐变并钝化金属离子。它的抗氧化机理是自身氧化消耗环境和食品中的氧，减少不良氧化物的产生。

抗坏血酸水溶液易被热、光破坏，特别是有重金属存在或在碱性时会促进其被破坏，故在使用时必须注意避免从水及容器中混入金属或与空气接触。表 7-11 为国标中抗坏血酸在部分食品中的最大使用量。

表 7-11 国标中抗坏血酸在部分食品中的最大使用量

食品分类号	食品名称	最大使用量 /（g/kg）	备注
04.01.01.03	去皮或预切的鲜水果	5.0	
04.02.01.03	去皮、切块或切丝的蔬菜	5.0	
06.03.01	小麦粉	0.2	
14.02.02	浓缩果蔬汁（浆）	按生产需要适量使用	固体饮料按稀释倍数增加使用量

三、农产品食品中常用抗氧化剂的测定方法

依据 GB 5009.32—2016《食品安全国家标准　食品中 9 种抗氧化剂的测定》。高效液相色谱法适用于食品中 PG、2,4,5- 三羟基苯丁酮（THBP）、TBHQ、BHA、BHT 等的测定；液相色谱串联质谱法适用于食品中 THBP、PG 等的测定；气相色谱质谱法适用于食品中 BHA、BHT、TBHQ 等的测定；气相色谱法适用于食品中 BHA、BHT、TBHQ 的测定；比色法适用于油脂中 PG 的测定。

油脂中 TBHQ 和 BHT 含量的测定（高效液相色谱法） 工作任务单
分小组完成以下任务： ① 查阅抗氧化剂 TBHQ、BHT 的测定检验标准，设计测定检测方案。 ② 准备实验所需试剂材料及仪器设备。 ③ 正确对样品进行预处理。 ④ 正确对样品中 TBHQ 和 BHT 含量进行测定。 ⑤ 结果记录及分析处理。 ⑥ 依据《食品安全国家标准　食品添加剂使用标准》（GB 2760—2014），判定样品中 TBHQ 和 BHT 含量是否合格。 ⑦ 出具检验报告。

【任务实施】

一、检验工作准备

① 查阅检验标准 GB 5009.32—2016《食品安全国家标准　食品中 9 种抗氧化剂的测定》，设计液相色谱法测定油脂中 TBHQ、BHT 含量测定方案。
② 准备测定所需试剂材料及仪器设备。

二、任务实施步骤

样品提取与净化、标准溶液配制→仪器参数设置→标准曲线制作→样品测定→计算

1. 样品提取与净化、标准溶液配制

（1）样品提取与净化

准确称取 1g（精确至 0.01g）植物油样品，置于 50mL 离心管中，加入 5mL 乙腈饱和的正己烷溶液，涡旋 1min，静置 10min。用 5mL 正己烷饱和的乙腈涡旋提取 2min，3000r/min 离心 5min，收集乙腈层于管中，再重复用 5mL 正己烷饱和的乙腈溶液提取 2 次，合并 3 次提取液。（同时做空白实验）

首先要活化和平衡 C_{18} 固相萃取柱，弃去流出液。将提取液倾入萃取柱，弃去流出液，再以 5mL 乙腈和甲醇的混合溶液洗脱，收集所有洗脱液于试管中，在 40℃下旋转蒸发至干，加入 2mL 乙腈定容，过 0.22μm 有机滤膜，供液相色谱测定。

（2）标准溶液配制

配制标准储备液：精确称取 TBHQ、BHT 标准物质 0.0250g，乙腈溶解并定容至 25mL，得到浓度为 1000mg/L 的标准储备液。

配制标准工作液：分别吸取 1mL TBHQ、BHT 的标准储备液于 10mL 容量瓶中，用乙腈稀释并定容至 10mL，得到质量浓度为 100mg/L 的标准使用液。逐级稀释标准使用液得到质量浓度分别为 0.5mg/L、1.0mg/L、2.0mg/L、5.0mg/L、10.0mg/L、20.0mg/L、50.0mg/L 的标准溶液。

2. 仪器参数设置

根据所用仪器型号将仪器调至最佳状态。

参考色谱分析条件：色谱柱为 C_{18} 柱（内径 4.6mm，柱长 250mm，粒径 5μm）；柱温：35℃；进样量：5μL；检测波长：280nm；流动相：A 为 0.5% 甲酸水溶液，B 为甲醇，或参考文献报道考虑 A 为水，B 为乙腈。

3. 标准曲线制作

按国标要求将系列工作液分别进样至液相色谱仪中，以质量浓度为横坐标，峰面积为纵坐标，绘制标准曲线。

4. 样品测定

在上述相同的色谱条件下，将样品提取液进样至高效液相色谱仪中，得到相应色谱峰的响应值，根据标准曲线得到样品中 TBHQ、BHT 的浓度。

5. 计算

样品中 TBHQ、BHT 的含量按下式计算：

$$X_i = \rho_i \times \frac{V}{m}$$

式中　X_i——试样中 TBHQ、BHT 含量，单位为 mg/kg；
　　　ρ_i——从标准曲线上得到的 TBHQ、BHT 浓度，单位为 μg/mL；
　　　V——样液最终定容体积，单位为 mL；
　　　m——称取的试样质量，单位为 g。

结果保留 3 位有效数字（或保留到小数点后两位）。

在重复性条件下获得的两次独立测定结果的绝对差值不得超过算术平均值的 10%。

三、数据记录与处理

将油脂中 TBHQ、BHT 含量的测定原始数据填入表 7-12 中。

表 7-12　油脂中 TBHQ、BHT 含量测定原始记录表

工作任务		样品名称	
接样日期		检验日期	
检验依据			
仪器条件			
编号		1	2
试样质量 m/g			
样液最终定容体积 V/mL			
由标准曲线得出的试样液中待测物的质量浓度 ρ/(μg/mL)			
计算公式			
试样中待测物的含量 /(mg/kg)			

续表

试样中待测物的含量平均值 /(mg/kg)	
本次实验分析结果的精密度	
判定依据	
判定结果	
检验结论	

检测人：　　　　　　　　　　　　　　　校核人：

四、任务评价

按照表 7-13 评价学生工作任务完成情况。

表 7-13　任务考核评价指标

序号	工作任务	评价指标	配分	得分
1	检测方案制订	（1）正确选用检测标准及检测方法 （2）检测方案制订合理规范	15	
2	试样称取	正确使用电子天平进行称重	5	
3	试样处理制备	（1）能正确制备样品 （2）正确使用容量瓶进行定容	10	
4	标准系列溶液制备	（1）正确使用移液管 （2）正确配制标准系列溶液，标液不得污染	10	
5	标准曲线制作	正确绘制标准曲线	10	
6	样品测定（上机测量）	（1）能够正确操作仪器 （2）正确测量标样、样品	10	
7	数据处理	（1）原始记录及时规范整洁 （2）有效数字保留准确 （3）标准曲线相关系数高 （4）计算正确，测定结果准确	10	
8	其他操作	（1）工作服整洁，能够正确进行标识 （2）操作时间控制在规定时间里 （3）及时收拾清洁、回收玻璃器皿及仪器 （4）注意操作文明和操作安全	10	
9	综合素养	（1）积极主动参与工作，能吃苦耐劳，崇尚劳动光荣，弘扬工匠精神 （2）服从安排，顾全大局，积极与小组成员合作，共同完成工作任务 （3）能有效利用网络、图书资源、工作手册等快速查阅获取所需信息 （4）能发现问题、提出问题、分析问题、解决问题	20	
		合计	100	

五、注意事项

（1）实验步骤中的色谱条件仅作参考，在实验中，应根据仪器的种类和实验条件进行调整。

（2）在重复性条件下获得的两次独立测定结果的绝对差值不得超过算术平均值的10%，否则应该调整实验条件进行重做。

拓展资源

科普视频：食盐抗结剂有毒吗？（食品伙伴网）

没有食品添加剂就没有现代食品工业，不能妖魔化添加剂。希望大家对食品添加剂有一个正确的理解和认识，左侧二维码链接了有关食盐抗结剂的科普视频。

 ────────── 巩固练习

一、名词解释题

食品添加剂　　防腐剂　　抗氧化剂　　ADI　　MNL

二、多选题

1. 下列属于食品添加剂的物质是（　　）。
   A. 硼砂　　　B. 山梨酸　　　C. 苯甲酸　　　D. BHT
2. 食品添加剂有利于（　　）。
   A. 食品保藏　　　　　　　B. 改善食品的感官性状
   C. 增加食品的品种及方便性　D. 食品加工
3. 下列可以检测食品中BHA、BHT、TBHQ等抗氧化剂的含量的方法有（　　）。
   A. 液相色谱法　　　　　　B. 气相色谱法
   C. 气相色谱质谱法　　　　D. 比色法

三、判断题

1. 应用气相色谱法测定苯甲酸和山梨酸时，在重复性条件下获得的两次独立测定结果的绝对差值不得超过算术平均值的20%。
2. 可以使用食品添加剂掩盖食品腐败变质。
3. 由配料带入食品中的添加剂含量应明显低于直接将其添加到该食品中通常所需要的水平。

四、问答题

1. 抗氧化剂使用注意事项有哪些？
2. 如何看待食品添加剂的安全性问题？

模块八

油脂脂肪酸组成和溶剂残留检测

案例引入

食品安全是我们追求美好生活的体现,也是消费的发展趋势。食用油作为居民膳食的重要组成部分,与人们的生活、健康息息相关。食用油可被分为食用植物油和食用动物油两类,常见的食用油多为植物油脂。食用植物油中含有脂肪酸、类胡萝卜素、多酚和维生素E等多种营养成分,能够为人体提供必需的脂肪和热量。一个健康的成年人每天需要摄入适量的必需脂肪酸(亚油酸等),但是这些脂肪酸不能在人体内自然合成,只能从日常饮食的油脂中摄取。随着我国经济的发展和人们生活水平的提高,无论是食用植物油的产量、贸易量还是人们的消费者和需求量都非常巨大且保持刚性稳定增长趋势。加强对食用植物油中脂肪酸组成及溶剂残留量的监控,有利于提高我国食用油安全品质,保障人民生命财产安全。

模块导学

```
油脂脂肪酸组成和溶剂残留检测
├── 油脂的脂肪酸组成
│   ├── 油脂中脂肪酸的分类
│   └── 常见油脂中脂肪酸的组成
├── 油脂中的溶剂残留
│   ├── 食用油脂溶剂残留的来源
│   └── 食用油脂溶剂残留检测的意义
└── 工作任务
    ├── 任务8-1  油脂脂肪酸组成的测定
    └── 任务8-2  浸出油脂中残留溶剂的测定
```

学习目标

① 了解油脂脂肪酸的组成及溶剂残留的原因。

② 能够按照标准准确测定油脂脂肪酸的组成及油脂溶剂残留量。

③ 培养勤学好问、善于思考的精神，具备质量意识和创新思维。

任务资讯

知识点 8-1　油脂的脂肪酸组成

油脂的主要成分为甘油三酯，即一分子甘油与三分子脂肪酸脱水酯化而成。不同种类的粮食、油料及食用油脂，其脂肪酸种类及含量有一定的特征性。这种油脂脂肪酸组成的差异，对不同食用油脂的营养价值、理化性质、工业用途、储藏特性具有很大的影响。因此，在粮油品种鉴别、储藏工艺选择、加工工艺设计以及油料资源利用方面，脂肪酸组成测定具有一定的指导作用。

一、油脂中脂肪酸的分类

脂肪酸是脂肪分子的基本单位，而每一种脂肪酸在结构上有很大的差异。根据其结构不同，脂肪酸可分为三大类：饱和脂肪酸、单不饱和脂肪酸和多不饱和脂肪酸。单不饱和脂肪酸和多不饱和脂肪酸统称为不饱和脂肪酸。

化学上把不含双键的脂肪酸称为饱和脂肪酸，所有的动物油都是饱和脂肪酸。一般较多见的有辛酸、癸酸、月桂酸、豆蔻酸、软脂酸、硬脂酸、花生酸等。此类脂肪酸多含于牛、羊、猪等动物的脂肪中，有少数植物如椰子油、可可油、棕榈油等中也多含此类脂肪酸。

除饱和脂肪酸以外的脂肪酸就是不饱和脂肪酸。不饱和脂肪酸是构成体内脂肪的一种脂肪酸，是人体必需的脂肪酸。不饱和脂肪酸根据双键个数的不同，分为单不饱和脂肪酸和多不饱和脂肪酸两种。食物脂肪中，单不饱和脂肪酸有油酸，多不饱和脂肪酸有亚油酸、亚麻酸、花生四烯酸等。人体不能合成亚油酸和亚麻酸，必须从膳食中补充。

单不饱和脂肪酸和多不饱和脂肪酸都对人体健康有很大益处。人体所需的必需脂肪酸，就是多不饱和脂肪酸，可以合成 DHA（二十二碳六烯酸）、EPA（二十碳五烯酸）、AA（花生四烯酸），它们在体内具有降血脂、改善血液循环、抑制血小板凝集、阻抑动脉粥样硬化斑块和血栓形成等功效，对心脑血管病有良好的防治效果等等。DHA 还可提高儿童的学习技能，增强记忆。单不饱和脂肪酸可以降低血胆固醇、甘油三酯和低密度脂蛋白胆固醇（LDL-C）的含量。不饱和脂肪酸虽然益处很多，但易产生脂质过氧化反应，因而产生自由基和活性氧等物质，对细胞和组织可造成一定的损伤。

饱和脂肪酸摄入量过高是导致血胆固醇、甘油三酯、LDL-C 升高的主要原因，继发引起动脉管腔狭窄，形成动脉粥样硬化，增加患冠心病的风险。

二、常见油脂中脂肪酸的组成

脂肪酸组成是食用植物油的特征指标，是衡量油脂营养价值的重要指标，也是判定食用植物油中掺假、掺伪的重要依据。由于各类食用油都有其特征脂肪酸、有相对稳定的脂肪酸组成比例（见表 8-1），因此通过检测食用油中的脂肪酸组成和含量，可以甄别高品质、单一成分食用油脂的"纯正度"。例如花生油特征脂肪酸花生烯酸含量通常大于 1%，当混有其他食用油后将降低花生烯酸的比例，这可作为花生油掺假的标志之一；油茶籽油的特征脂肪酸——油酸的含量在 75%～80%，当检测油酸含量远低于 75% 时，可初步判断油茶籽油被掺入其他食用油；大豆油的价格低廉，常被混入高价食用油中，而大豆油的特征脂肪酸亚麻酸含量在 6% 左右，若高价纯种食用油中的亚麻酸含量过高，可作为掺入大豆油的标志之一。除了通过特征脂肪酸含量甄别食用油是否掺伪之外，还可以对比特定食用油的脂肪酸图谱：当纯植物油掺入低廉油脂后，其脂肪酸比例被打乱，通过与其正常的脂肪酸图谱对比，可初步判断是否掺伪。

表 8-1 常见食用油脂肪酸组成比较

油脂名称	不饱和脂肪酸含量 /%				饱和脂肪酸含量 /%			
	油酸	亚油酸	亚麻酸	芥酸	豆蔻酸	棕榈酸	硬脂酸	花生酸
山茶油	80～83	7.4	0.2	—	—	8.8	0.8～1.1	—
橄榄油	81.6	7	—	—	0.2	9.5	1.4	—
花生油	41.2	37.6	—	—	—	11.4	3.0	0.67
菜籽油	15.8	14.6	9.2	48.2	—	2.3	—	—
棉油	22.9～44.2	33.9～50.3	—	0.8～2.5	0.5～2.3	17.1～23.4	0.9～2.7	—
猪油	43.6	8.3	0.2	—	2.2	25.9	14.6	—
牛油	39～50	1～5	—	—	2-8	24～32	14～28	—
大豆油	22～30	50～60	5～9	—	—	7～10	2～5	1～3
棕榈油	41	—	10	—	3	43	3	—
芝麻油	36～38	46～49	0.5～0.6	—	—	8～9	5～6	—

注：特优品种的油菜籽如高油酸菜籽油、双低菜籽油等，其油酸可高于 50%，芥酸含量低于 3%，已经很少有以往的"青味"。

知识点 8-2 油脂中的溶剂残留

一、食用油脂溶剂残留的来源

食用植物油溶剂残留是指采用浸出法制取的成品油中所残存的微量生产性溶剂。目前，食用植物油的生产包括物理压榨法和化学浸出法两种生产工艺。民间传统的食用植物油脂生产主要采用机械压榨方法,再经过过滤精炼而制成。现在许多食用植物油脂生产企业采用有机溶剂浸出,经过脱溶剂脱出并回收溶剂油,从而制成食用植物油脂。浸出法制油的过程中使用的浸出溶剂主要是六号溶剂,该工艺方法不可避免地会造成六号溶剂在食用植物油中的残留。因此,食用植物油中溶剂残留的检测是食用植物油生产加工企业控制产品质量的必要手段,同时也是食品监管机构实施有效监督的良好措施。

二、食用油脂溶剂残留检测的意义

压榨油和浸出油的区别主要是压榨油完全依靠物理压力将油脂从油料中分离出来,在压榨过程中不涉及任何化学添加剂,其产品不受污染,且不会破坏其原料中原有的天然营养,因此,压榨油因其品质比较纯正而具有相对优势。但是,传统压榨法因出油率较低,生产需用工时较多而使生产成本居高不下。而相对于压榨法,浸出法生产植物油的出油率远远高于压榨法,且因其生产效率高、生产成本低而备受生产企业的青睐,所以目前浸出法广泛应用于食用植物油生产中。但是因残留溶剂对食用植物油的卫生质量产生影响,会对人体健康产生一定的危害,因此必须从源头加强监督管理。

浸出法生产食用植物油是应用化学萃取的原理,选用能够溶解油脂的有机溶剂,通过该溶剂与油料的接触(浸泡或喷淋),使油料中的油脂被萃取出来的一种制油方法。浸出法制油其粕中残油低(出油率高)、人员劳动强度低,但浸出的毛油必须经过化学处理后才能食用。

目前我国浸出法制油采用的溶剂是以脂肪族烷烃类化合物为主的轻汽油,俗名六号油。它是石油直馏馏分、重整抽余油或凝析油馏分经精制而成,主要由己烷等脂肪属碳氢化合物组成,馏程为61~76℃的混合溶剂。其中含有少量烷烃、环烷烃等具有一定毒性的化合物。因此,浸出油溶剂残留量超标,不仅会降低油脂品质,而且严重危害消费者的身体健康。食用溶剂残留量超标的植物油一方面会损害人的神经系统,使人体神经细胞内的类脂物质平衡失调,同时对人体内脏器官也有一定的刺激和伤害。

为防止危害消费者的身体健康,原油必须经过精炼加工处理,即经过"六脱"工艺(脱蜡、脱胶、脱水、脱色、脱臭、脱酸)达到各级食用植物油的标准才能进行销售。浸出油是否对人体有害,关键在于能否将浸出油所用的溶剂产生的残留物质控制在食用植物油相关标准范围之内,达到相应标准要求的浸出油对人体才是无害的。因此,食用植物油中溶剂残留的检测具有重要意义。为了严格控制食用油中的溶剂残留量,保证安全食用,在国家食用植物油标准中,溶剂残留量被列为强制性的限量指标。

 任务演练

任务 8-1 油脂脂肪酸组成的测定

【任务描述】

食品掺杂掺假对消费者身体健康将造成严重危害,是严重违法行为。食用油脂是重要生活必需品,但食用油脂掺假问题非常突出。一些不法商贩为牟取暴利,向食用油脂添入矿物油、劣质油甚至地沟油等而导致中毒事件偶有发生,对我国人民身体健康和生命安全构成严重威胁。国家对食用油脂安全非常重视,不仅对一系列食用油脂国家标准不断重新修订，而且更严格规范食用油脂质量要求和卫生指标。那么怎样辨别油脂是否掺假呢？某检测公司收到一份大豆油样品，请你检测该油脂样品的脂肪酸组成。

【任务目标】

[知识目标]

① 了解油脂脂肪酸的组成。
② 掌握油脂中脂肪酸组成的测定方法。
③ 掌握气相色谱法测定油脂脂肪酸组成的流程及操作注意事项。

[技能目标]

① 会进行样品预处理，并能正确配制油脂脂肪酸甲酯。
② 会正确使用气相色谱。
③ 会用气相色谱法测定油脂脂肪酸组成。

[职业素养目标]

① 具备专心细致、勤学好问的精神。
② 培养分辨能力、创新能力。

【知识准备】

天然油脂中，脂肪酸成分主要有 $C_{16:0}$、$C_{18:0}$、$C_{18:1}$、$C_{18:2}$、$C_{18:3}$、$C_{20:0}$、$C_{20:1}$、$C_{22:0}$、$C_{22:1}$、$C_{24:0}$ 等（不饱和双键所连接基团均为顺式结构），其理化性质相近，特别是顺反异构体的理化性质非常接近。因此，不同脂肪酸成分的精确定量与定性，必须采用分离效能很高的色谱方法。目前，在我国现行国家标准 GB 5009.168—2016《食品安全国家标准　食品中脂肪酸的测定》中，规定使用毛细管气相色谱法测定各种脂肪酸及顺反异构体成分含量。

采用气相色谱法测定脂肪酸时，需要解决的最大问题是提高脂肪酸的挥发性，即制备脂肪酸甲酯，常用的脂肪酸甲酯化方法有氢氧化钠-三氟化硼甲醇法、氢氧化钾-甲醇酯交换法、乙酰氯-甲醇法、三甲基氢氧化硫-甲醇酯交换法等。其中，前3种甲酯化法是现行国家标准 GB 5009.168—2016 规定使用的方法，第4种三甲基氢氧化硫-甲醇酯交换法是 ISO 标准《动植物油脂　脂肪酸甲酯制备》(ISO 5509—2000) 中规定使用的方法。

对于来源不同的样品，油脂含量相差很大，而且试样中其他成分对脂肪酸甲酯化有一定的干扰。因此，除食用油脂以外的粮食、油料及其他食品试样，在对脂肪酸进行甲酯化之前，必须采用适当的方法定量提取油脂及脂肪酸。对于天然食品及原料、经高温加热处理的食品，试样需经酸水解处理后用乙醚萃取油脂；对于乳及乳制品，试样需经酸水解、碱水解或酸-碱水解处理后用乙醚萃取脂肪。

当测定不同的脂肪酸时，对气相色谱的分离效能要求不同。对于脂肪酸成分的常规分析，采用 30m 或 50m 并交联聚乙二醇-20M、丁二酸二丁二醇聚酯、聚硅氧烷等极性固定液的毛细管柱，都能获得理想的分离效果，甚至使用涂敷 5%～20% 丁二酸二甘醇聚酯、丁二酸二丁二醇聚酯、己二酸二乙二甘醇聚酯等聚酯类极性固定液或氰基硅酮类固定液的填充柱，也能满足准确定量的要求。

对于反式脂肪酸的测定，需要采用 100m 或 120m 交联强极性毛细管色谱柱，才能满足脂肪酸顺反异构体分离的要求。在 GB 5009.168—2016《食品安全国家标准　食品

油脂脂肪酸组成的测定（气相色谱法）1

油脂脂肪酸组成的测定（气相色谱法）2

油脂脂肪酸组成的测定（气相色谱法）3

中脂肪酸的测定》和 GB 5009.257—2016《食品安全国家标准 食品中反式脂肪酸的测定》中，规定使用 100m 长的交联强极性聚二氰丙基硅氧烷毛细管色谱柱测定反式脂肪酸。油脂脂肪酸组成的测定（气相色谱法）可扫描二维码观看操作视频。

大豆油脂肪酸组成的测定（气相色谱归一化法）
工作任务单

分小组完成以下任务：
① 查阅油脂脂肪酸组成测定的检验标准，设计检测方案。
② 准备所需试剂材料及仪器设备。
③ 正确对样品进行预处理。
④ 正确进行样品中脂肪酸组成的测定。
⑤ 结果记录及分析处理。
⑥ 依据《大豆油》（GB/T 1535—2017），判定样品中脂肪酸组成是否合格。
⑦ 出具检验报告。

【任务实施】

一、检验工作准备

① 查阅检验标准《食品安全国家标准 食品中脂肪酸的测定》（GB 5009.168—2016），设计气相色谱法测定大豆油脂肪酸组成的方案。
② 准备测定所需试剂材料及仪器设备。

二、任务实施步骤

1. 样品前处理

称取 60.0mg 试样于 5mL 具塞磨口玻璃塞试管中，加入 4mL 异辛烷溶解试样，加浓度为 2mol/L 氢氧化钾甲醇溶液 200μL，盖上玻璃塞猛烈振摇 30s 后静置至澄清透明，向溶液中加入约 1g 硫酸氢钠猛烈振摇，中和氢氧化钾，待盐沉淀后，将含有甲酯的上层溶液倒入 10mL 刻度玻璃试管中，得到的异辛烷溶液中甲酯含量约为 15mg/mL。

2. 色谱条件

毛细管色谱柱：聚二氰丙基硅氧烷强极性固定相，柱长 100m，内径 0.25mm，膜厚 0.2μm。

进样器温度：270℃。

检测器温度：280℃。

程序升温：初始温度 100℃，持续 13min；100～180℃，升温速率 10℃/min，保持 6min；180～200℃，升温速率 1℃/min，保持 20min；200～230℃，升温速率 4℃/min，保持 10.5min。

载气：氮气。

分流比：100∶1。

进样体积：1.0μL。

检测条件应满足理论塔板数（n）至少 2000/m，分离度（R）至少 1.25。

3. 测定

在上述色谱条件下将脂肪酸标准测定液及试样测定液分别注入气相色谱仪，以色谱峰峰面积定量。

4. 计算

试样中某个脂肪酸占总脂肪酸的百分比 Y_i 按下式计算，通过测定相应峰面积对所有成分峰面积总和的百分数来计算给定组分 i 的含量：

$$Y_i = \frac{A_{Si} F_{FAMEi\text{-}FAi}}{\sum (A_{Si} F_{FAMEi\text{-}FAi})} \times 100$$

式中　Y_i——试样中某个脂肪酸占总脂肪酸的百分比，%；

A_{Si}——试样测定液中各脂肪酸甲酯的峰面积；

$F_{FAMEi\text{-}FAi}$——脂肪酸甲酯 i 转化成脂肪酸的系数。

结果保留 3 位有效数字。

在重复性条件下获得的两次独立测定结果的绝对差值不得超过算术平均值的 10%。

三、数据记录与处理

将大豆油脂肪酸组成的测定原始数据填入表 8-2 中。

表 8-2　大豆油脂肪酸组成的测定原始记录表

工作任务		样品名称	
接样日期		检验日期	
检验依据			
仪器条件			
编号	1		2
保留时间 /min			
峰面积			
脂肪酸名称			
试样质量 m/g			
试样中该脂肪酸的含量 Y/%			
试样中该脂肪酸含量平均值 $\overline{Y}$/%			
标准规定分析结果的精密度	在重复性条件下获得的两次独立测定结果的绝对差值不得超过算术平均值的 10%		
本次实验分析结果的精密度			
判定依据			
判定结果			
检验结论			
检测人：		校核人：	

四、任务评价

按照表 8-3 评价学生工作任务完成情况。

表 8-3　任务考核评价指标

序号	工作任务	评价指标	配分	得分
1	检测方案制订	（1）正确选用检测标准及检测方法 （2）检测方案制订合理规范	10	
2	操作前准备	（1）实验仪器、用具清点 （2）开机操作顺序合理	10	
3	色谱条件选择	（1）色谱柱选择合理 （2）检测器选择合理 （3）进样口温度、检测器温度选择合理 （4）柱温选择合理 （5）载气及其流速选择合理	15	
4	甲酯制备操作	（1）试样称量操作规范 （2）甲酯化操作规范	10	
5	样品测定（上机测量）	（1）能够正确操作仪器 （2）正确测量标样、样品液	10	
6	数据处理	（1）原始记录及时规范整洁 （2）有效数字保留准确 （3）计算正确，测定结果准确，平行测定相对偏差≤10% （4）定性分析正确 （5）定量分析正确	25	
7	其他操作	（1）工作服整洁，能够正确进行标识 （2）操作时间控制在规定时间里 （3）及时收拾清洁、回收玻璃器皿及仪器 （4）注意操作文明和操作安全	10	
8	综合素养	（1）积极主动参与工作，能吃苦耐劳，崇尚劳动光荣，弘扬工匠精神 （2）服从安排，顾全大局，积极与小组成员合作，共同完成工作任务 （3）能有效利用网络、图书资源、工作手册等快速查阅获取所需信息 （4）能发现问题、提出问题、分析问题、解决问题、创新问题	10	
	合计		100	

任务 8-2　浸出油脂中残留溶剂的测定

【任务描述】

溶剂残留量中的溶剂是指浸出工艺生产植物油所用的溶剂，国内一般为"六号溶剂"，溶剂残留量超标的原因可能是生产加工过程中使用浸提溶剂后，没有在后续工艺中采取有效措施去除溶剂，或又将此类产品违规标称为压榨产品。长期食用溶剂残留量过高的油脂，会对人体的神经系统和造血系统有损害。假设你是一名花生油加工企业检验员，请你检测该企业浸出法制取花生油产品的溶剂残留量，并出具检测报告。

【任务目标】

[知识目标]

① 了解浸出油脂中残留溶剂的来源、危害及其在油脂中的限量指标。
② 掌握浸出油脂中残留溶剂的测定方法。
③ 掌握气相色谱法测定浸出油脂中残留溶剂的流程及操作注意事项。

[技能目标]

① 会进行样品预处理，并能正确配制六号溶剂系列标准溶液。
② 会正确使用气相色谱仪。
③ 会用气相色谱法测定浸出油脂中残留溶剂的含量。

[职业素养目标]

① 具备精益求精，持之以恒的科学品质。
② 具备分析问题、解决问题的能力。

【知识准备】

浸出油脂是采用"六号溶剂"浸出工艺生产的食用油脂。所谓"六号溶剂"是以六碳烷烃为主要成分的石油馏分，沸程为62～85℃。其组成成分中烷烃占80.2%、环烷烃占18%、烯烃占1.6%、芳烃占0.07%。国外使用的这类溶剂组成基本相似，产地不同稍有区别。溶剂浸出法生产的浸出油脂，虽经溶剂脱除，但仍有少量溶剂残留在油脂中。FAO/WHO（1970年）指出，浸出法生产的油脂中通常残留溶剂质量分数仅有百万分之几，而油粕中稍多，为$(0.1～1.5)×10^{-3}$。

六号溶剂是一种能麻醉呼吸中枢的化学物质，其毒性并不大，FAO/WHO综述动物试验资料表明，受试动物与对照比较，并无明显变化。FAO/WHO规定浸出油用六碳烷烃为主的溶剂，芳烃质量分数$<0.2×10^{-2}$、硫化物质量分数$<5×10^{-6}$、铅质量分数$<1×10^{-6}$，在一定波长范围内的紫外线吸收值（限制多环芳烃）不大于规定量。

国家标准GB 2716—2018《食品安全国家标准 植物油》规定，食用植物油（包括调和油）中溶剂残留量不得超过20mg/kg，其中压榨油溶剂残留量不得检出（检出值小于10mg/kg时，视为未检出）。

食用油脂中溶剂残留量测定方法采用顶空气相色谱法，所用色谱柱有苯基甲基聚硅氧烷类非极性柱和丁二酸二乙二醇聚酯类极性柱两种。在我国现行国家标准GB 5009.262—2016《食品安全国家标准 食品中溶剂残留量的测定》方法中，规定使用5%苯基甲基聚硅氧烷非极性毛细管柱，对六号溶剂成分分离并用总峰面积定量。油脂溶剂残留的测定（气相色谱法）可扫描二维码观看操作视频。

油脂溶剂残留的测定（气相色谱法）1

油脂溶剂残留的测定（气相色谱法）2

油脂溶剂残留的测定（气相色谱法）3

浸出花生油中残留溶剂的测定（气相色谱法）工作任务单
分小组完成以下任务： ① 查阅食品中溶剂残留量测定的检验标准，设计浸出花生油中残留溶剂测定的检测方案。 ② 准备测定所需试剂材料及仪器设备。 ③ 正确对样品进行预处理。 ④ 正确进行浸出花生油样品中残留溶剂的测定。 ⑤ 结果记录及分析处理。 ⑥ 依据《花生油》（GB/T 1534—2017），判定浸出花生油样品中残留溶剂含量是否合格。 ⑦ 出具检验报告。

【任务实施】

一、检验工作准备

① 查阅检验标准《食品安全国家标准 食品中溶剂残留量的测定》(GB 5009.262—2016),设计气相色谱法测定浸出花生油中残留溶剂的方案。
② 准备测定所需试剂材料及仪器设备。

二、任务实施步骤

1. 试样制备

称取 5g(精确至 0.01g)花生油于 20mL 顶空进样瓶中,向试样中迅速加入 5μL 正庚烷标准工作液作为内标,用手轻微摇匀后密封。保持顶空进样瓶直立,待测。

2. 仪器条件

顶空进样条件:平衡温度 60℃;平衡时间 30min;平衡时振荡器转速 250r/min;进样体积 500μL。

气相色谱条件:
① 色谱柱:含 5% 苯基甲基聚硅氧烷毛细管柱,柱长 30m,内径 0.25mm,膜厚 0.25μm。或者,柱效能相当者。
② 柱温程序:初始温度 50℃,保持 3min;1℃/min 升温至 55℃,保持 3min;30℃/min 升温至 200℃,保持 3min。
③ 进样口温度:250℃。
④ 检测器温度:300℃。
⑤ 进样分流比:100∶1。
⑥ 载气(氮气):流速 1mL/min。
⑦ 氢气:流速 25mL/min。
⑧ 空气:流速 300mL/min。

3. 标准曲线制作

采用内标标准曲线法定量。将植物油基体六号溶剂标准系列溶液进样分析后,以油基标准系列溶液中六号溶剂与内标物浓度比为横坐标,相应的六号溶剂总峰面积与内标物峰面积比为纵坐标,绘制标准曲线。

4. 样品测定

将制备好的花生油试样的顶空气体进样分析后,与六号溶剂标准比较各色谱峰保留时间,确认试样中残留溶剂峰。用标准曲线及所测得的残留溶剂峰总面积,计算试样中溶剂残留含量。

5. 计算

$$X=\rho$$

式中 X——试样中溶剂残留含量,单位为 mg/kg;
ρ——由标准曲线计算得到的试样中溶剂残留含量,单位为 mg/kg。
计算结果保留 3 位有效数字。
在重复性条件下获得的两次独立测定结果的绝对差值,不得超过算术平均值的 10%。

三、数据记录与处理

将浸出花生油中残留溶剂的测定原始数据填入表 8-4 中。

表 8-4　浸出花生油中残留溶剂的测定原始记录表

工作任务		样品名称	
接样日期		检验日期	
检验依据			
仪器条件			
编号		1	2
保留时间 /min			
峰面积			
试样中溶剂残留的含量 X/(mg/kg)			
试样中溶剂残留含量平均值 $\overline{X}$/(mg/kg)			
标准规定分析结果的精密度	在重复性条件下获得的两次独立测定结果的绝对差值不得超过算术平均值的 10%		
本次实验分析结果的精密度			
判定依据			
判定结果			
检验结论			
检测人：		校核人：	

四、任务评价

按照表 8-5 评价学生工作任务完成情况。

表 8-5　任务考核评价指标

序号	工作任务	评价指标	配分	得分
1	检测方案制订	（1）正确选用检测标准及检测方法 （2）检测方案制订合理规范	10	
2	操作前准备	（1）实验仪器、用具清点 （2）开机操作顺序合理	10	
3	色谱条件选择	（1）色谱柱选择合理 （2）检测器选择合理 （3）进样口温度、检测器温度选择合理 （4）柱温选择合理 （5）载气及其流速选择合理	20	
4	六号溶剂标准曲线配制操作	（1）吸取六号溶剂标准溶液操作规范 （2）加入六号溶剂标准溶液操作规范	15	
5	样品测定（上机测量）	（1）能够正确操作仪器 （2）正确测量标样、样品液	10	

续表

序号	工作任务	评价指标	配分	得分
6	数据处理	（1）原始记录及时规范整洁 （2）有效数字保留准确 （3）计算正确，测定结果准确，平行测定相对偏差≤10% （4）标准曲线相关系数在0.9～0.99范围内	15	
7	其他操作	（1）工作服整洁，能够正确进行标识 （2）操作时间控制在规定时间里 （3）及时收拾清洁、回收玻璃器皿及仪器 （4）注意操作文明和操作安全	10	
8	综合素养	（1）积极主动参与工作，能吃苦耐劳，崇尚劳动光荣，弘扬工匠精神 （2）服从安排，顾全大局，积极与小组成员合作，共同完成工作任务 （3）能有效利用网络、图书资源、工作手册等快速查阅获取所需信息 （4）能发现问题、提出问题、分析问题、解决问题、创新问题	10	
		合计	100	

拓展资源

科普视频：
五毒俱全的"地沟油"（食品伙伴网）

说一说五毒俱全"地沟油"

我们常说的"地沟油"，比较标准的叫法是"废弃食用油脂"，它的来源其实有三种。一是煎炸废弃油，各种食堂和餐厅加工各类食品后不可再使用的油脂。二是泔水油，指从餐厨垃圾中收集的油脂。三是地沟油，当餐饮垃圾直接排放进下水道中后，会形成油腻的漂浮物，后被不法分子打捞出来的油脂。

由于"地沟油"的性质最为恶劣，可能含有的有害物质也最复杂，所以"地沟油"逐渐成了"废弃食用油脂"的俗称。并且在实际非法流通中，也不会根据"废弃食用油脂"的来源对地沟油进行区分。

其中可能含有苯并芘、丙烯酰胺、黄曲霉毒素、苯、甲苯、脱色剂等多种对人体有害的物质。

食用后会对人体健康产生诸多负面影响，可能诱发多种疾病，甚至致癌。令人遗憾的是，由于地沟油来源复杂，网上流传的"低温检测地沟油"、"大蒜检测地沟油"等方法都不靠谱。消费者应注意从正规渠道购买食用油，外出就餐时先确认餐馆是否证照齐全。

巩固练习

一、单选题

1. 食用植物油的主要构成为（　　）。
   A. 甘油一酸酯　　　　　　　B. 甘油二酸酯
   C. 甘油三酸酯　　　　　　　D. 甘油及游离脂肪酸
2. 食用植物油脂肪酸组成中（　　）含量越高，油脂越易酸败。
   A. 饱和脂肪酸　　　　　　　B. 单烯不饱和脂肪酸
   C. 二烯不饱和脂肪酸　　　　D. 多烯不饱和脂肪酸
3. 在测定油脂脂肪酸组成时，首先必须将油脂（　　），再通过甲酯化转化为脂肪酸甲酯，才能采用气相色谱法进行测定。
   A. 分解成甘油和脂肪酸　　　B. 氧化为酸
   C. 还原化为酸　　　　　　　D. 酶解为脂肪酸
4. 在测定油脂脂肪酸组成时，常采用的甲酯化方法有（　　）、盐酸-甲醇钠法、快速甲酯化法等。
   A. 三氟化硼-甲醇法、氢氧化钾-甲醇法
   B. 三氟化硼-甲醇钠法、氢氧化钾-甲酸法
   C. 三氟化硼-甲醇法、氢氧化钾-甲酸法
   D. 三氟化硼-甲醇钠法、氢氧化钾-甲醇法
5. 气相色谱测定浸出油中溶剂残留时，样品应置于50℃恒温箱中平衡（　　），取样分析。
   A. 10min　　　B. 30min　　　C. 60min　　　D. 120min

二、判断题

1. 气相色谱法分析食用植物油溶剂残留、脂肪酸组成时，常采用的检测器为氢火焰离子化检测器。
2. 我国植物油标准中质量要求的脂肪酸组成是特征指标。
3. 在测定油脂脂肪酸组成时，首先必须将甘油三酯分解成甘油和脂肪酸，再通过甲酯化将脂肪酸转化为脂肪酸甲酯，才能采用气相色谱法进行测定。
4. 氢氧化钾-甲醇法适用酸值大于2的脂肪酸的甲酯化。
5. 浸出油中溶剂残留的测定采用顶空气相分析。
6. 浸出油溶剂残留测定过程中，标准溶液配制时应采用 N,N-二甲基乙酰胺作为溶剂。

三、简答题

简述食用油脂常见检测项目的意义。

参考文献

[1] 张玉荣，袁建. 农产品食品检验员（初级、中级、高级）. 第 2 版. 北京：中国社会出版社，2020.
[2] 袁建，张玉荣. 农产品食品检验员（技师、高级技师）. 北京：中国轻工业出版社，2022.
[3] 王世平. 食品安全检测技术. 第 2 版. 北京：中国农业大学出版社，2016.
[4] 王硕，王俊平. 食品安全检测技术. 北京：化学工业出版社，2016.
[5] 王艳. 农产品质量安全检验检测技术. 北京：中国农业出版社，2020.
[6] 叶素丹，刘丽萍，等. 可食食品快速检验职业技能教材（中级）. 北京：化学工业出版社，2022.
[7] 赵笑虹. 案例式食品安全教程. 北京：中国轻工业出版社，2020.
[8] 姚瑞祺，雷琼. 农产品快速检测. 北京：中国农业大学出版社，2021.
[9] 陈凌. 食品生物化学. 北京：化学工业出版社，2019.
[10] 张峰，蔡云飞. 食品生物化学. 北京：中国轻工业出版社，2020.
[11] 郝涤非. 食品生物化学. 大连：大连理工大学出版社，2014.
[12] 唐劲松. 食品添加剂应用与检测技术. 北京：中国轻工业出版社，2012.
[13] 彭珊珊，钟瑞敏，李琳. 食品添加剂. 第 2 版. 北京：中国轻工业出版社，2011.
[14] 孙宝国. 食品添加剂. 第 2 版. 北京：化学工业出版社，2013.
[15] 李凤林，黄聪亮，余蕾. 食品添加剂. 北京：化学工业出版社，2008.
[16] 王尔茂，马丽萍. 食品营养与健康. 第 3 版. 北京：科学出版社，2020.
[17] 王毅，陈华凤，刘刚. 高效液相色谱法同时测定油脂中抗氧化剂 TBHQ、BHT 及其转化产物 [J]. 质量技术监督研究. 2019，63（3）：5-9
[18] GB 2760—2014 食品安全国家标准　食品添加剂使用标准.
[19] 金明琴. 食品分析. 北京：化学工业出版社，2008.
[20] GB 5009.5—2016　食品安全国家标准　食品中蛋白质的测定.
[21] GB 2715—2016　食品安全国家标准　粮食.
[22] GB 19641—2015　食品安全国家标准　食用植物油料.
[23] GB 2716—2018　食品安全国家标准　植物油.
[24] GB 2761—2017　食品安全国家标准　食品中真菌毒素限量.
[25] GB 2762—2020　食品安全国家标准　食品中污染物限量.
[26] GB 2763—2021　食品安全国家标准　食品中农药最大残留限量.
[27] GB 5009.22—2016　食品安全国家标准　食品中黄曲霉毒素 B 族和 G 族的测定.
[28] GB 5009.24—2016 食品安全国家标准　食品中黄曲霉毒素 M 族的测定.
[29] GB 5009.209—2016　食品安全国家标准　食品中玉米赤霉烯酮的测定.
[30] GB 13078—2017　饲料卫生标准.
[31] GB 5009.96—2016　食品安全国家标准　食品中赭曲霉毒素 A 的测定.
[32] GB/T 30957—2014 饲料中赭曲霉毒素 A 的测定　免疫亲和柱净化 - 高效液相色谱法.
[33] GB 5009.111—2016 食品安全国家标准　食品中脱氧雪腐镰刀菌烯醇及其乙酰化衍生物的测定.

[34] GB 5009.19—2008　食品中有机氯农药多组分残留量的测定.

[35] GB 5009.20—2003　食品中有机磷农药残留量的测定.

[36] GB 23200.93—2016　食品安全国家标准　食品中有机磷农药残留量的测定　气相色谱 - 质谱法.

[37] NY/T 761—2008　蔬菜和水果中有机磷、有机氯、拟除虫菊酯和氨基甲酸酯类农药多残留的测定.

[38] GB/T 5009.104—2003　植物性食品中氨基甲酸酯类农药残留量的测定.

[39] GB 23200.112—2018　食品安全国家标准　植物源性食品中 9 种氨基甲酸酯类农药及其代谢物残留量的测定　液相色谱 - 柱后衍生法.

[40] GB/T 5009.199—2003　蔬菜中有机磷和氨基甲酸酯类农药残留量的快速检测.

[41] GB/T 5009.146—2008　植物性食品中有机氯和拟除虫菊酯类农药多种残留量的测定.

[42] GB 23200.85—2016　食品安全国家标准　乳及乳制品中多种拟除虫菊酯农药残留量的测定　气相色谱 - 质谱法.

[43] GB/T 5009.162—2008　动物性食品中有机氯农药和拟除虫菊酯农药多组分残留量的测定.

[44] GB 5009.11—2014　食品安全国家标准　食品中总砷及无机砷的测定.

[45] GB 5009.12—2023　食品安全国家标准　食品中铅的测定.

[46] GB 5009.15—2023　食品安全国家标准　食品中镉的测定.

[47] GB 5009.17—2021　食品安全国家标准　食品中总汞及有机汞的测定.

[48] GB 5009.11—2014　食品安全国家标准　食品中总砷及无机砷的测定.

[49] GB 5009.92—2016　食品安全国家标准　食品中钙的测定.

[50] GB 28050—2011　食品安全国家标准　预包装食品营养标签通则.

[51] GB 5009.90—2016　食品安全国家标准　食品中铁的测定.

[52] GB 14880—2012　食品安全国家标准　食品营养强化剂使用标准.

[53] GB 5009.14—2017　食品安全国家标准　食品中锌的测定.

[54] NY 861—2004　粮食（含谷物、豆类、薯类）及制品中铅、镉、铬、汞、硒、砷、铜、锌等八种元素限量.

[55] GB 5009.28—2016　食品安全国家标准　食品中苯甲酸、山梨酸和糖精钠的测定.

[56] GB 5009.31—2016　食品安全国家标准　食品中对羟基苯甲酸酯类的测定.

[57] GB 5009.32—2016　食品安全国家标准　食品中 9 种抗氧化剂的测定.

[58] GB 31653—2021　食品安全国家标准　食品中黄曲霉毒素污染控制规范.

[59] GB 5009.168—2016　食品安全国家标准　食品中脂肪酸的测定.

[60] GB 5009.262—2016　食品安全国家标准　食品中溶剂残留量的测定.

[61] 央视网. 国务院新闻办公室发布《新时代的中国绿色发展》白皮书.
https://news.cctv.com/ 2023/01/19/ARTI16gbCQdN6FxohfdCGdy9230119. shtml.

[62] 郭倩. 市场监管总局：食品安全监督抽检总体不合格率为 2.34%[EB/OL].（2021.08.26）[2023.06.07].
https://news.cctv.com/2021/08/26/ARTIXsIB5xdN419JOQEBWnnB210826.shtml.

[63] 刘亮. 市场监管总局公布 11 批次食品抽检不合格 [EB/OL].（2022.04.24）[2023.06.07].
https://news.cctv.com/2022/04/24/ARTI4cubTB2mk9Es3zGy80gc220424.shtml.

[64] 孔德晨. 食品安全监管没有"最严"只有"更严"[EB/OL].（2019.12.03）[2023.06.07].
http://paper.people.com.cn/rmrbhwb/html/2019-12/03/content_1959393.htm.

[65] 张恪忞. 慎食！土榨花生油可能会黄曲霉毒素超标 [EB/OL].（2022.11.21）[2023.06.07].

https://news.cctv.com/2022/11/21/ARTIhg4NZYOKiALRmtEiz69f221121.shtml.

[66] 宋宝安. 着力提升农药利用率 助力质量兴农绿色兴农 [EB/OL].（2017.12.27）[2023.06.07]. http://sannong.cctv.com/2017/12/27/ARTIMimRkHbrSQPhyhG7aZMu171227.shtml.

[67] 程国强. 深刻把握大食物观的内涵和要求（新论）[EB/OL].（2022.10.28）[2023.8.10]. http://paper.people.com.cn/rmrb/html/2022-10/28/nw.D110000renmrb_20221028_6-05.htm.